建设工程读图识图与工程量清单计价系列

园林工程读图识图与造价

本书编委会　编写

YUANLIN GONGCHENG DUTU SHITU YU ZAOJIA

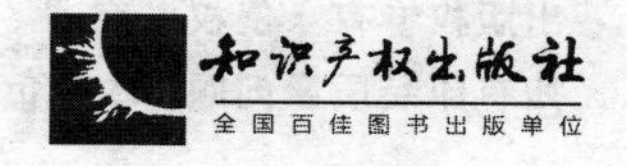

图书在版编目（CIP）数据

园林工程读图识图与造价/《园林工程读图识图与造价》编委会编写. --北京：知识产权出版社，2013.9

（建设工程读图识图与工程量清单计价系列）

ISBN 978-7-5130-2334-4

Ⅰ.①园… Ⅱ.①园… Ⅲ.①园林设计—建筑制图—识别②园林—工程施工—工程造价 Ⅳ.①TU986.2 ②TU986.3

中国版本图书馆CIP数据核字（2013）第233634号

内容提要

本书根据《建设工程工程量清单计价规范》GB 50500—2013、《园林绿化工程工程量计算规范》GB 50858—2013、《总图制图标准》GB/T 50103—2010、《建筑制图标准》GB/T 50104—2010等现行标准规范编写，主要阐述了园林工程识图基础知识、园林工程造价构成与计算、园林工程定额计价、园林工程清单计价、园林工程读图识图与工程量计算及园林工程造价计价编制与审核等内容。

本书可供园林工程造价编制与管理人员使用，也可供高等院校相关专业师生学习时参考。

责任编辑：高志方　徐家春　　　**责任出版**：卢运霞
装帧设计：智兴设计室·张国仓

建设工程读图识图与工程量清单计价系列
园林工程读图识图与造价
本书编委会　编写

出版发行：知识产权出版社有限责任公司　　网　　址：http：//www.ipph.cn
　　　　　　　　　　　　　　　　　　　　　　　　http：//www.laichushu.com
电　　话：010－82004826
社　　址：北京市海淀区马甸南村1号　　邮　　编：100088
责编电话：010－82000860转8573　　责编邮箱：xujiachun625@163.com
发行电话：010－82000860转8101/8029　　发行传真：010－82000893/82003279
印　　刷：北京雁林吉兆印刷有限公司印刷　　经　　销：各大网上书店、新华书店及相关专业书店
开　　本：720mm×960mm　1/16　　印　　张：20
版　　次：2014年3月第1版　　印　　次：2014年3月第1次印刷
字　　数：369千字　　定　　价：50.00元

ISBN 978-7-5130-2334-4

《园林工程读图识图与造价》编写人员

主　编　曾昭宏　陆彩云

参　编　（按姓氏笔画排序）

于　涛　马文颖　王永杰　刘艳君

何　影　佟立国　张建新　李春娜

邵亚凤　姜　媛　赵　慧　陶红梅

曹美云　韩　旭　雷　杰

前言

近年来，人们对城市、园林和小区绿化环境的要求越来越高，园林绿化建设任务也逐年增多，园林工程的造价与计价控制受到建设参与各方的日益重视。自2008年版《建设工程工程量清单计价规范》取代2003年版《建设工程工程量清单计价规范》后，住房和城乡建设部标准定额司组织相关单位于2013年颁布实施了《建设工程工程量清单计价规范》GB 50500—2013及《园林绿化工程工程量计算规范》GB 50858—2013等9本计量规范。同时，工程制图与读图识图是进行投标报价的基础，是进行工程预结算的依据。为了适应日趋发展的园林工程建设施工管理和广大园林工程造价工作人员的实际需求，我们组织一批多年从事工程造价编制工作的专家、学者编写了这本《园林工程读图识图与造价》。

本书共六章，主要内容包括：园林工程识图基础知识，园林工程造价构成与计算，园林工程定额计价，园林工程量清单计价，园林工程读图识图与工程量计算，园林工程造价计价编制与审核。本书内容由浅入深，理论联系实践，便于查阅，可操作性强。可供园林工程造价编制与管理人员使用，也可供高等院校相关专业师生学习时参考。

限于编者水平及阅历，书中疏漏之处在所难免，恳请广大读者和有关专家批评指正。

编　者

2014 **年** 3 **月**

目　录

第一章　园林工程识图基础知识

第一节　园林工程制图基本规定

一、图纸幅面、标题栏

1. 图纸幅面

1）图幅及图框尺寸应符合表1-1的规定及图1-1～图1-2的形式。

表1-1　图幅及图框尺寸　　（单位：mm）

尺寸代号 \ 图幅代号	A0	A1	A2	A3	A4
$b \times l$	841×1189	594×841	420×594	297×420	210×297
c	10			5	
a	25				

注：表中 b 为幅面短边尺寸，l 为幅面长边尺寸，c 为图框线与幅面线间宽度，a 为图框线与装订边间宽度。

2）需要微缩复制的图纸，其一个边上应附有一段准确米制尺度，四个边上均附有对中标志，米制尺度的总长应为100mm，分格应为10mm。对中标志应画在图纸内框各边长的中点处，线宽0.35mm，并应伸入内框边，在框外为5mm。对中标志的线段，于 l_1 和 b_1 范围取中。

3）一个工程设计中，每个专业所使用的图纸，不宜多于两种幅面，不含目录及表格所采用的A4幅面。

2. 标题栏

1）图纸中应有标题栏、图框线、幅面线、装订边线以及对中标志。其中，图纸的标题栏及装订边的位置，应符合以下规定：

① 横式使用的图纸应按图1-1的形式进行布置。

② 立式使用的图纸应按图1-2的形式进行布置。

2）标题栏应符合图1-3和图1-4的规定，根据工程的需要确定其尺寸、格式以及分区。同时，签字栏还应包括实名列和签名列，并且应符合下

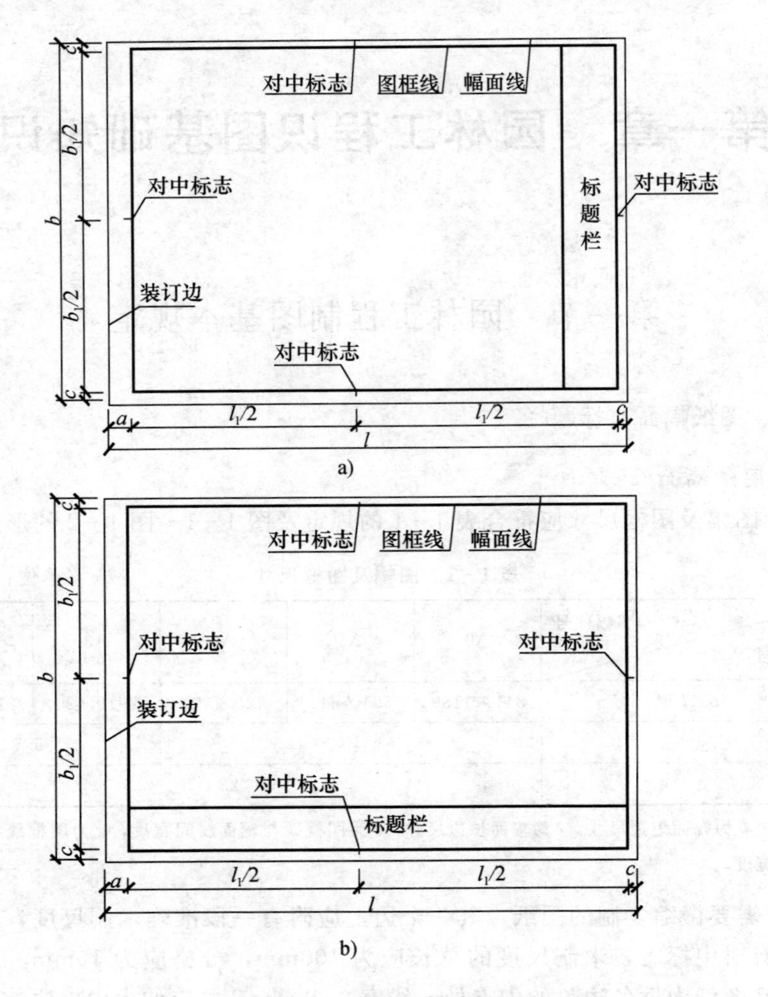

图 1－1　A0～A3 横式幅面

列规定：

① 涉外工程的标题栏内，各项主要内容的中文下方应附有译文，同时，设计单位的上方或左方还应加“中华人民共和国”字样。

② 当在计算机制图文件中使用电子签名与认证时，应符合国家有关电子签名法的规定。

二、图线

1．图线

工程建设制图应选用的图线见表 1－2。

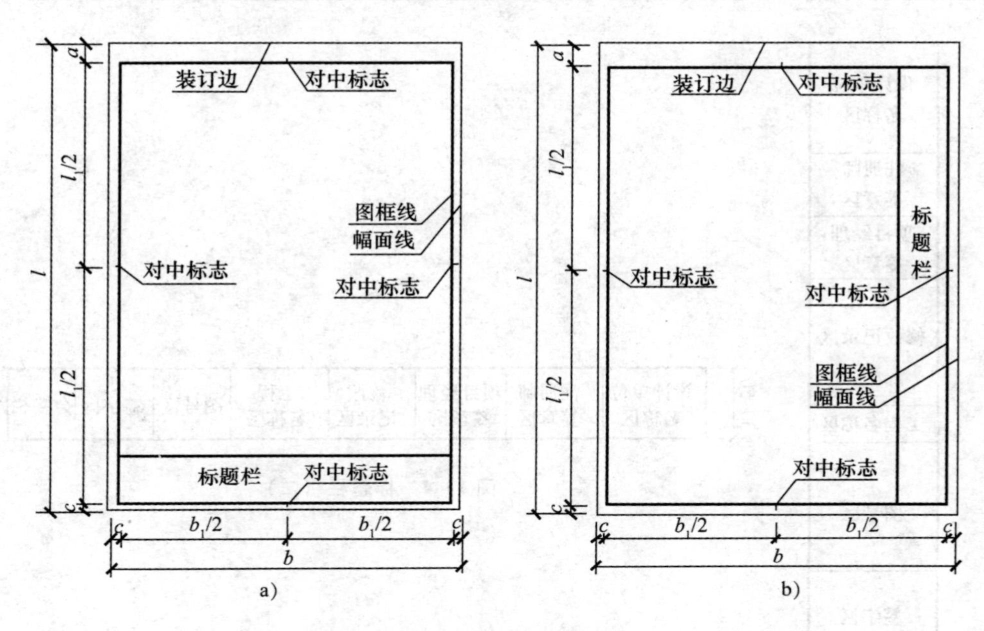

图 1－2　A0～A4 立式幅面

表 1－2　图线

名称		线型	线宽	用途
实线	粗	━━━━	b	主要可见轮廓线
	中粗	━━━━	$0.7b$	可见轮廓线
	中	────	$0.5b$	可见轮廓线、尺寸线、变更云线
	细	────	$0.25b$	图例填充线、家具线
虚线	粗	━ ━ ━ ━	b	见各有关专业制图标准
	中粗	━ ━ ━ ━	$0.7b$	不可见轮廓线
	中	─ ─ ─ ─	$0.5b$	不可见轮廓线、图例线
	细	─ ─ ─ ─	$0.25b$	图例填充线、家具线
单点长画线	粗	━·━·━·━	b	见各有关专业制图标准
	中	─·─·─·─	$0.5b$	见各有关专业制图标准
	细	─·─·─·─	$0.25b$	中心线、对称线、轴线等
双点长画线	粗	━··━··━	b	见各有关专业制图标准
	中	─··─··─	$0.5b$	见各有关专业制图标准
	细	─··─··─	$0.25b$	假想轮廓线、成形前原始轮廓线
折断线	细	──╲╱──	$0.25b$	断开界线
波浪线	细	～～～	$0.25b$	断开界线

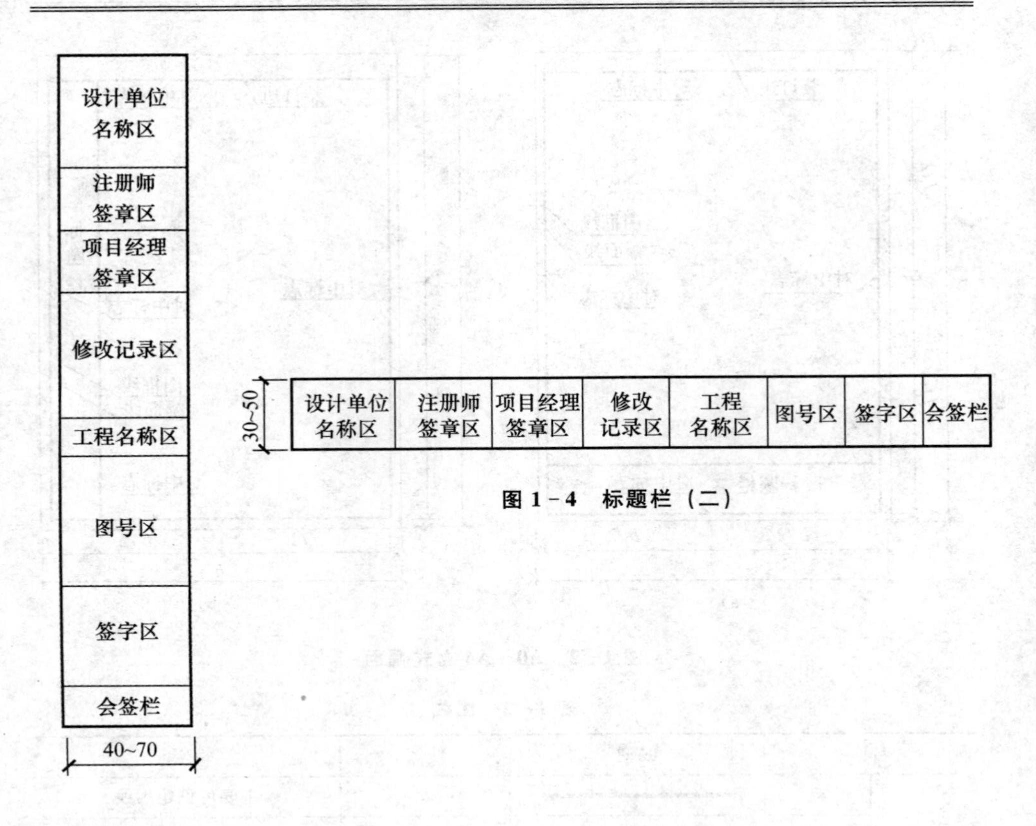

图 1-4　标题栏（二）

图 1-3　标题栏（一）

2. 线宽

1）图线的宽度 b（mm），宜从 1.4mm、1.0mm、0.7mm、0.5mm、0.35mm、0.25mm、0.18mm、0.13mm 线宽系列中选取。图线宽度不应小于 0.1mm。每个图纸，首先应根据复杂程度与比例大小，选定基本线宽 b，然后再选用相应的线宽组，见表 1-3。

表 1-3　线宽组　　（单位：mm）

线宽比	线宽组			
b	1.4	1.0	0.7	0.5
$0.7b$	1.0	0.7	0.5	0.35
$0.5b$	0.7	0.5	0.35	0.25
$0.25b$	0.35	0.25	0.18	0.13

注：1. 需要缩微的图纸，不宜采用 0.18mm 及更细的线宽。

2. 同一张图纸内，各不同线宽中的细线，可统一采用较细的线宽组的细线。

2）在同一张图纸内，相同比例的各图纸，应选用相同的线宽组。

三、字体

1）图纸及说明中的汉字，宜采用长仿宋体或黑体，同一图纸字体种类不应超过两种。长仿宋体的高宽关系应符合表 1－4 的规定，黑体字的宽度与高度应相同。大标题、图册封面、地形图等的汉字，也可书写成其他字体，但应易于辨认。

表 1－4　长仿宋字高宽关系　　（单位：mm）

字高	20	14	10	7	5	3.5
字宽	14	10	7	5	3.5	2.5

2）图纸及说明中的拉丁字母、阿拉伯数字与罗马数字，宜采用单线简体或 ROMAN 字体。拉丁字母、阿拉伯数字与罗马数字的书写规则，应符合表 1－5 的规定。

表 1－5　拉丁字母、阿拉伯数字与罗马数字的书写规则

书写格式	字体	窄字体
大写字母高度	h	h
小写字母高度（上下均无延伸）	$7/10h$	$10/14h$
小写字母伸出的头部或尾部	$3/10h$	$4/14h$
笔画宽度	$1/10h$	$1/14h$
字母间距	$2/10h$	$2/14h$
上下行基准线的最小间距	$15/10h$	$21/14h$
词间距	$6/10h$	$6/14h$

3）长仿宋汉字、拉丁字母、阿拉伯数字与罗马数字示例应符合现行国家标准《技术制图 字体》GB/T 14691—1993 的有关规定。

四、比例

在工程制图中，为了满足各种图纸表达的需要，有些需要缩小绘制在图纸上，有些又需要放大绘制在图纸上，因此，必须对缩小和放大的比例作出规定。

图纸的比例，应为图形与实物相对应的线性尺寸之比。比例宜注写在图名的右侧，字的基准线应取平，且比例的字高宜比图名的字高小一号或二号，如图 1－5 所示。

绘图所用的比例应根据图纸的用途与被绘对象的复杂程度，从表 1－6 中选用，并且应当优先采用表中常用比例。

平面图 1∶100　　　⑥ 1∶20

图 1－5　比例的注写

表 1－6　园林图纸常用的比例

图纸类别	常用比例
详图	1∶1、1∶2、1∶4、1∶5、1∶10、1∶20、1∶30、1∶50
道路绿化图	1∶50、1∶100、1∶150、1∶200、1∶250、1∶300
小游园规划图	1∶50、1∶100、1∶150、1∶200、1∶250、1∶300
居住区绿化图	1∶100、1∶200、1∶300、1∶400、1∶500、1∶1000
公园规划图	1∶500、1∶1000、1∶2000

五、尺寸标注

1. 尺寸界线、尺寸线及尺寸起止符号

1）图纸上的尺寸主要应包括：尺寸界线、尺寸线、尺寸起止符号以及尺寸数字，如图 1－6 所示。

2）尺寸界线应采用细实线绘制，应与被注长度垂直，其一端离开图纸轮廓线不应小于 2mm，另一端宜超出尺寸线 2～3mm。图纸轮廓线可用作尺寸界线，如图 1－7 所示。

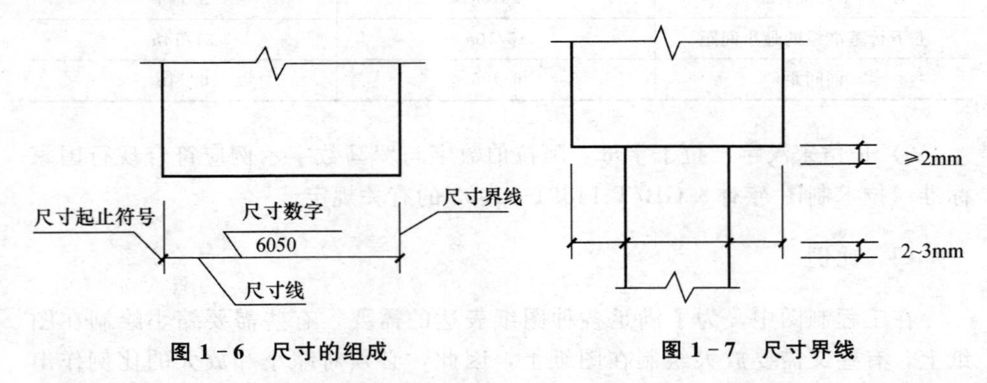

图 1－6　尺寸的组成　　　图 1－7　尺寸界线

3）尺寸线应采用细实线绘制，应与被注长度平行。图纸本身的任何图线均不得用作尺寸线。

4）尺寸起止符号采用中粗斜短线绘制，其倾斜方向应与尺寸界线成顺时针 45°角，长度宜为 2～3mm。半径、直径、角度与弧长的尺寸起止符号，宜用箭头表示，如图 1－8 所示。

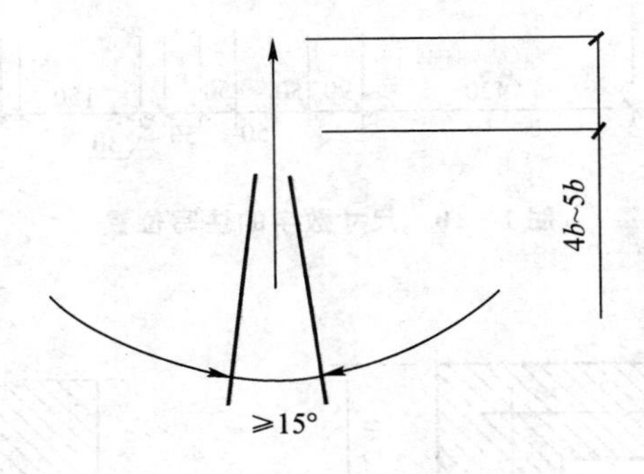

图 1-8　箭头尺寸起止符号

2. 尺寸数字

1）图纸上的尺寸，应以尺寸数字为准，不得从图上直接量取。

2）图纸上的尺寸单位，除标高及总平面以米（m）为单位外，其他必须以毫米（mm）为单位。

3）尺寸数字的方向，应按如图 1-9a 所示的规定注写。若尺寸数字在 30°斜线区内，也可按图 1-9b 的形式注写。

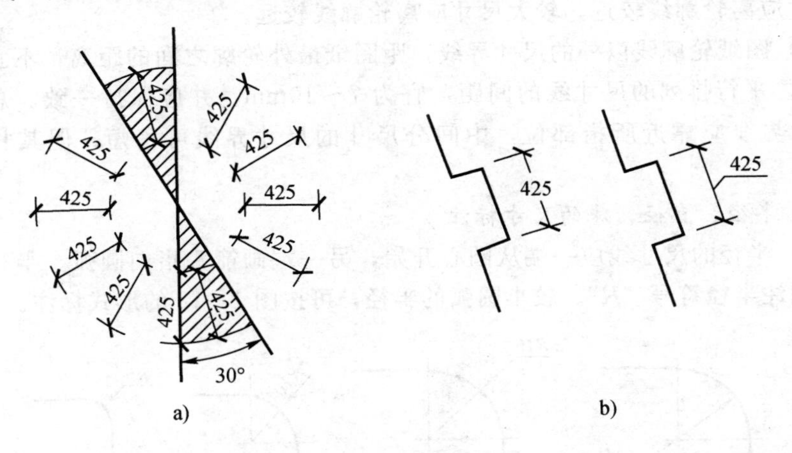

图 1-9　尺寸数字的注写方向

a）尺寸数字注写方向；b）在 30°斜线上标注

4）尺寸数字应依据其方向注写在靠近尺寸线的上方中部。若没有足够的注写位置，最外边的尺寸数字可注写在尺寸界线的外侧，中间相邻的尺寸数字可上下错开注写，引出线端部应采用圆点对标注尺寸的位置加以表示，如图 1-10 所示。

3. 尺寸的排列与布置

1）尺寸宜标注在图纸轮廓以外，且不宜与图线、文字及符号等相交，如

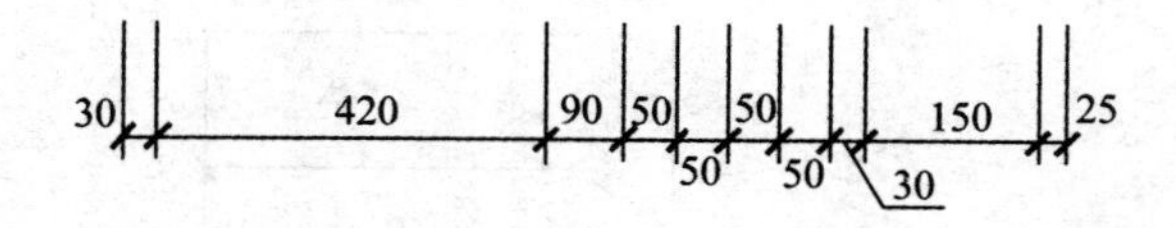

图 1-10　尺寸数字的注写位置

图 1-11 所示。

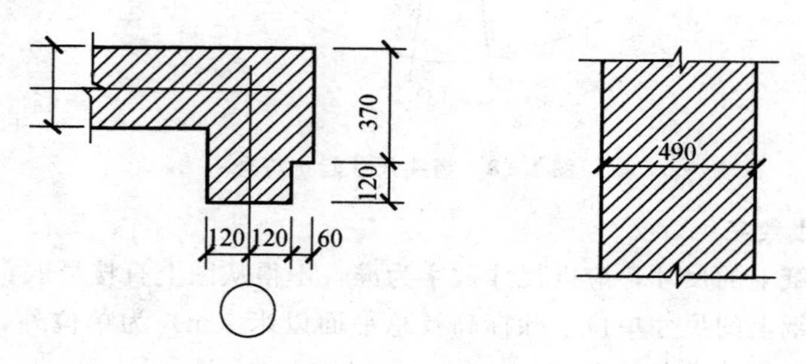

图 1-11　尺寸数字的注写

2）互相平行的尺寸线，应从被注写的图纸轮廓线由近向远整齐排列，较小尺寸应离轮廓线较近，较大尺寸应离轮廓线较远。

3）图纸轮廓线以外的尺寸界线，距图纸最外轮廓之间的距离，不宜小于 10mm。平行排列的尺寸线的间距，宜为 7～10mm，并应保持一致。总尺寸的尺寸界线应靠近所指部位，中间分尺寸的尺寸界线可稍短，但其长度应相等。

4. 半径、直径、球的尺寸标注

1）半径的尺寸线应一端从圆心开始，另一端画箭头指向圆弧。半径数字前应加注半径符号“*R*”。较小圆弧的半径，可按图 1-12 的形式标注。

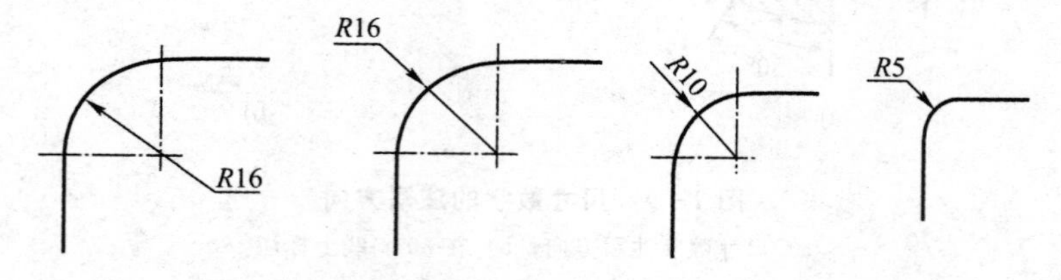

图 1-12　小圆弧半径的标注方法

2）较大圆弧的半径，可按图 1-13 的形式标注。

3）标注圆的直径尺寸时，直径数字前应加直径符号“ϕ”。在圆内标注的尺寸线应通过圆心，两端画箭头指至圆弧。较小圆的直径尺寸，可标注在圆外，如图 1-14 所示。

4）标注球的半径尺寸时，应在尺寸前加注符号“*SR*”。标注球的直径尺

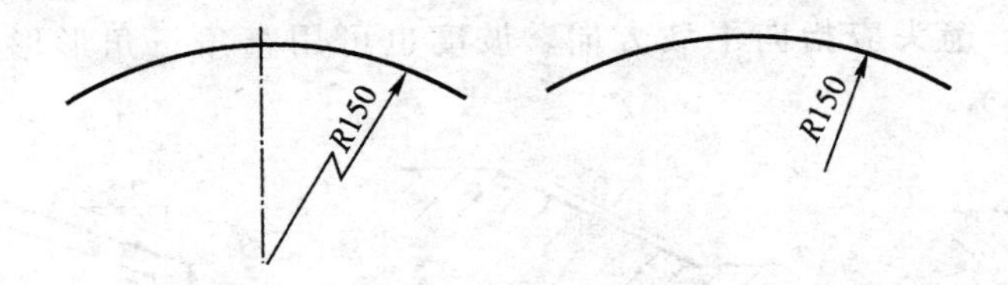

图 1－13 大圆弧半径的标注方法

寸时，应在尺寸数字前加注符号“$S\phi$”。注写方法与圆弧半径和圆直径的尺寸标注方法相同。

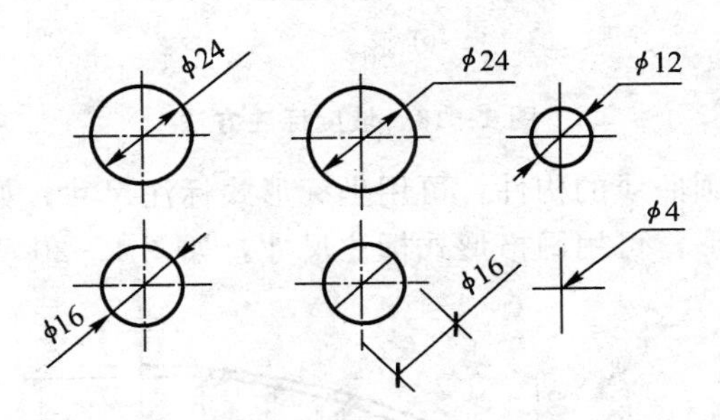

图 1－14 小圆直径的标注方法

5. 角度、弧度、弧长的标注

1）角度的尺寸线应以圆弧表示。该圆弧的圆心应是该角的顶点，角的两条边为尺寸界线。起止符号应以箭头表示，如没有足够位置画箭头，可用圆点代替，角度数字应沿尺寸线方向注写，如图 1－15 所示。

2）标注圆弧的弧长时，尺寸线应以与该圆弧同心的圆弧线表示，尺寸界线应指向圆心，起止符号用箭头表示，弧长数字上方应加注圆弧符号“⌒”，如图 1－16 所示。

3）标注圆弧的弦长时，尺寸线应以平行于该弦的直线表示，尺寸界线应垂直于该弦，起止符号用中粗斜短线表示，如图 1－17 所示。

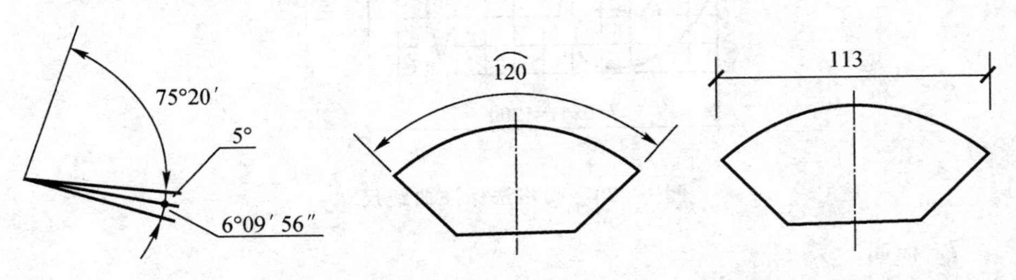

图 1－15 角度标注方法　图 1－16 弧长标注方法　图 1－17 弦长标注方法

6. 坡度、非圆曲线等尺寸标注

1）标注坡度时，应加注坡度符号“←”，如图 1－18a、b 所示，该符号为单面箭头，箭头应指向下坡方向。坡度也可用直角三角形形式标注，如图 1－18c 所示。

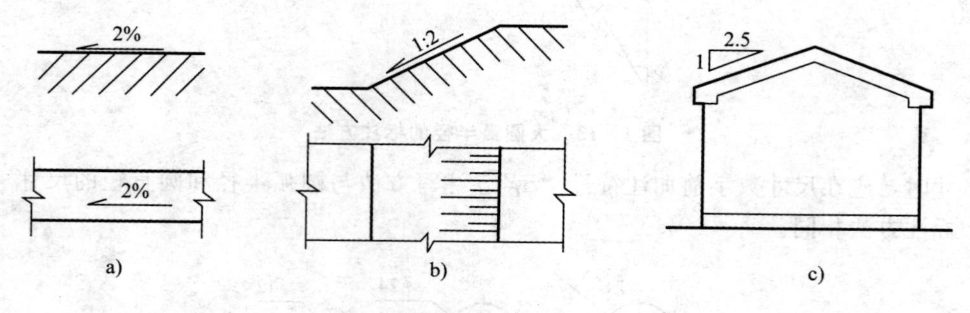

图 1－18　坡度标注方法

2）外形为非圆曲线的构件，可用坐标形式标注尺寸，如图 1－19 所示。

3）复杂的图形，可用网格形式标注尺寸，如图 1－20 所示。

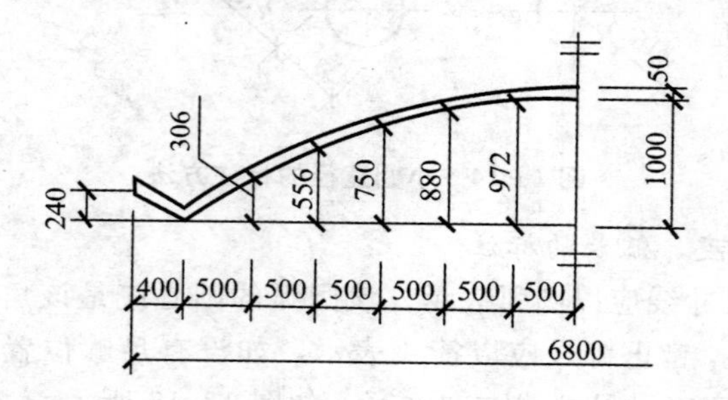

图 1－19　坐标法标注曲线尺寸

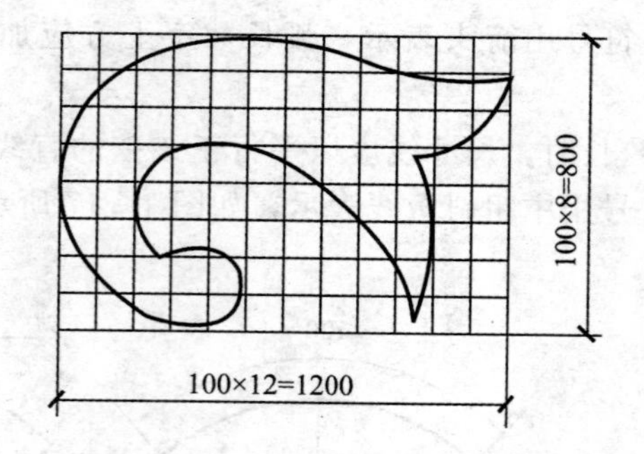

图 1－20　网格法标注曲线尺寸

7. 标高

1）标高符号应用直角等腰三角形表示，按图 1－21a 所示形式用细实线绘制，当标注位置不够，也可按图 1－21b 所示形式绘制。标高符号的具体画法应符合图 1－21c、d 的规定。

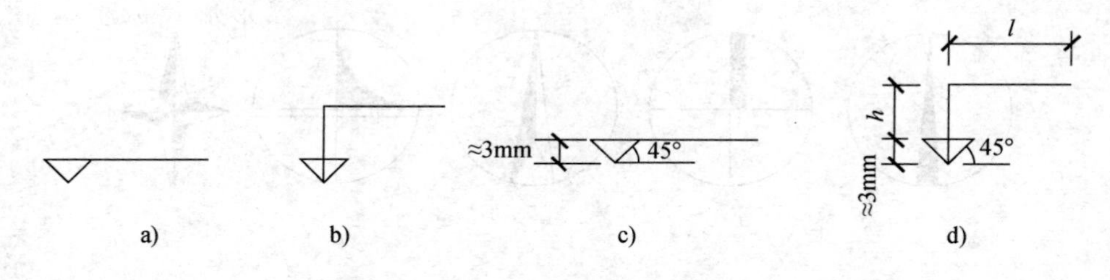

图 1－21　标高符号

l—取适当长度注写标高数字；h—根据需要取适当高度

2）总平面图室外地坪标高符号，宜用涂黑的三角形表示，具体画法应符合图 1－22 的规定。

3）标高符号的尖端应指至被注高度的位置。尖端宜向下，也可向上。标高数字应注写在标高符号的上侧或下侧。

4）标高数字应以米为单位，注写到小数点以后第三位。在总平面图中，可注写到小数点以后第二位。

5）零点标高应注写成±0.000，正数标高不注“＋”，负数标高应注“－”，例如，3.000、－0.600。

6）在图纸的同一位置需表示几个不同标高时，标高数字可按图 1－23 的形式注写。

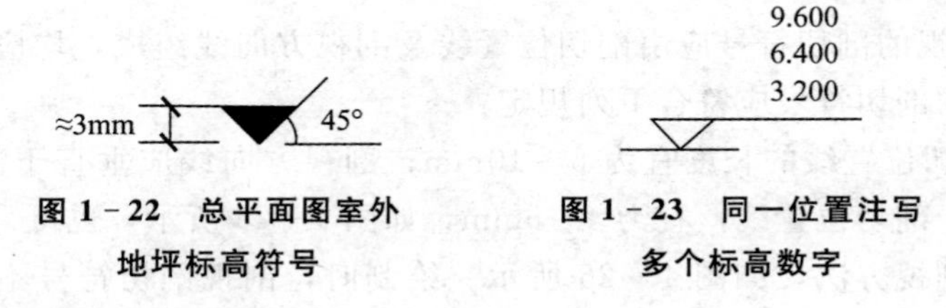

图 1－22　总平面图室外地坪标高符号

图 1－23　同一位置注写多个标高数字

六、指北针与风玫瑰图

指北针一般用细实线绘制，其形状如图 1－24 所示。

风玫瑰图是指根据某一地区气象台观测的风气象资料绘制出的图形，分为风向玫瑰图和风速玫瑰图两种，通常多采用风向玫瑰图。

风向玫瑰图表示风向和风向的频率。风向频率是在一定时间内各种风向出现的次数占所有观察次数的百分比。根据各方向风的出现频率，以相应的比例长度，按风向中心吹，描在用 8 个或 16 个方块所表示的图上，然后将各相邻方向的端点用直线连接起来，绘成一个形式宛如玫瑰的闭合折线，就是风玫瑰图。图 1－24 中线段最长者即为当地主导风向，粗实线表示全年风频情况，虚线表示夏季风频情况。

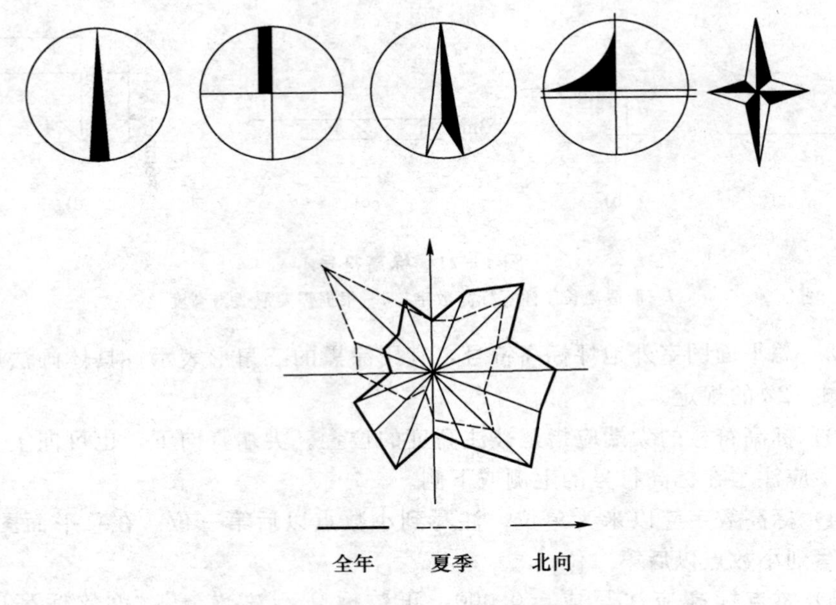

图 1－24　指北针与风玫瑰图

七、符号

1. 剖切符号

1）剖视的剖切符号应由剖切位置线及剖视方向线组成，均应以粗实线绘制。剖视的剖切符号应符合下列规定：

① 剖切位置线的长度宜为 6～10mm；剖视方向线应垂直于剖切位置线，长度应短于剖切位置线，宜为 4～6mm，如图 1－25 所示，也可采用国际统一和常用的剖视方法，如图 1－26 所示。绘制时，剖视剖切符号不应与其他图线相接触。

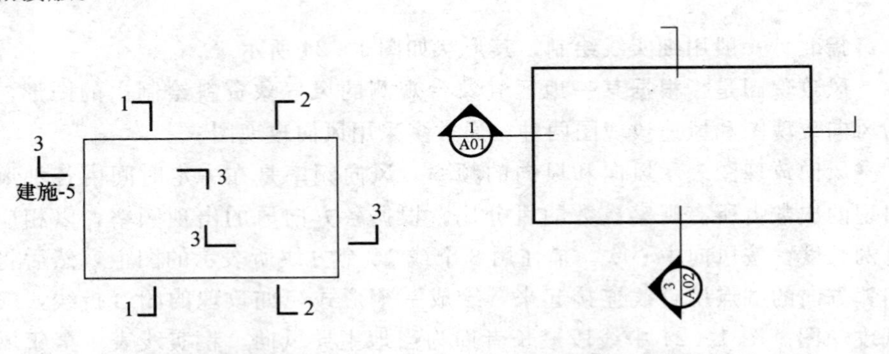

图 1－25　剖视的剖切符号（一）　　图 1－26　剖视的剖切符号（二）

② 剖视剖切符号的编号宜采用粗阿拉伯数字，按剖切顺序由左至右、由下向上连续编排，并应注写在剖视方向线的端部。

③ 需要转折的剖切位置线，应在转角的外侧加注与该符号相同的编号。

④ 建（构）筑物剖面图的剖切符号应注在±0.000标高的平面图或首层平面图上。

⑤ 局部剖面图（不含首层）的剖切符号应注在包含剖切部位的最下面一层的平面图上。

2）断面的剖切符号应符合下列规定：

① 断面的剖切符号应只用剖切位置线表示，并应以粗实线绘制，长度宜为6～10mm。

② 断面剖切符号的编号宜采用阿拉伯数字，按顺序连续编排，并应注写在剖切位置线的一侧。编号所在的一侧应为该断面的剖视方向，如图1－27所示。

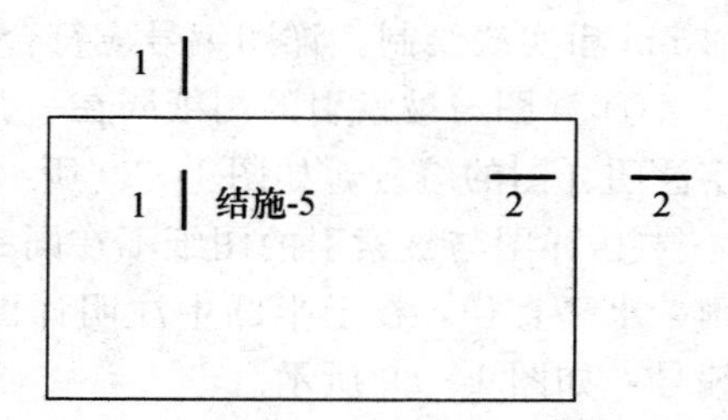

图1－27　断面的剖切符号

3）剖面图或断面图，当与被剖切图纸不在同一张图内，应在剖切位置线的另一侧注明其所在图纸的编号，也可以在图上集中说明。

2. 索引符号与详图符号

1）图纸中的某一局部或构件，如需另见详图，应以索引符号索引，如图1－28a所示。索引符号是由直径为8～10mm的圆和水平直径组成，圆及水平直径应以细实线绘制。索引符号应按下列规定编写：

① 索引出的详图，如与被索引的详图同在一张图纸内，应在索引符号的上半圆中用阿拉伯数字注明该详图的编号，并在下半圆中间画一段水平细实线，如图1－28b所示。

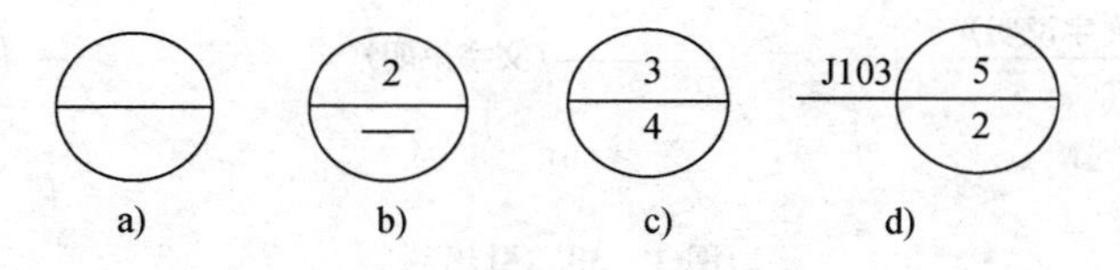

图1－28　索引符号

② 索引出的详图，如与被索引的详图不在同一张图纸内，应在索引符号的上半圆中用阿拉伯数字注明该详图的编号，在索引符号的下半圆用阿拉伯数字注明该详图所在图纸的编号，如图1－28c所示。数字较多时，可加文字标注。

③ 索引出的详图，如采用标准图，应在索引符号水平直径的延长线上加注该标准图集的编号，如图 1－28d 所示。需要标注比例时，文字在索引符号右侧或延长线下方，与符号下对齐。

2）索引符号当用于索引剖视详图，应在被剖切的部位绘制剖切位置线，并以引出线引出索引符号，引出线所在的一侧应为剖视方向。索引符号的编写应符合 1）中的规定。

3）详图的位置和编号用以详图符号表示。详图符号的圆应以直径为 14mm 粗实线绘制。详图编号应符合下列规定：

① 详图与被索引的图纸同在一张图纸内时，应在详图符号内用阿拉伯数字注明详图的编号，如图 1－29 所示。

② 详图与被索引的图纸不在同一张图纸内时，应用细实线在详图符号内画一水平直径，在上半圆中注明详图编号，在下半圆中注明被索引的图纸的编号，如图 1－29 所示。

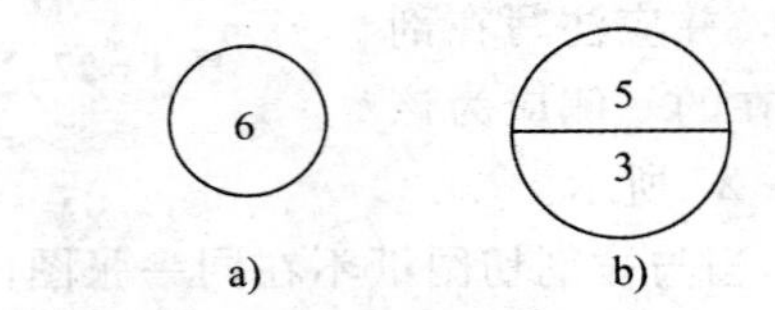

图 1－29　索引图纸的详图符号

a）图纸同在一张图纸内；b）图纸不在同一张图纸内

3. 引出线

1）引出线应以细实线绘制，宜采用水平方向的直线，与水平方向成 30°、45°、60°、90°的直线，或经上述角度再折为水平线。文字说明宜注写在水平线的上方，如图 1－30a 所示。也可注写在水平线的端部，如图 1－30b 所示。索引详图的引出线，应与水平直径线相连接，如图 1－30c 所示。

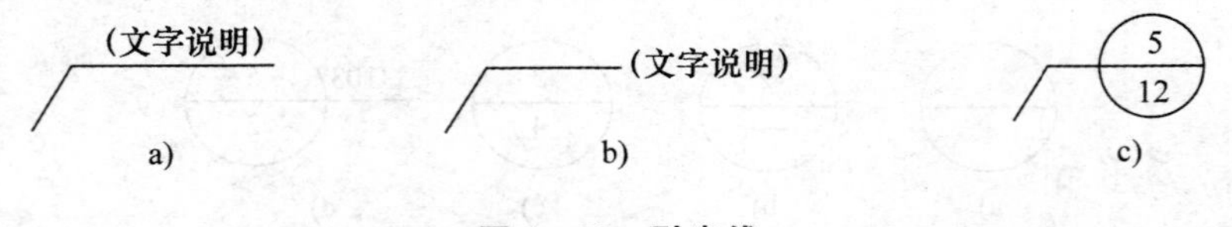

图 1－30　引出线

2）同时引出的几个相同部分的引出线，宜互相平行，如图 1－31a 所示，也可画成集中于一点的放射线，如图 1－31b 所示。

3）多层构造或多层管道共享引出线，应通过被引出的各层，并用圆点示意对应各层次。文字说明宜注写在水平线的上方，或注写在水平线的端部，说明的顺序应由上至下，并应与被说明的层次对应一致；如层次为横向排序，

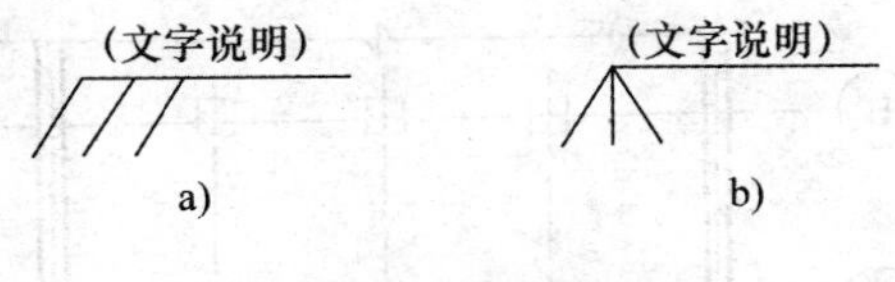

图 1－31　共享引出线

则由上至下的说明顺序应与由左至右的层次对应一致，如图 1－32 所示。

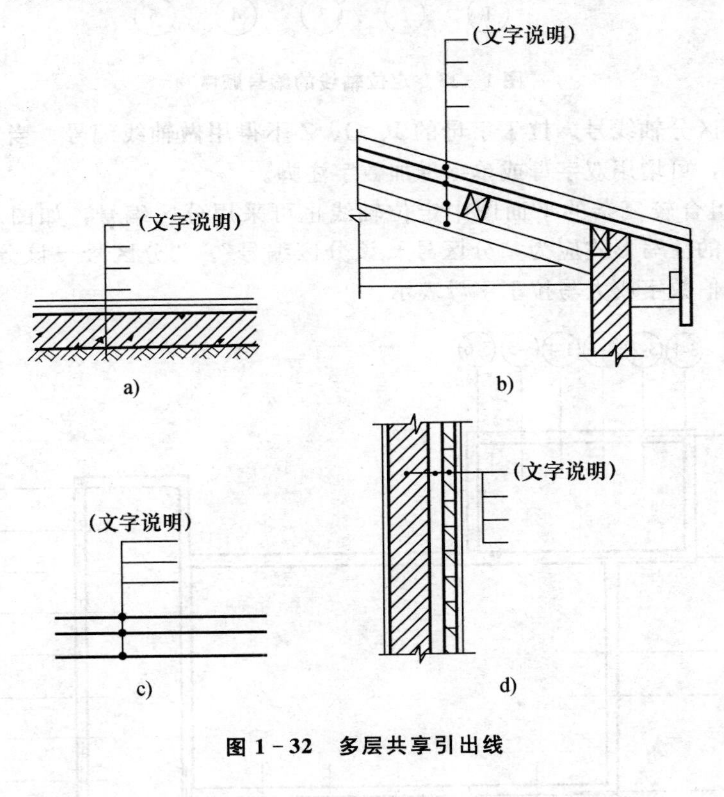

图 1－32　多层共享引出线

八、定位轴线及编号

1）定位轴线应用细单点长画线绘制。

2）定位轴线应编号，编号应注写在轴线端部的圆内。圆应用细实线绘制，直径为 8～10mm。定位轴线圆的圆心应在定位轴线的延长线上或延长线的折线上。

3）除较复杂需采用分区编号或圆形、折线形外，平面图上定位轴线的编号，宜标注在图纸的下方或左侧。横向编号应用阿拉伯数字，按从左至右顺序编写；竖向编号应用大写拉丁字母，按从下至上顺序编写，如图 1－33 所示。

4）拉丁字母作为轴线号时，应全部采用大写字母，不应用同一个字母的

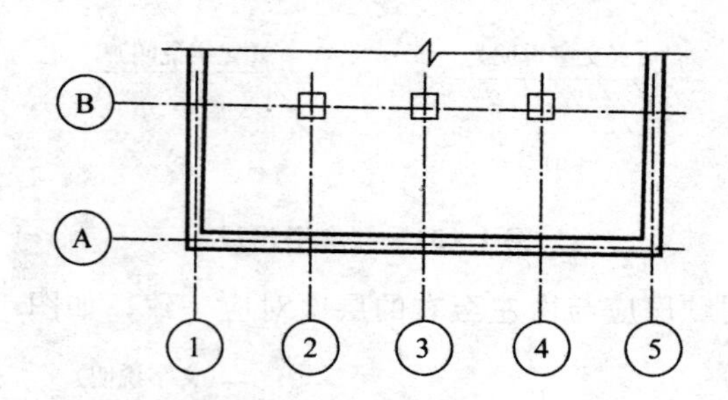

图 1－33　定位轴线的编号顺序

大小写来区分轴线号。拉丁字母的 I、O、Z 不得用做轴线编号。当字母数量不够使用，可增用双字母或单字母加数字注脚。

5）组合较复杂的平面图中定位轴线也可采用分区编号，如图 1－34 所示。编号的注写形式应为“分区号－该分区编号”。“分区号－该分区编号”采用阿拉伯数字或大写拉丁字母表示。

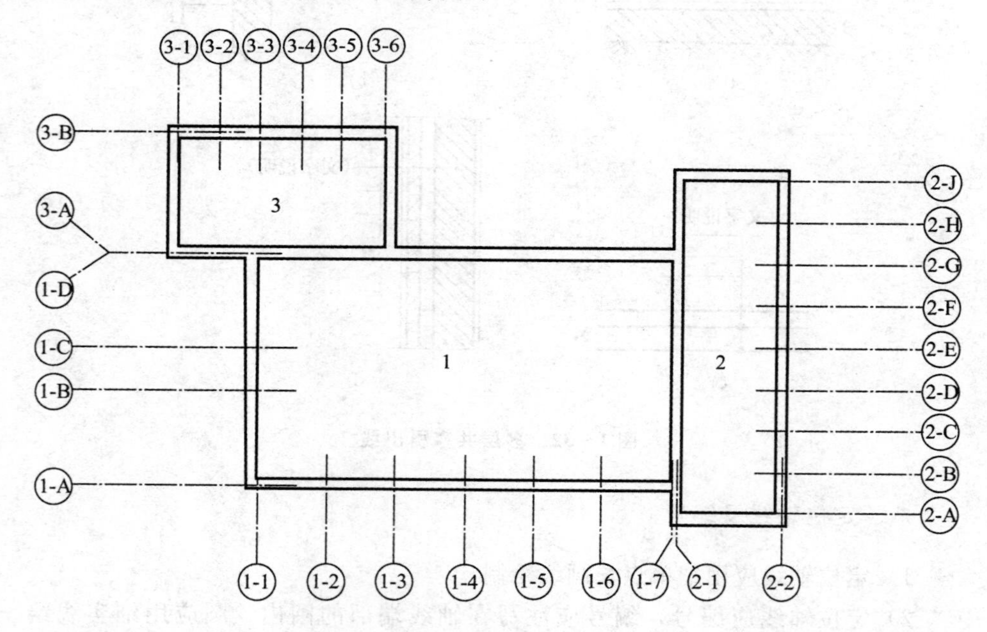

图 1－34　定位轴线的分区编号

6）附加定位轴线的编号，应以分数形式表示，并应符合下列规定：

① 两根轴线的附加轴线，应以分母表示前一轴线的编号，分子表示附加轴线的编号。编号宜用阿拉伯数字顺序编写。

② 1 号轴线或 A 号轴线之前的附加轴线的分母应以 01 或 0A 表示。

7）一个详图适用于几根轴线时，应同时注明各有关轴线的编号，如

图 1－35 所示。

8）通用详图中的定位轴线，应只画圆，不注写轴线编号。

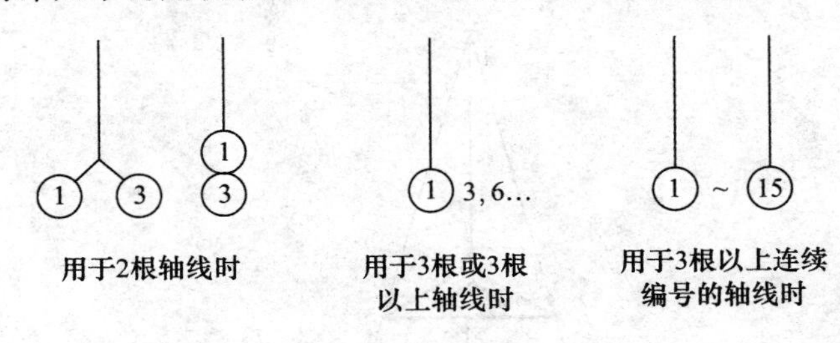

图 1－35　详图的轴线编号

第二节　投影与投影图

一、投影的概念与分类

1. 投影的概念

物体在光线的照射下，会在地面或墙面上产生影子，该影子往往只能反映物体的简单轮廓，不能反映其真实大小和具体形状。工程制图利用了自然界的这种现象，将其进行了科学的抽象和概括：假设所有物体都是透明体，光线能够穿透物体，那么，采用这种方法得到的影子将反映物体的具体形状，即投影，如图 1－36 所示。

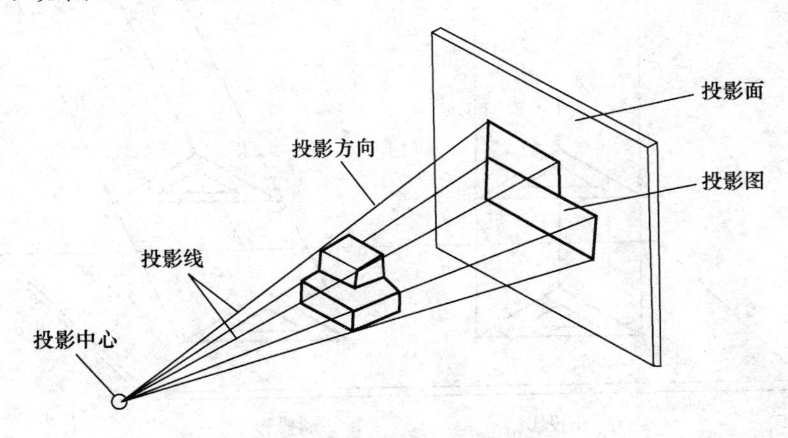

图 1－36　投影图的形成

2. 投影的分类

通常可以将投影分为以下两大类。

（1）中心投影　中心投影是指由一点发出投射线所形成的投影，如图 1－37 所示。

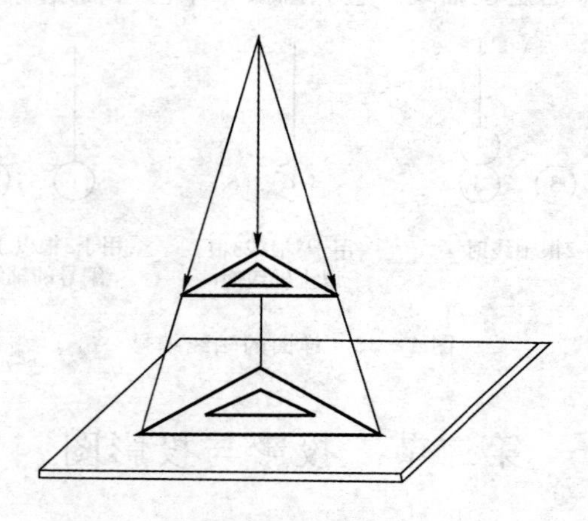

图 1－37　中心投影

（2）平行投影　平行投影是指投射线相互平行所形成的投影。依据投射线与投影面的夹角不同，平行投影又分为正投影和斜投影两种，如图 1－38 所示。

1）正投影：投射线相互平行且垂直于投影面的投影。

2）斜投影：投射线倾斜于投影面所形成的投影。

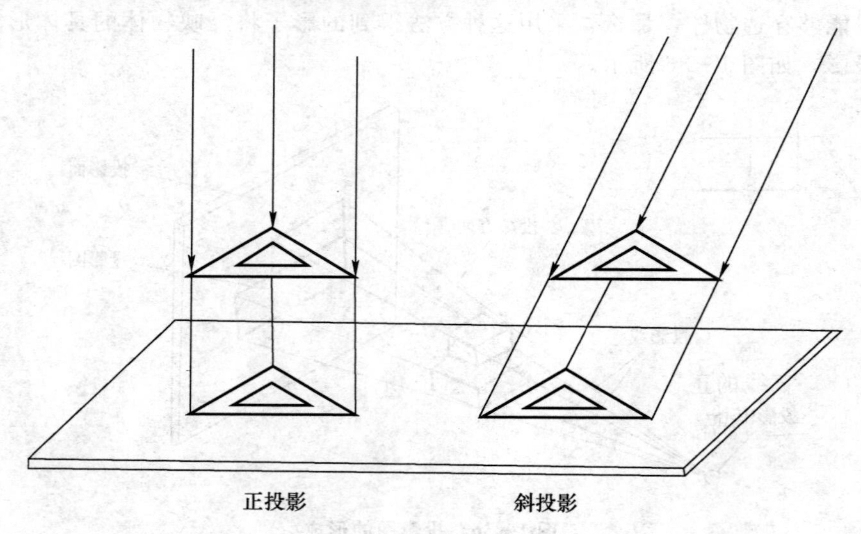

图 1－38　平行投影

在正投影条件下，使物体的某个面平行于投影面，则该面的正投影反映其实际形状和大小。因此，一般工程图纸都选用正投影原理绘制。我们把运用正投影法绘制的图形称为正投影图。在投影图中，可见轮廓画成实线、不可见的画成虚线。

二、正投影的基本规律

任何形体都是由点、线、面组成的。因此，研究形体的正投影规律，可以从分析点、线、面的正投影的基本规律入手。

1. 点、线、面的正投影

(1) 点的正投影规律　点的正投影仍为一点，如图 1－39 所示。

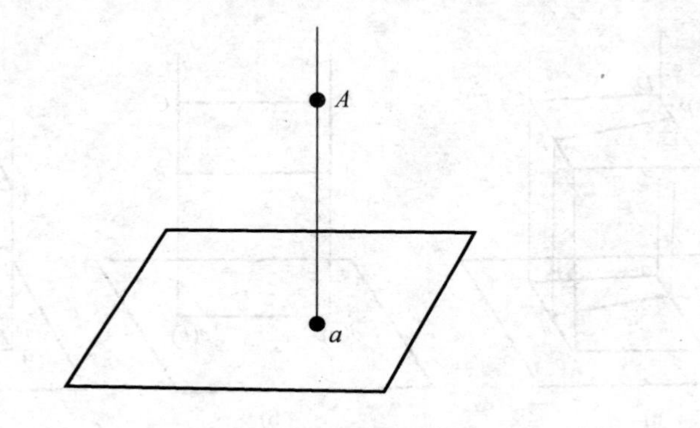

图 1－39　点的正投影

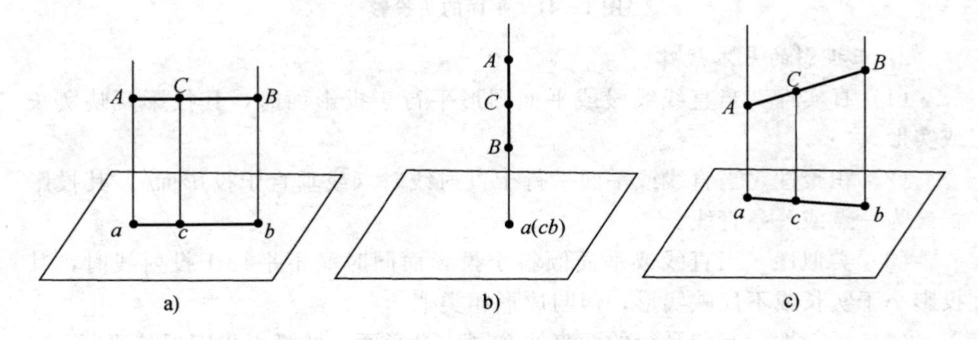

图 1－40　直线的正投影

(2) 直线的正投影规律，如图 1－40 所示。

1) 当直线平行于投影面时，其投影仍为直线，如图 1－40a 所示。

2) 当直线垂直于投影面时，其投影分为一点，如图 1－40b 所示。

3) 当直线倾斜于投影面时，其投影仍为仍为直线，但长度缩短，如图 1－40c 所示。

(3) 平面的正投影规律

1) 当平面平行于投影面时，其投影仍为平面，并能够反映其真实形状，即形状、大小不变，如图 1-41a 所示，$S(ABCD)=S(abcd)$。

2）当平面垂直于投影面时，其投影积聚为一条直线，如图 1-41b 所示。

3）当平面倾斜于投影面时，其投影仍为平面，但面积缩小，如图 1-41c 所示，$S(abcd)<S(ABCD)$。

4）平面上任意一条直线的投影，必在该平面的投影上，如图 1-41a、c 所示，直线 EF 在平面 $ABCD$ 上，则 ef 必定在投影面 $abcd$ 上。

5）平面上任意一条直线分平面的面积比均等于其投影所分面积比，如图 1-41a、c 所示，$S(ABFE):S(ABCD)=S(abfe):S(abcd)$。

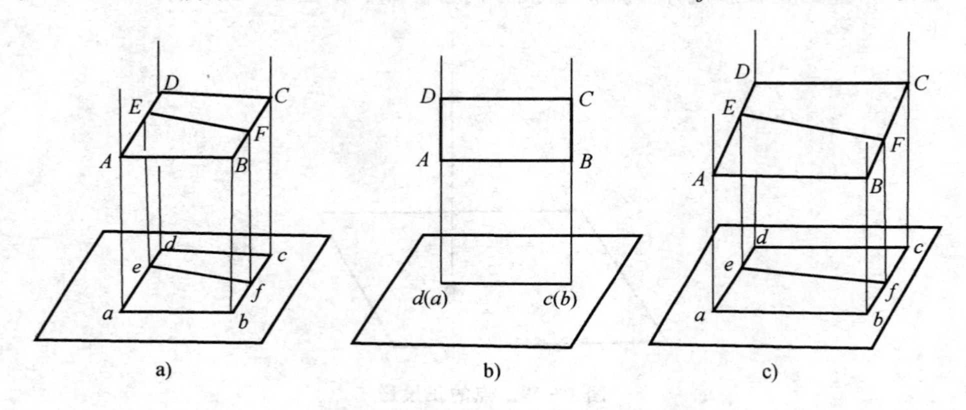

图 1-41　平面的正投影

2. 正投影的基本规律

（1）真实性　当直线线段或平面图形平行于投影面时，其投影反映实长或实形。

（2）积聚性　当直线或平面平行于投射线时（或垂直于投影面），其投影积聚为一点或一条直线。

（3）类似性　当直线或平面倾斜于投影面同时又不平行于投射线时，其投影小于实长或不反映实形，但与原形相类似。

（4）平行性　互相平行的两直线在同一投影面上的投影仍旧保持平行。

（5）从属性　若点在直线上，则点的投影必定在其直线的投影上。

（6）定比性　直线上任意一点所分直线线段的长度之比均等于它们的投影长度之比；两平行线段的长度之比等于它们没有积聚性的投影长度之比。

三、三面正投影图

1. 三面投影图的形成

将某长方体放置于三面投影体系中，使长方体上、下面平行于 H 面，前、后面平行于 V 面，左、右面平行于 W 面，再用正投影法将长方体向 H

面、V 面、W 面投影，在三组不同方向平行投影线的照射下，即可得到长方体的三个投影图，如图 1-42 所示。

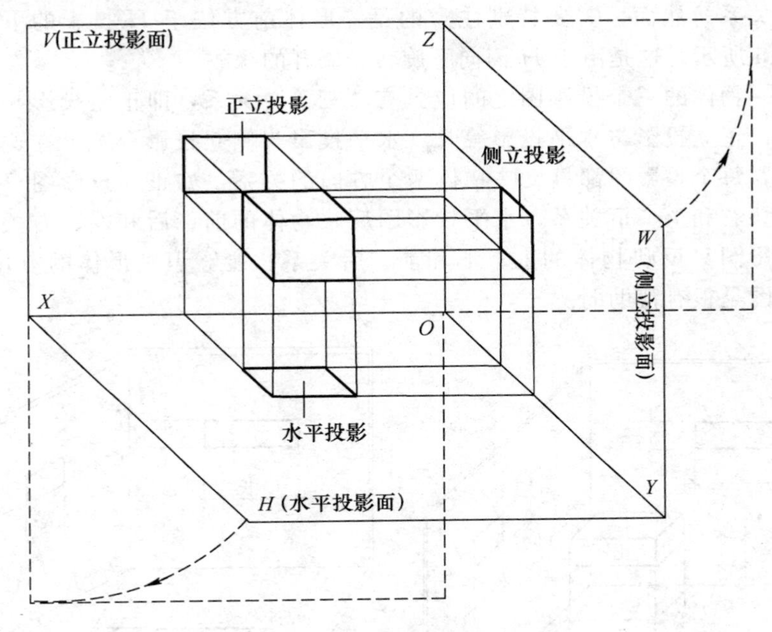

图 1-42　三面正投影及展开图

长方体在水平投影面的投影为矩形，即长方体的水平投影图。它是长方体上、下面投影的重合，矩形的四条边则是长方体前、后面和左、右面投影的积聚。由于上、下面平行于 H 面，因此能够反映长方体上、下面的真实形状以及长方体的长度和宽度，但却不能反映长方体的高度。

长方体在正立投影面的投影也为一矩形，称该投影图为长方体的正面投影图，即长方体前、后面投影的重合，由于前、后面平行于 V 面，因此该投影图又反映了长方体前、后面的真实形状以及长方体的长度及高度，但却不能反映长方体的宽度。

长方体在侧立投影面的投影为一矩形，称该投影图为长方体的侧面投影图。它是长方体左、右面投影的重合，由于长方体左、右面平行于 W 面，因此，能够较好地反映出长方体左、右面的真实形状以及长方体的宽度和高度。

因此，根据物体在相互垂直的投影面上的投影，可以较完整地得出物体的上面、正面和侧面的形状。

2. 三面投影图的展开

任何物体都有前、后、左、右、上、下六个方位，其三面正投影体系及其展开如图 1-43、图 1-44 所示。从图中可以看出：三个投影图分别表示它的三个侧面。这三个投影图之间既有区别又互相联系，每个投影图都能够相应反映出其中的四个方位，如 H 面投影就反映出形体左、右、前、后四个面的方位关系。然而，需要特别注意的是，形体前方位于 H 投影的下侧，如图 1-45 所示，这是由于 H 面向下旋转、展开的缘故。

同一物体的三个投影图之间应具有“三等”关系，即正立投影与侧立投影等高，正立投影与水平投影等长，水平投影与侧立投影等宽。在这三个投影图中，每个投影图都只反映物体两个方向的关系，如正立投影图只反映物体的左、右和上、下关系，水平投影图反映物体的前、后和左、右关系，而侧立投影图只反映物体的上、下和前、后关系。能够识别形体的方位关系，对于读图是很有帮助的。

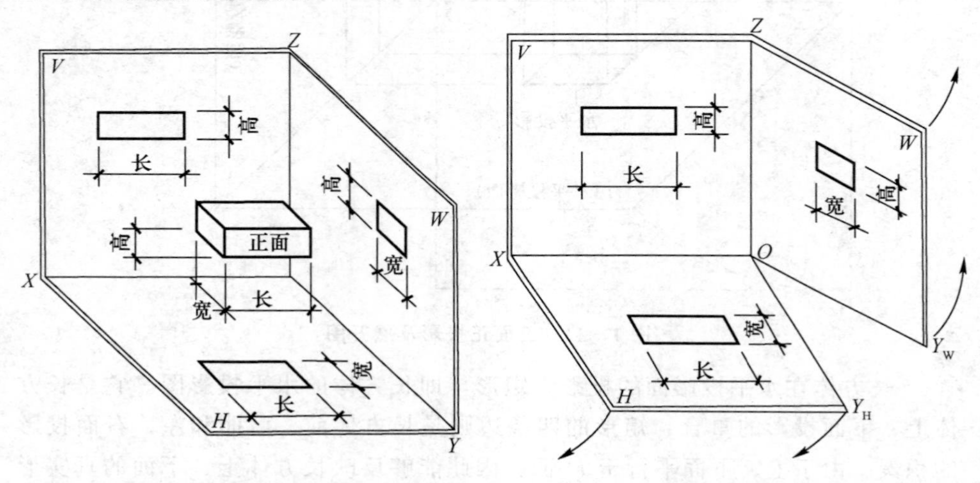

图 1-43　长宽高在三面投影体系中的反映　　图 1-44　三面投影体系的展开示意图

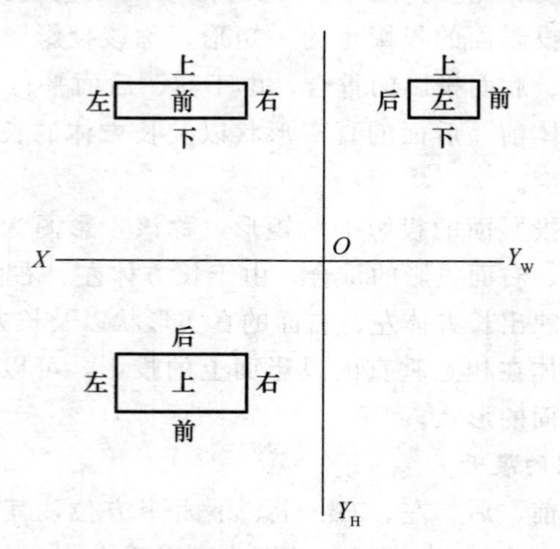

图 1-45　三面投影图上的方位

四、组合体投影图

1. 组合体的组合形式

根据基本形体组合方式的不同，通常可以将组合体分为叠加式、切割式和混合式三种。

（1）叠加式组合体　叠加式组合体是指组合体的主要部分是由若干个基本形体叠加而成为一个整体的。如图 1－46 所示，立体由三部分叠加而成，A 为一水平放置的长方体，B 是一个竖立在正中位置的四棱柱，C 为四块支撑板。

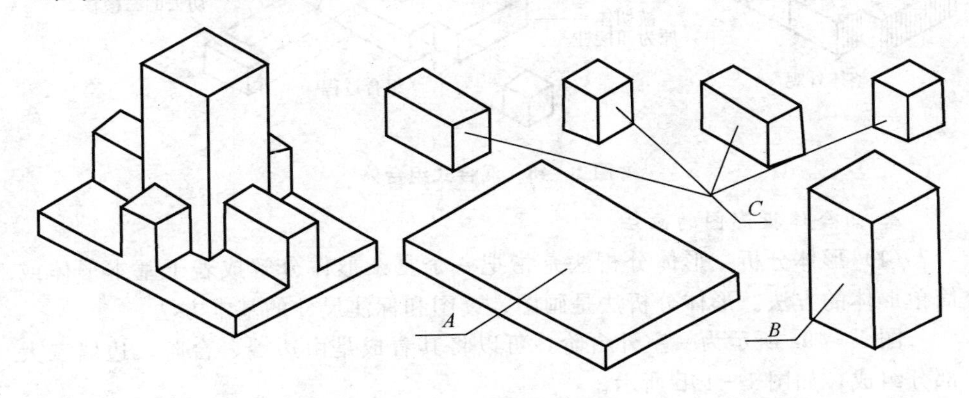

图 1－46　叠加式组合体

（2）切割式组合体　切割式组合体是指从一个基本形体上切割去若干基本形体而形成的组合体。如图 1－47 所示，可以将该组合体看做是在一长方体 A 的左上方切去一个长方体 B，然后，再在它的上中方切除长方体 C 而形成的。

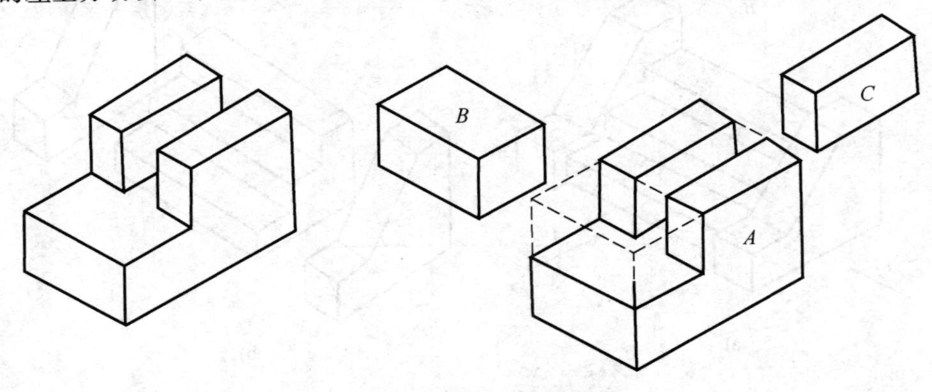

图 1－47　切割式组合体

（3）混合式组合体　混合式组合体是指既有叠加又有切割而形成的几何体，如图 1－48 所示。

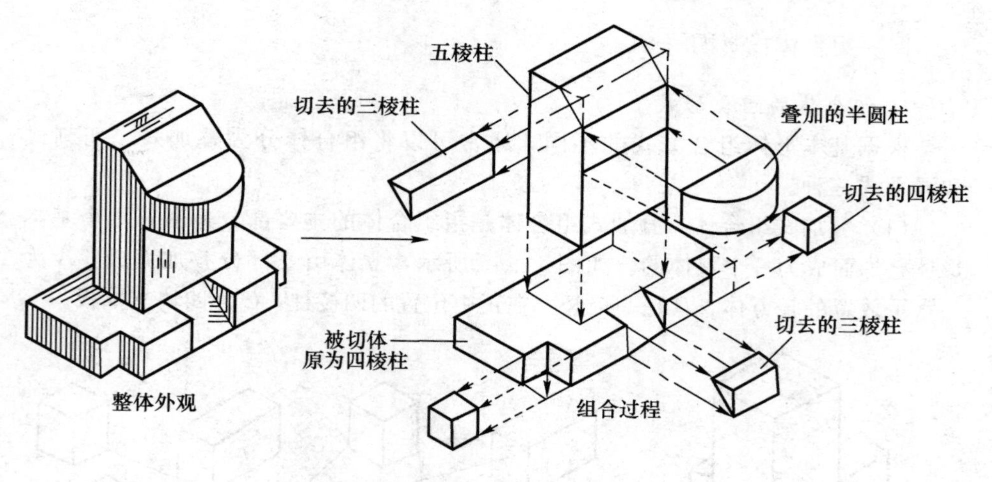

图 1-48　混合式组合体

2. 组合体投影图的画法

(1) 形体分析　形体分析法是指把一个复杂形体分解成若干基本形体或简单形体的方法。形体分析法是画图、读图和标注尺寸的基本方法。

图 1-49a 所示为一室外台阶，可以将其看成是由边墙、台阶、边墙三大部分组成，如图 1-49b 所示。

图 1-50a 所示为一肋式杯形基础，可以将其看成由底板、中间挖去一楔形块的四棱柱和六块梯形肋板组成，如图 1-50b 所示。

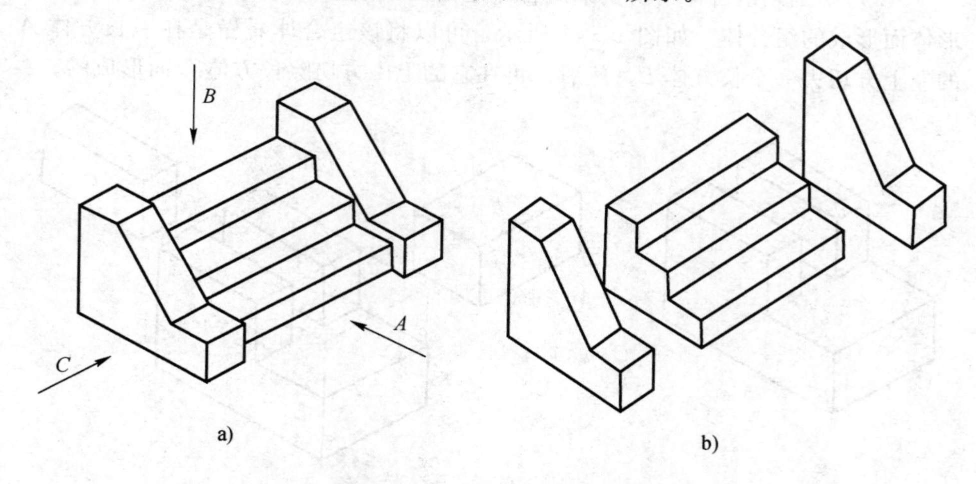

图 1-49　室外台阶形体分析

画组合体的投影图时，必须正确表示各基本形体之间的表面连接。形体之间的表面连接可归纳为以下四种情况（图 1-51）：

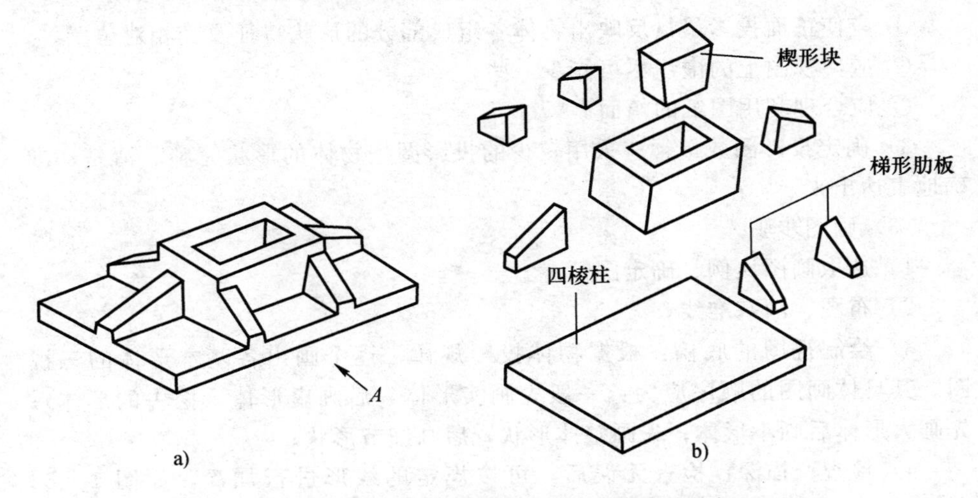

图 1－50　室外台阶和肋式杯形基础形体分析

1）两形体表面相交时，两表面投影之间应画出交线的投影。

2）两形体的表面共面时，两表面投影之间不应画线。

3）两形体的表面相切时，由于光滑过渡，两表面投影之间不应画线。

4）两形体的表面不共面时，两表面投影之间应该有线分开。

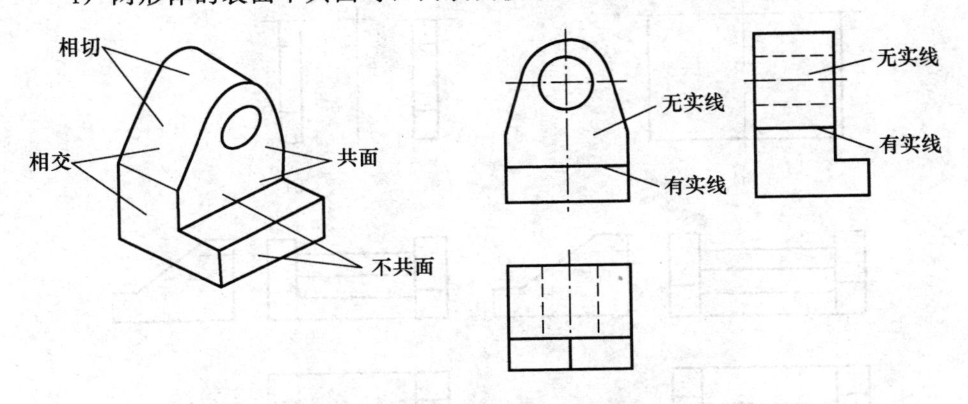

图 1－51　形体之间的表面连接

（2）选择投射方向　投影图选择主要包括：确定物体的安放位置、选择正面投影及确定投影图数量等。

1）确定安放位置：首先要使形体处于稳定状态，然后考虑形体的工作状况。为了作图方便，应尽量使形体的表面平行或垂直于投影面。

2）选择正面投影：由于正立面图是表达形体一组视图中最主要的视图（图 1－49a 的 *A* 向），因此，在视图分析的过程中应对其作重点考虑。其选择的原则为：

① 应使正面投影尽量反映出物体各组成部分的形状特征及其相对位置。

② 应使视图上的虚线尽可能少一些。

③ 应合理利用图纸的幅面。

3）确定投影图数量：应采用较少的投影图把物体的形状完整、清楚、准确地表达出来。

（3）画图步骤

1）选取画图比例、确定图幅。

2）布图、画基准线。

3）绘制视图的底稿：根据物体投影规律，逐个画出各基本形体的三视图。其具体画图的顺序应为：一般先画实形体，后画虚形体（挖去的形体）；先画大形体后画小形体；先画整体形状，后画细节形状。

4）检查、描深：检查无误后，可按规定的线形进行加深，如图 1－52 所示。

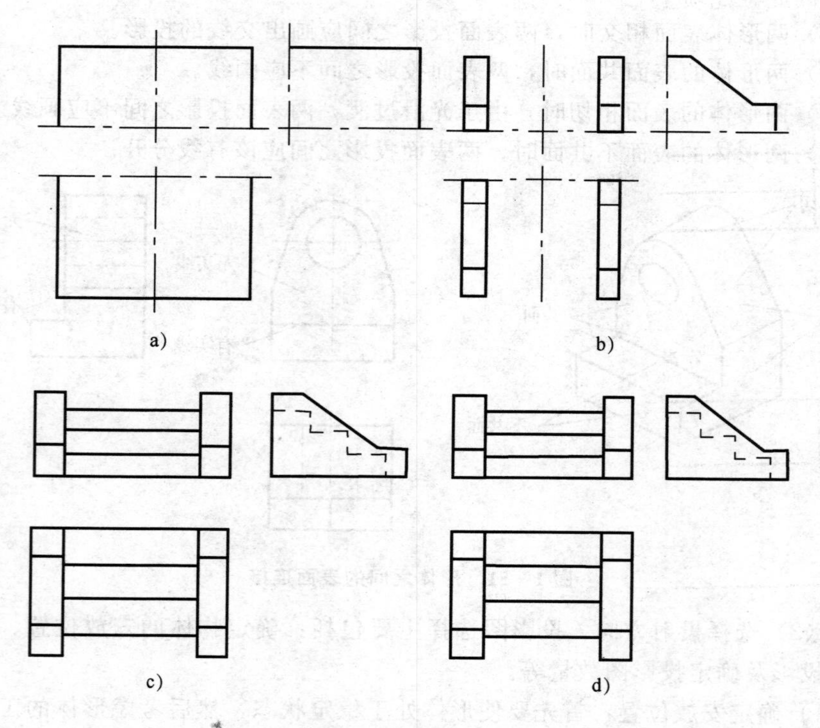

图 1－52　画图步骤

3. 组合体的尺寸标注

组合体的尺寸标注，需首先进行形体分析，确定要反映到投影图上的基本形体及尺寸标注要求。此外，还必须掌握合理的标注方法。

以下是以台阶为例说明组合体尺寸标注的方法和步骤（图1－53）：

（1）标注总体尺寸 首先标注图中①、②和③三个尺寸，它们分别为台阶的总长、总宽和总高。在建筑设计中它们是确定台阶形状的最基本也是最重要的尺寸，因此应首先标出。

（2）标注各部分的定形尺寸 图中④、⑤、⑥、⑦、⑧、⑨均为边墙的定形尺寸，⑩、⑪、⑫为踏步的定形尺寸。而尺寸②、③既是台阶的总宽、总高，也是边墙的宽和高，故在此不必重复标注。由于台阶踏步的踏面宽和梯面高是均匀布置的，因此，其定形尺寸亦可采用踏步数×踏步宽（或踏步数高×梯面高）的形式，即图中尺寸⑪可标成3×280＝840，⑫可标为3×150＝450。

（3）标注各部分间的定位尺寸 台阶各部分间的定位尺寸均与定形尺寸重复。尺寸⑩既是边墙的长，也是踏步的定位尺寸。

（4）检查、调整 由于组合体形体通常比较复杂，且上述三种尺寸间多有重复，因此，此项工作尤为重要。通过检查，补其遗漏，除其重复。

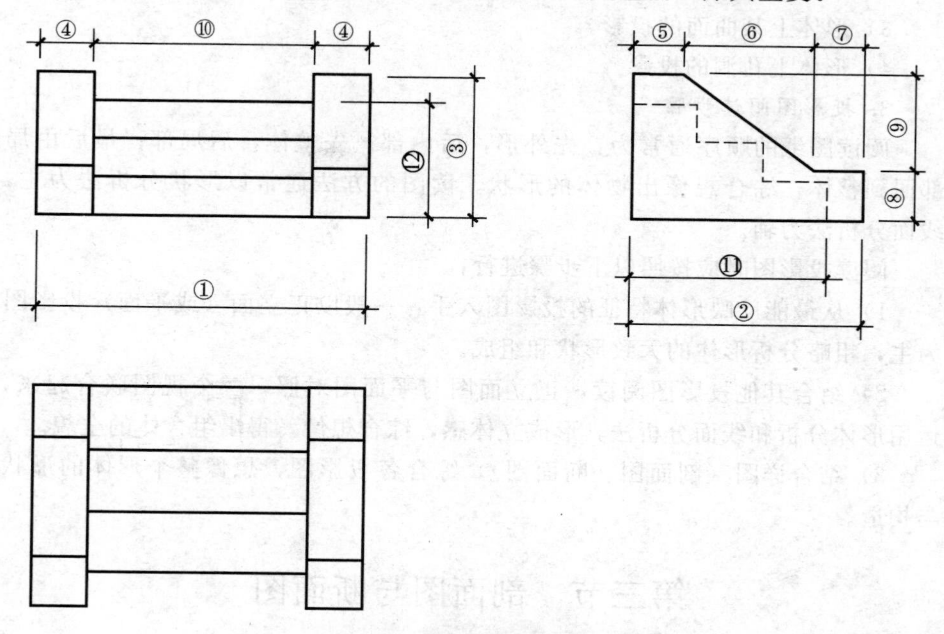

图1－53　组合体尺寸标注举例

五、投影图的识读

读图是根据形体的投影图，运用投影原理和特性，对投影图进行分析，想像出形体的空间形状。识读投影图的方法主要有以下两种：

1. 形体分析法

形体分析法是根据基本形体的投影特性，在投影图上分析组合体各组成部分的形状和相对位置，然后综合起来想像出组合形体的形状。

2. 线面分析法

线面分析法是以线和面的投影规律为基础，根据投影图中的某些棱线和线框，分析它们的形状和相互位置，从而想像出它们所围成形体的整体形状。

采用线面分析法时，必须要先掌握投影图上线和线框的含义，才能结合起来综合分析，想像出物体的整体形状。投影图中图线（直线或曲线）代表的含义主要有以下几点：

1）形体的一条棱线，即形体上两相邻表面交线的投影。

2）与投影面垂直的表面（平面或曲面）的投影，即为积聚投影。

3）曲面轮廓素线的投影。

投影图中线框代表的含义主要有以下几点：

1）形体上某一平行于投影面平面的投影。

2）形体上某平面类似性的投影（即平面处于一般位置）。

3）形体上某曲面的投影。

4）形体上孔洞的投影。

3. 投影图阅读步骤

阅读图纸的顺序通常为：先外形，后内部；先整体，后局部；最后由局部回到整体，综合想像出物体的形状。读图的方法通常以形状分析法为主，线面分析法为辅。

阅读投影图时应按照以下步骤进行：

1）从最能反映形体特征的投影图入手，一般以正立面（或平面）投影图为主，粗略分析形体的大致形状和组成。

2）结合其他投影图阅读，正立面图与平面图对照，三个视图联合起来，运用形体分析和线面分析法，形成立体感，综合想像，得出组合体的全貌。

3）结合详图（剖面图、断面图），综合各投影图，想像整个形体的形状与构造。

第三节　剖面图与断面图

一、剖面图

1. 剖面图的形成

假想用一个剖切平面在形体的适当位置将形体剖切，移去介于观察者和剖切平面之间的部分，对剩余部分向投影面所做的正投影图，称为剖面图，简称剖面。剖切面通常为投影面的平行面或垂直面。

以某台阶剖面图来说明剖面图的形成（图 1－54），如假想用一平行于 *W* 面的剖切平面 *P* 剖切此台阶，并移走左半部分，将剩下的右半部分向 *W* 面投射，即可得到该台阶的剖面图，如图 1－55 所示。为了在剖面图上明显地表示出形体的内部形状，根据规定，在剖切断面上应画出建筑材料符号，以区分断面（剖到的）与非断面（未剖到的），图 1－55 所示的断面是混凝土材料。在不需指明材料时，可以用平行且等距的 45°细斜线来表示断面。

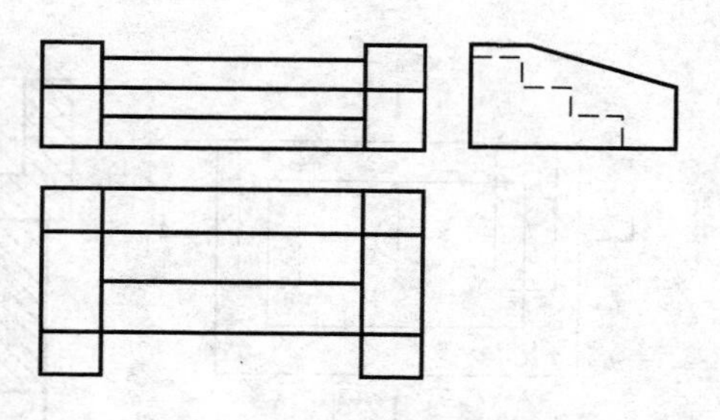

图 1－54　台阶的三视图

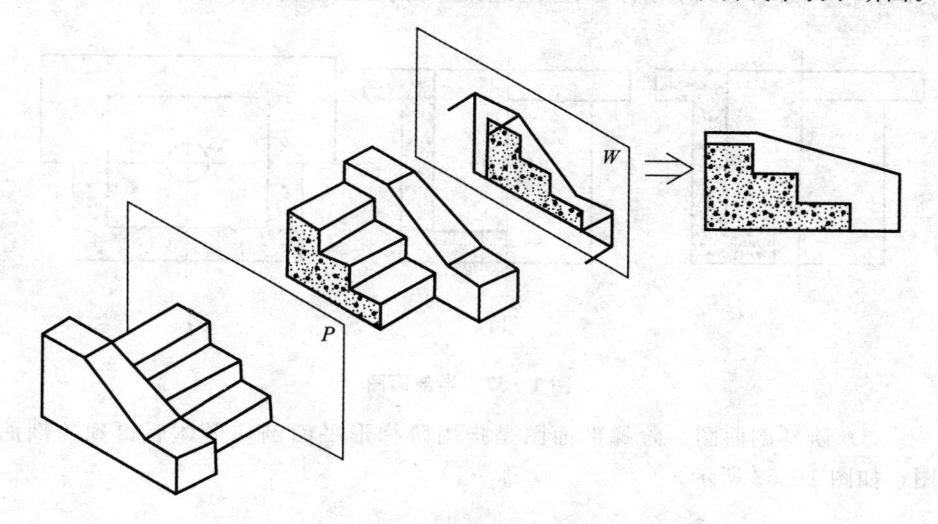

图 1－55　剖面图的形成

2. 剖面图的种类

（1）按剖面位置分类 按剖切位置可以将剖面图分为以下两种：

1）水平剖面图。水平剖面图是指当剖切平面平行于水平投影面时所得的剖面图。

2）垂直剖面图。垂直剖面图是指当剖切平面垂直于水平投影面所得到的剖面图，如图 1－56 所示，二者均为垂直剖面图。

（2）按剖切面的形式分类 按剖切面的形式可以将剖切面分为以下几种：

1）全剖面图。全剖面图是指采用一个剖切平面将形体全部剖开后所画的剖面图。图 1－56 所示两个剖面为全剖面图，1—1 剖面为纵向剖面图，2—2 剖面为横向剖面图。

2）半剖面图。当物体的投影图和剖面图都是对称图形时，可采用半剖的

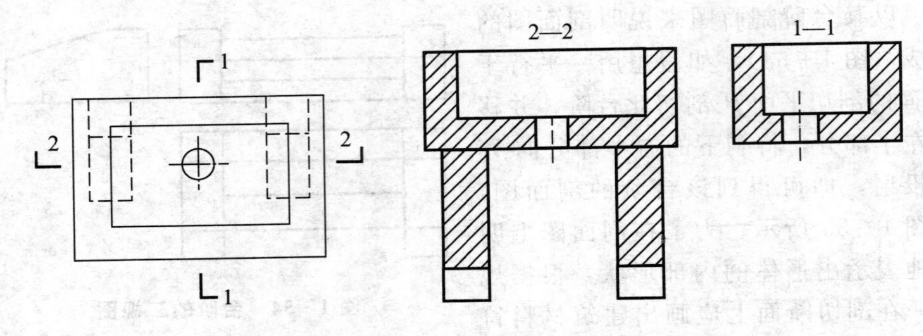

图 1－56　剖面图

表示方法，如图 1－57 所示，图中投影图与剖面图各占一半。

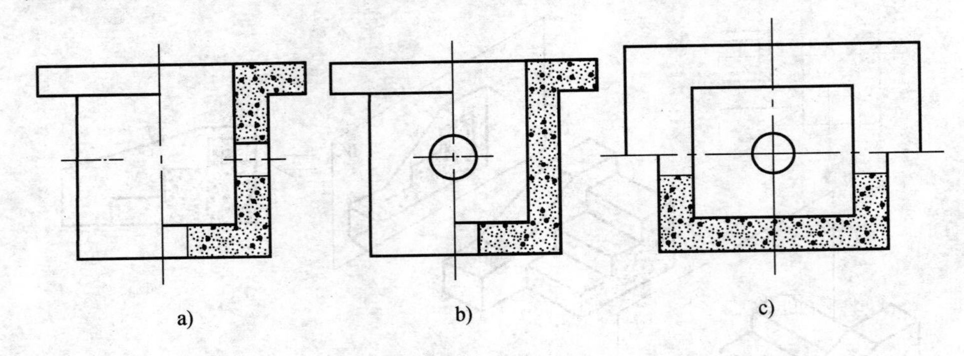

图 1－57　半剖面图

3）阶梯剖面图。阶梯剖面图是指用阶梯形平面剖切形体后得到的剖面图，如图 1－58 所示。

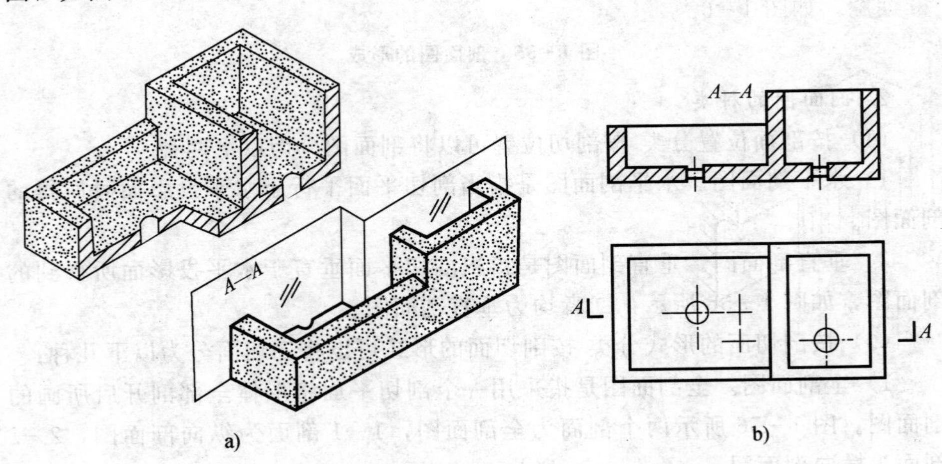

图 1－58　阶梯剖面图

4）局部剖面图。局部剖面图是指形体局部剖切后所画的剖面图，如图 1－59 所示。

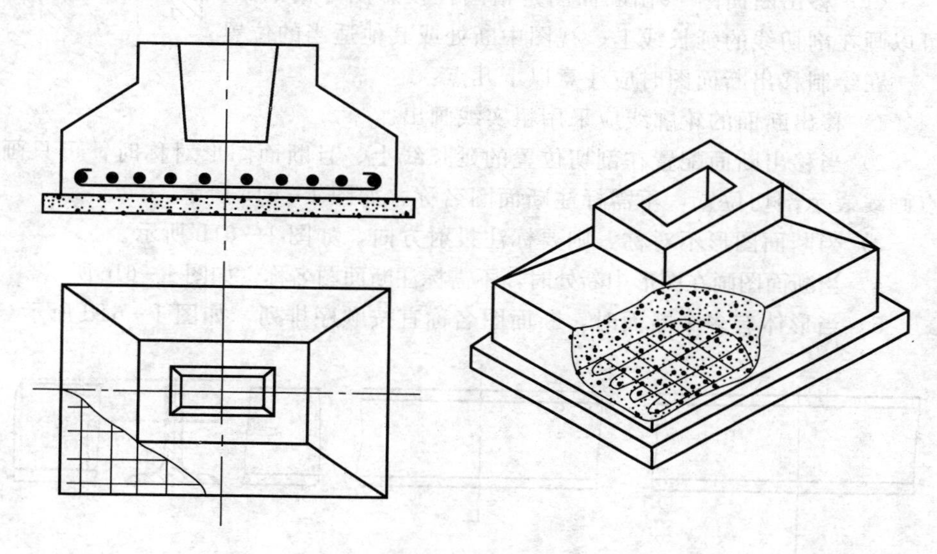

图 1－59　局部剖面图

二、断面图

1. 断面图的形成

断面图是指假想用剖切平面将物体剖切后，只画出剖切平面切到部分的图形。对于某些单一的杆件或需要表示某一局部的截面形状时，可以只画出断面图，如图 1－60 所示。

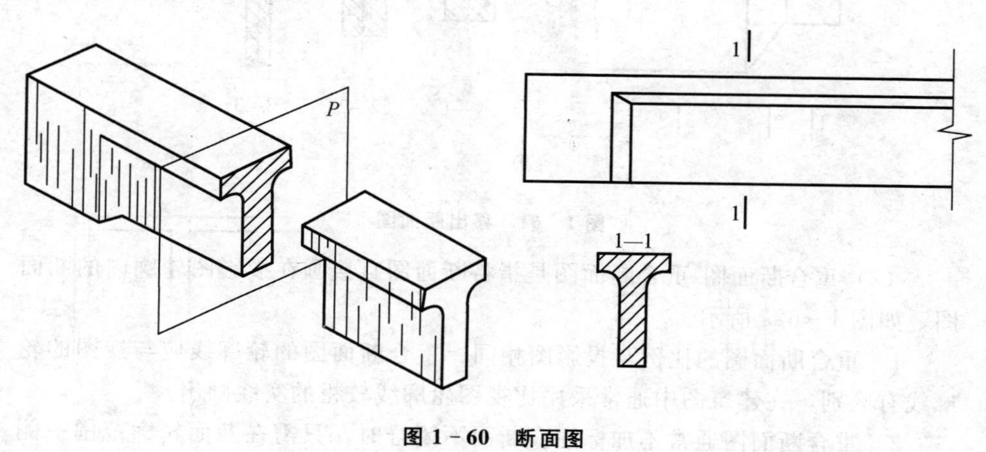

图 1－60　断面图

2. 断面图的种类

(1) 移出断面图 移出断面图是指画在投影图外面的断面图。移出断面图可以画在剖切线的延长线上、视图中断处或其他适当的位置。

在绘制移出断面图时应注意以下几点：

1) 移出断面的轮廓线应采用粗实线画出。

2) 当移出断面配置在剖切位置的延长线上、且断面图形对称时，可只画点画线表示剖切位置，不需标注断面图名称，如图 1-61a 所示。

3) 当断面图形不对称，则要标注投射方向，如图 1-61b 所示。

4) 当断面图画在图形中断处时，不需标注断面图名称，如图 1-61c 所示。

5) 当形体有多个断面时，断面图名称宜按顺序排列，如图 1-61d 所示。

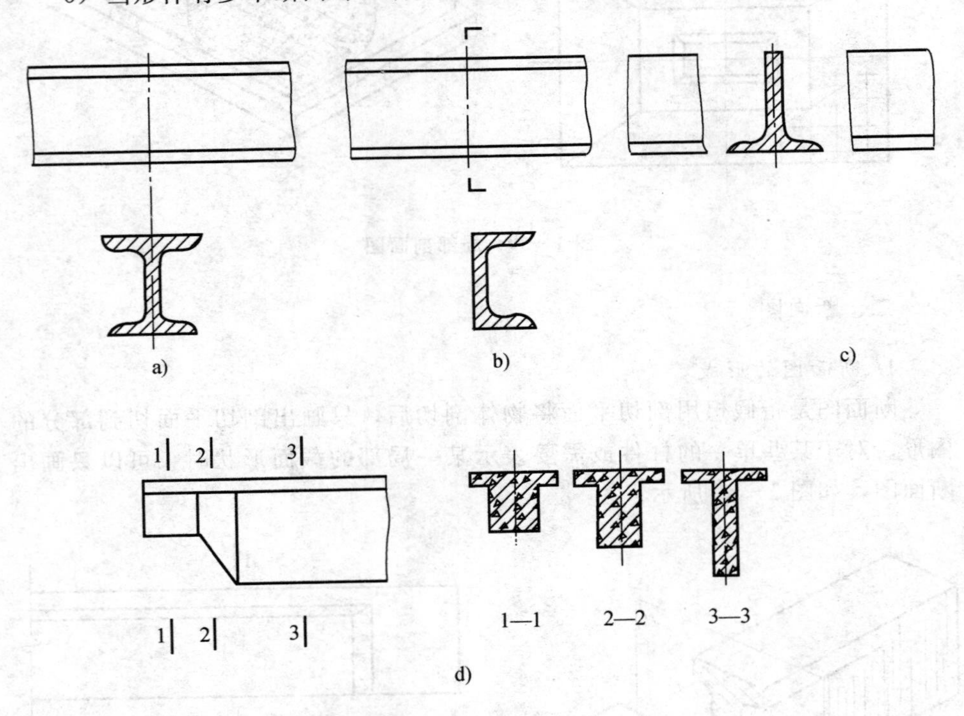

图 1-61 移出断面图

(2) 重合断面图 重合断面图是指将断面图直接画在投影图轮廓内的断面图，如图 1-62a 所示。

1) 重合断面图的比例与投影图相同。重合断面图的轮廓线应与视图的轮廓线有区别，在建筑图中通常采用比视图轮廓线较粗的实线画出。

2) 重合断面图通常不加标注。断面不闭合时，只需在断面轮廓范围一侧画出材料符号或通用的剖面线，如图 1-62b 所示。

由于重合断面图影响视图的清晰，因此很少采用。

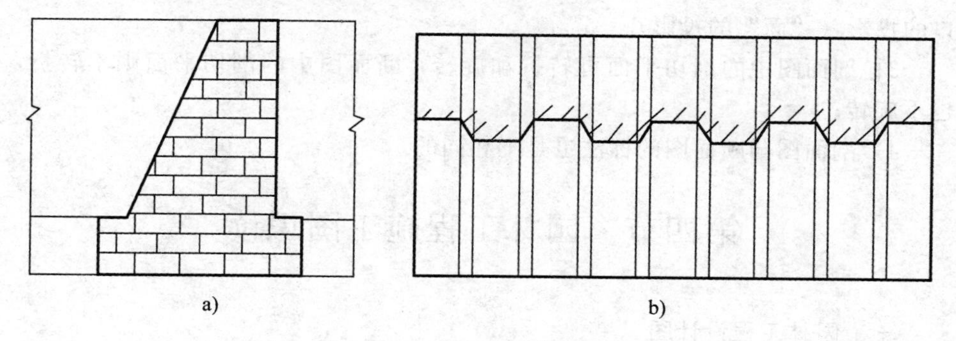

图 1－62　重合断面图

a）挡土墙断面图；b）墙面装饰花纹

三、剖面图与断面图的区别

通常剖面图与断面图的区别应具有以下几点：

1）断面图只画出了形体被剖切后截断面的投影，而剖面图则要画出形体被剖切后整个余下部分的投影。即剖面图必包含断面图，而断面图不可能包含剖面图，如图 1－63 所示。

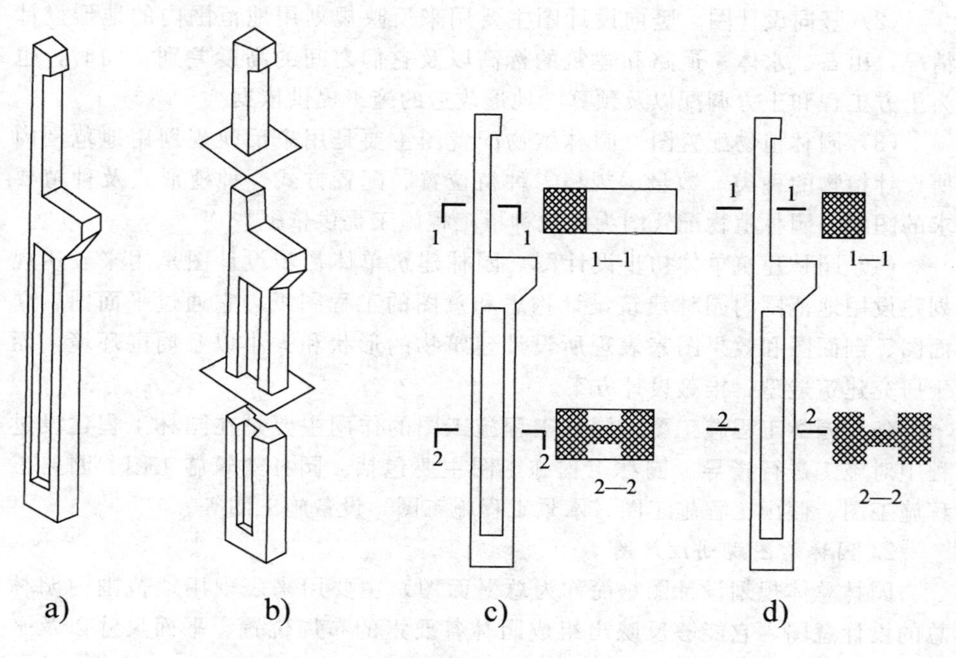

图 1－63　剖面图和断面图的区别

a）工字柱；b）剖开后的工字柱；c）剖面图；d）断面图

2）剖面图是被剖切后形体的投影（“体”的投影），而断面图只是一个截口的投影（“面”的投影）。

3）剖面图中的剖切平面可转折和旋转，断面图中的剖切平面则不转折，也不旋转。

4）剖面图与断面图的标注也是不相同的。

第四节　园林工程施工图识读

一、园林工程设计图

1. 园林规划设计图的类型

园林工程图种类主要包括以下几种：

（1）总体规划设计图　总体规划设计图主要是用来表现规划用地范围内总体综合设计，反映组成园林各部分的长、宽尺寸和平面关系以及各种造园要素（如地形、山石、水体、建筑及植物等）布局位置的水平投影图，总体规划设计图是反映园林工程总体设计意图的主要图纸，同时也是绘制其他图纸、施工放线、土方工程及编制施工方案的依据。

（2）竖向设计图　竖向设计图主要用来反映规划用地范围内的地形设计情况，山石、水体、道路和建筑的标高以及它们之间的高度差别，同时，也为土方工程和土方调配以及预算、地形改造的施工提供依据。

（3）园林植物配置图　园林植物配置图主要是用来反映规划用地范围内所设计植物的种类、数量、规格、种植位置、配置方式、种植形式及种植要求的图纸。园林植物配置图为绿化种植工程施工提供依据。

（4）园林建筑单体初步设计图　园林建筑单体初步设计图是用来表达规划建设用地范围内园林建筑设计构思和意图的工程图纸，它通过平面图、立面图、剖面图和效果图来表现所设计建筑物的形状和大小以及周围环境，便于研究建筑造型，推敲设计方案。

（5）园林工程施工图　园林工程施工图的作用主要是在园林工程建设过程中对施工进行指导。园林工程施工图主要包括：园林建筑施工图、园路工程施工图、假山工程施工图、水景工程施工图、设备施工图等。

2. 园林总图规划设计图

园林总体规划设计图（简称为总平面图）主要用来表现用地范围内园林总的设计意图，它能够反映出组成园林各要素的布局位置、平面尺寸以及平面关系。

（1）园林总体规划设计图的内容 通常总体规划设计图所表现的内容应包

括以下几点：

1）规划用地的现状和范围。

2）对原有地形、地貌的改造和新的规划。注意在总体规划设计图上出现的等高线均表示设计地形，对原有地形不作表示。

3）依照比例表示出规划用地范围内各园林组成要素的位置和外轮廓线。

4）反映出规划用地范围内园林植物的种植位置。在总体规划设计图纸中园林植物只要求分清常绿、落叶、乔木、灌木即可，不要求标示出具体的种类。

5）绘制图例、比例尺、指北针或风玫瑰图。

6）注标题栏，书写设计说明。

（2）园林总体规划设计图的识读 通常园林总体规划设计图的识读应按照以下几个步骤进行。

1）看图名、比例、设计说明、风玫瑰图、指北针。根据图名、比例、设计说明、风玫瑰图和指北针，可了解施工总平面图设计的意图和范围、工程性质、工程的面积和朝向等基本情况，为进一步了解图纸做好准备。

2）看等高线和水位线。根据等高线和水位线，可了解园林的地形和水体布置情况，从而对全园的地形骨架有一个基本的印象。

3）看图例和文字说明。根据图例和文字说明，可明确新建景物的平面位置，了解总体布局的情况。

4）看坐标或尺寸。根据坐标或尺寸，可查找施工放线的依据。

3. 园林竖向设计图

竖向设计图是指根据总体设计平面图及原地形图绘制的地形详图。竖向设计图是借助标注高程的方法表示地形在竖直方向上的变化情况，它是造园工程土方调配预算和地形改造施工的主要依据。

（1）园林竖向设计图的内容 竖向设计是园林总体规划设计的一项重要内容。竖向设计图是表示园林中各个景点、各种设施及地貌等在高程上的高低变化和协调统一的一种图纸。园林竖向设计图主要是用来表现地形、地貌、建筑物、植物和园林道路系统等各种造园要素的高程等内容，如地形现状及设计高程，建筑物室内控制标高，山石、道路、水体以及出入口的设计高程，园路主要转折点、交叉点、变坡点的标高和纵坡坡度以及各景点的控制标高等。园林竖向设计图是在原有地形的基础上所绘制的一种工程技术图纸。

（2）园林竖向设计图的识读 通常园林竖向设计图的识读应按照以下几个步骤进行：

1）看图名、比例、指北针、文字说明。根据图名、比例、指北针、文字说明，了解工程名称、设计内容、工程所处方位和设计范围。

2）看等高线及其高程标注。根据等高线的分布情况及其高程标注，了解新设计地形的特点和原地形的标高，了解地形高低变化及土方工程情况，还可以结合景观总体规划设计，分析竖向设计的合理性。并且根据新、旧地形高程变化，还能了解地形改造施工的基本要求和做法。

3）看建筑、山石和道路标高情况。

4）看排水方向。

5）看坐标。根据坐标，确定施工放线依据。

二、园林建筑施工图

1. 园林建筑总平面图

（1）园林建筑总平面图的内容 园林建筑小品总平面图（简称建筑总平面图）是用来表示新建建筑物总体布置的水平投影图，是用来确定建筑与环境关系的图纸，为下一步的设计和施工提供依据。因此，图纸中要表示出建筑的位置、朝向以及室外场地、道路、地形地貌以及绿化情况等。

（2）园林建筑总平面图识读 园林建筑总平面图应按以下步骤进行识读：

1）首先看图标、图名、图例及有关文字说明，对工程图作概括了解。

2）了解工程性质、用地范围、地形地貌和周围情况。

3）根据标注的标高和等高线，了解地形高低、雨水排除方向。

4）根据坐标（标注的坐标或坐标网格）了解拟建建筑物、构筑物、道路、管线和绿化区域等的位置。

5）根据指北针和风向频率玫瑰图，了解建筑物的朝向及当地常年风向频率和风速。

2. 园林建筑平面图

（1）园林建筑平面图的内容 建筑平面图是指假想用一水平剖切平面沿门窗洞的位置将房屋剖切后，将剖切平面以下部分向水平面投影得到的水平剖面图。建筑平面图除应表明建筑物的平面形状及位置外，还应标注必要的尺寸、标高及有关说明。

（2）园林建筑平面图识读 园林建筑平面图的识读通常应按以下步骤进行：

1）了解图名、层次、比例，纵、横定位轴线及其编号。

2）明确图示图例、符号、线型、尺寸的意义。

3）了解图示建筑物的平面布置。

4）了解平面图中的各部分尺寸和标高。通过外、内各道尺寸标注，了解总尺寸、轴线间尺寸，开间、进深、门窗及室内设备的大小尺寸和定位尺寸，并由标注出的标高了解楼、地面的相对标高。

5）了解建筑物的朝向。

6）了解建筑物的结构形式及主要建筑材料。

7）了解剖面图的剖切位置及其编号、详图索引符号及编号。

8）了解室内装饰的做法、要求和材料。

9）了解屋面部分的设施和建筑构造的情况，对屋面排水系统应与屋面做法表和墙身剖面的檐口部分对照识读。

3. 园林建筑立面图

（1）园林建筑立面图的内容 建筑立面图是指将建筑物的立面向与其平行的投影面作正投影所得的投影图。园林建筑立面图是以反映建筑的外貌、标高和立面装修做法为主要内容的图纸。

建筑物的立面图通常可以有多个，其中反映主要外貌特征的立面图称为正立面图，其余的立面图相应地称为背立面图、侧立面图。也可按建筑物的朝向命名，如南立面图、北立面图、东立面图以及西立面图，也可根据建筑两端的定位轴线编导命名，如图 1－64 所示。

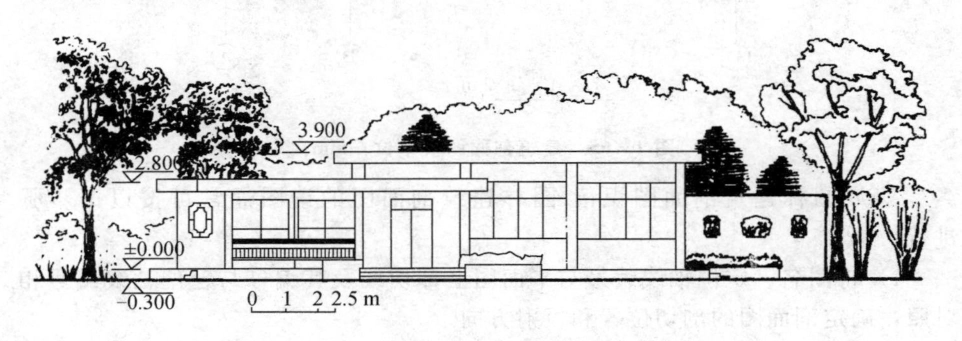

图 1－64　建筑立面图

（2）园林建筑立面图识读 园林建筑立面图的识读通常可以按照以下步骤进行：

1）了解图名、比例和定位轴线编号。

2）了解建筑物整个外貌形状；了解房屋门窗、窗台、台阶、雨篷、阳台、花池、勒脚、檐口中、落水管等细部形式和位置。

3）从图中标注的标高，了解建筑物的总高度及其他细部标高。

4）从图中的图例、文字说明或列表，了解建筑物外墙面装修的材料和做法。

4. 园林建筑剖面图

（1）园林建筑剖面图的内容 建筑剖面图是指假想用一个铅垂剖切平面将建筑物剖切后所得的投影图。园林建筑剖面图是用来表示建筑物沿高度方向的内部结构形式、装修要求与做法以及主要部位标高的图纸，用其与平面图、立面图配合作为施工的重要依据。

剖面图的剖切位置应根据建筑物的具体情况和所要表达的内容来选定，建筑剖切位置通常选在建筑内部构造有代表性和空间变化较复杂的部位，同时结合所要表达的内容进行确定，通常应通过门、窗等有代表性的典型部位。剖面图的名称应与平面图中所标注的剖面位置线编号一致。建筑剖面图如图 1－65 所示。

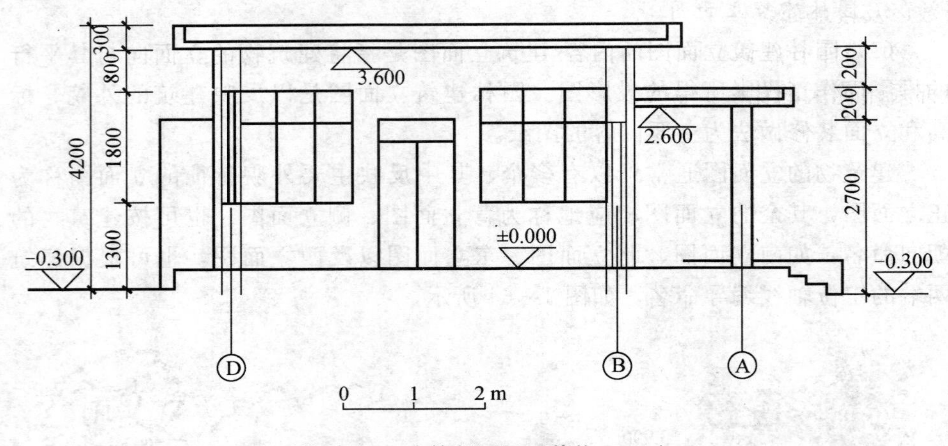

图 1－65　建筑剖面图（单位：mm）

（2）园林建筑剖面图识读　园林建筑剖面图的读图通常可按以下步骤进行：

1）将图名、定位轴线编号与平面图上部切线及其编号与定位轴线编号相对照，确定剖面图的剖切位置和投射方向。

2）从图示建筑物的结构形式和构造内容，了解建筑物的构造和组合，如建筑物各部分的位置、组成、构造、用料及做法等情况。

3）从图中标注的标高及尺寸，可了解建筑物的垂直尺寸和标高情况。

5. 园林建筑详图

（1）楼梯详图　楼梯是由楼梯段、休息平台、栏杆或栏板组成的。由于楼梯的构造比较复杂，在建筑平面图和建筑剖面图中不能将其表示清楚，因此，必须另画详图加以表示。楼梯详图主要表示楼梯的类型、结构形式、各部位的尺寸以及装修做法等。楼梯详图是楼梯施工放样的主要依据。

楼梯的建筑详图主要包括：

1）楼梯平面图。楼梯平面图的水平剖切位置，除顶层在安全栏板（或栏杆）之上外，其余各层均在上行第一跑楼梯中间。各层被剖切到的上行第一跑梯段，在楼梯平面图中画一条与踢面线成 30°的折断线（构成梯段的踏步中与楼地面平行的面称为踏面，与楼地面垂直的面称为踢面），各层下行梯段不予剖切。而楼梯间平面图则为房屋各层水平剖切后的直接正投影，类似于建筑平面图，如中间几层楼梯的构造一致，也可只画一个平面图作为标准层楼梯间平面图。故楼梯平面详图常常只画出底层、中间层以及顶层三个平面图。

2）楼梯剖面图。楼梯剖面图是指假想用一个竖直剖切平面沿梯段的长度方向将楼梯间从上至下剖开，然后往另一梯段方向投影所得的剖面图。

楼梯剖面图能够清楚地表明楼梯梯段的结构形式、踏步的踏面宽、踢面高、级数以及楼地面、楼梯平台、墙身、栏杆、栏板等构造的做法及其相对位置。

3）楼梯节点详图。在楼梯详图中，对扶手、栏板（栏杆）、踏步等，通常都采用更大的比例另绘制详图表示，如图 1－66 所示。

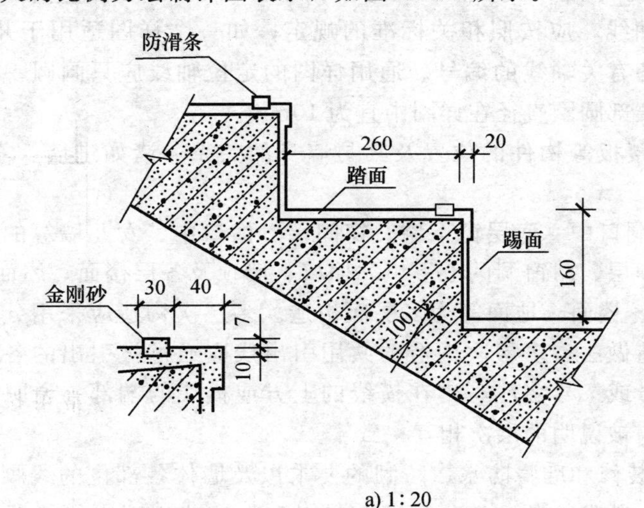

a) 1∶20

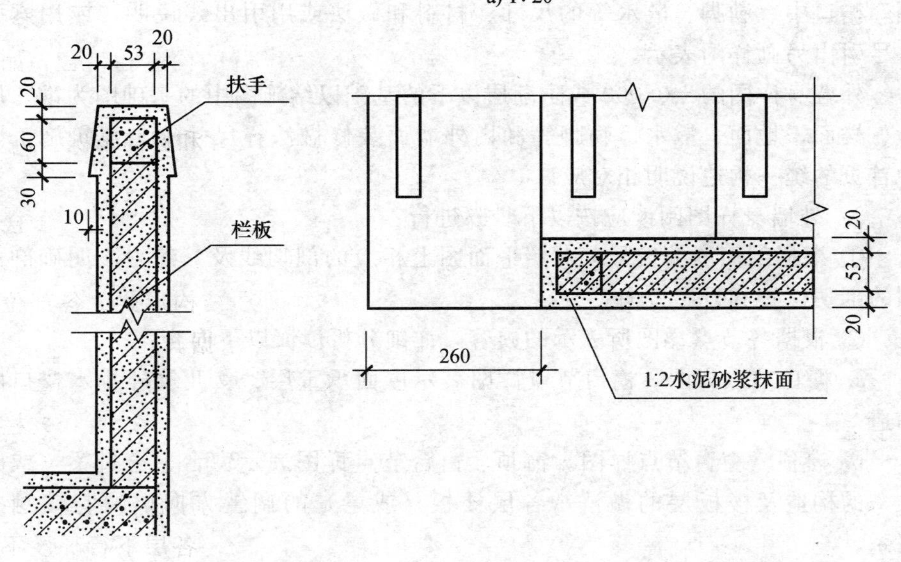

b) 1∶20　　c) 1∶20

图 1－66　楼梯节点详图

（2）外墙详图 外墙身详图即房屋建筑的外墙身剖面详图，主要用来表达外墙的墙脚、窗台、窗顶以及外墙与室内外地面、外墙与楼面、屋面的连接关系等内容。

外墙身详图可根据底层平面图，外墙身剖切位置线的位置以及投影方向来绘制，也可根据房屋剖面图中外墙身上索引符号所指示需要画出详图的节点来绘制。

1）外墙详图的基本内容主要包括：

① 墙的轴线编号、墙的厚度及其与轴线的关系。有时一个外墙身详图可适用于几个轴线，应按照相关标准的规定；如一个详图适用于几个轴线时，应同时注明各有关轴线的编号。通用详图的定位轴线应只画圆，不注写轴线编号。轴线端部圆圈直径在详图中宜为10mm。

② 各层楼板等构件的位置及其与墙身的关系，诸如进墙、靠墙、支承、拉结等情况。

③ 门窗洞口中、底层窗下墙、窗间墙、檐口中、女儿墙等的高度；室内外地坪、防潮层、门窗洞的上下口、檐口、墙顶及各层楼面、屋面的标高。

④ 屋面、楼面、地面等为多层次构造。多层次构造应采用分层说明的方法标注其构造做法，多层次构造的共用引出线应通过被引出的各层。文字说明宜采用5号或7号字注写出在横线的上方或横线的端部，说明的顺序由上至下，并应与被说明的层次相互一致。

⑤ 立面装修和墙身防水、防潮的要求以及墙体各部位的线脚、窗台、窗楣、檐口中、勒脚、散水等的尺寸、材料和做法或用引出线说明，或用索引符号引出另画详图表示。

外墙身详图的±0.000或防潮层以下的基础以结施图中的基础图为准。屋面、楼面、地面、散水、勒脚等和内外墙面装修做法、尺寸等与建筑施工图中首页的统一构造说明相对应。

2）外墙身详图阅读应按以下步骤进行：

① 根据剖面图的编号，对照平面图上相应的剖切线及其编号，明确剖面图的剖切位置和投影方向。

② 根据各节点详图所表示的内容，详细分析读懂以下内容：

a. 檐口节点详图。檐口节点详图表示屋面承重层、女儿墙外排水檐口的构造。

b. 窗顶、窗台节点详图。窗顶、窗台节点详图表示窗台、窗过梁（或圈梁）的构造及楼板层的做法，各层楼板（或梁）的搁置方向以及与墙身的关系。

c. 勒脚、明沟详图。勒脚、明沟详图表示房屋外墙的防潮、防水和排水的做法，外（内）墙身的防潮层的位置，以及室内地面的做法。

③ 结合图中有关图例、文字、标高、尺寸及有关材料和做法互相对照，明确图示内容。

④明确立面装修的要求，主要包括砖墙各部位的凹凸线脚、窗口中、挑檐、勒脚、散水等尺寸、材料和做法。

⑤了解墙身防火、防潮的做法，如檐口、墙身、勒脚、散水、地下室的防潮、防水做法。

第二章　园林工程造价构成与计算

第一节　我国现行工程造价的构成

建设项目投资含固定资产投资和流动资产投资两部分，建设项目总投资中的固定资产投资与建设项目的工程造价在量上相等。工程造价的构成按工程项目建设过程中各类费用支出或花费的性质、途径等来确定，工程造价的费用分解结构是通过费用划分和汇集所形成的。

我国现行工程造价的构成主要划分为设备及工具、器具购置费用、建筑安装工程费用、工程建设其他费用、预备费、建设期贷款利息、固定资产投资方向调节税等几项。具体构成内容如图 2－1 所示。

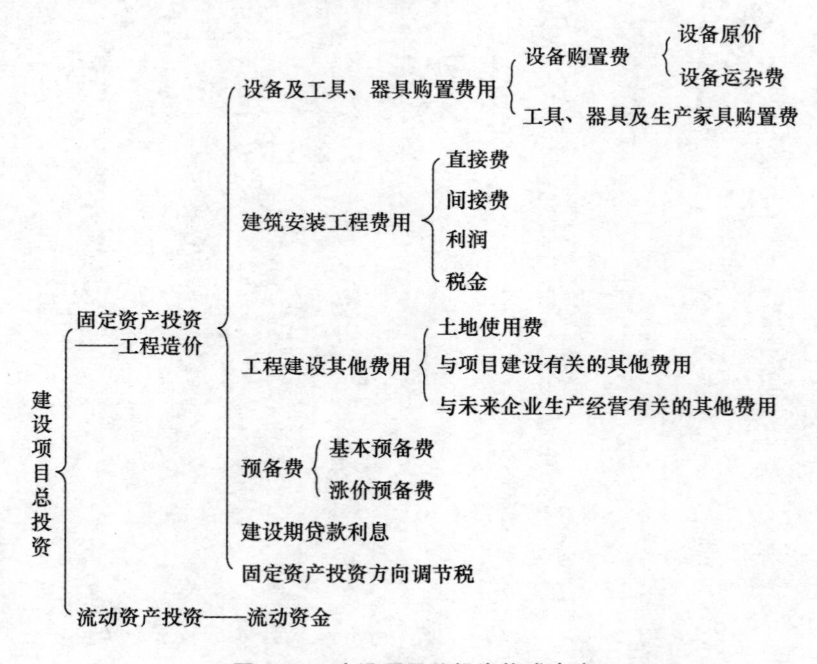

图 2－1　建设项目总投资构成内容

第二节　设备及工具、器具购置费构成与计算

一、设备购置费

设备购置费是指达到固定资产标准，为建设工程项目购置或自制的各种国产或进口设备及工具、器具的费用。设备购置费是由设备原价和设备运杂费构成。

设备购置费＝设备原价＋设备运杂费　　（2－1）

上式中，设备原价指国产设备或进口设备的原价；设备运杂费指除设备原价之外的关于设备采购、运输、途中包装及仓库保管等方向支出费用的总和。

1. 国产设备原价

国产设备原价一般指的是设备制造厂的交货价或订货合同价。它一般根据生产厂或供应商的询价、报价、合同价确定，或采用一定的方法计算确定。国产设备原价分为国产标准设备原价和国产非标准设备原价。

（1）国产标准设备原价 国产标准设备原价通常指的是设备制造厂的交货价，即出厂价。如设备系由设备成套公司供应，则以订货合同价为设备原价。有的设备有两种出厂价，即带有备件的出厂价和不带有备件的出厂价。在计算设备原价时，一般按带有备件的出厂价计算。

（2）国产非标准设备原价 国产非标准设备原价有多种不同的计算方法，如成本计算估价法、系列设备插入估价法、分部组合估价法、定额估价法等。但无论采用哪种方法都应该使非标准设备计价接近实际出厂价，并且计算方法要简便。按成本计算估价法，非标准设备的原价由以下各项组成：

1）材料费。其计算公式如下：

材料费＝材料净重×（1＋加工损耗系数）×每吨材料综合价　（2－2）

2）加工费。包括生产工人工资和工资附加费、燃料动力费、设备折旧费、车间经费等，其计算公式如下：

加工费＝设备总质量（吨）×设备每吨加工费　　（2－3）

3）辅助材料费（简称辅材费）。包括焊条、焊丝、氧气、氩气、氮气、油漆、电石等费用，其计算公式如下：

辅助材料费＝设备总质量×辅助材料费指标　　（2－4）

4）专用工具费。按1）～3）项之和乘以一定百分比计算。

5）废品损失费。按1）～4）项之和乘以一定百分比计算。

6）外购配套件费。按设备设计图纸所列的外购配套件的名称、型号、规

格、数量、质量，根据相应的价格加运杂费计算。

7）包装费。按以上1）～6）项之和乘以一定百分比计算。

8）利润。可按1）～5）项加第7）项之和乘以一定利润率计算。

9）税金。主要指增值税，计算公式为：

增值税＝当期销项税额－进项税额 (2－5)

其中，当期销项税额＝销售额×适用增值税率，销售额为1）～8）项之和。

10）非标准设备设计费：按国家规定的设计费收费标准计算。

综上所述，单台非标准设备原价可用下面的公式表达：

单台非标准设备原价＝｛［（材料费＋加工费＋辅助材料费）×（1＋专用工具费率）×（1＋废品损失费率）＋外购配套件费］×（1＋包装费率）－外购配套件费｝×（1＋利润率）＋销项税金＋非标准设备设计费＋外购配套件费 (2－6)

2. 进口设备原价

进口设备的原价是指进口设备的抵岸价，即抵达买方边境港口或边境车站，且交完关税等税费后形成的价格。进口设备抵岸价的构成与进口设备的交货方式有关。

进口设备采用最多的是装运港船上交货价（FOB），其抵岸价的构成可概括为：

进口设备原价＝货价＋国际运费＋运输保险费＋银行财务费＋外贸手续费＋关税＋增值税＋消费税＋海关监管手续费＋车辆购置附加费 (2－7)

3. 设备运杂费

设备运杂费按设备原价乘以设备运杂费率计算，其公式为：

设备运杂费＝设备原价×设备运杂费率 (2－8)

其中，设备运杂费率按各部门及省、市等的规定计取。

二、工具、器具及生产家具购置费的构成及计算

工具、器具及生产家具购置费是指新建或扩建项目初步设计规定的，保证初期正常生产必须购置的没有达到固定资产标准的设备、仪器、工卡模具、器具、生产家具和备品备件等的购置费用。一般以设备购置费为计算基数，按照部门或行业规定的工具、器具及生产家具费率计算。计算公式为：

工具、器具及生产家具购置费＝设备购置费×定额费率 (2－9)

第三节　建筑安装工程费

一、建筑安装工程费构成

1. 按费用构成要素划分建筑安装工程费用项目

建筑安装工程费按照费用构成要素划分：由人工费、材料（包含工程设备，下同）费、施工机具使用费、企业管理费、利润、规费和税金组成。其中人工费、材料费、施工机具使用费、企业管理费和利润包含在分部分项工程费、措施项目费、其他项目费中，如图 2－2 所示。

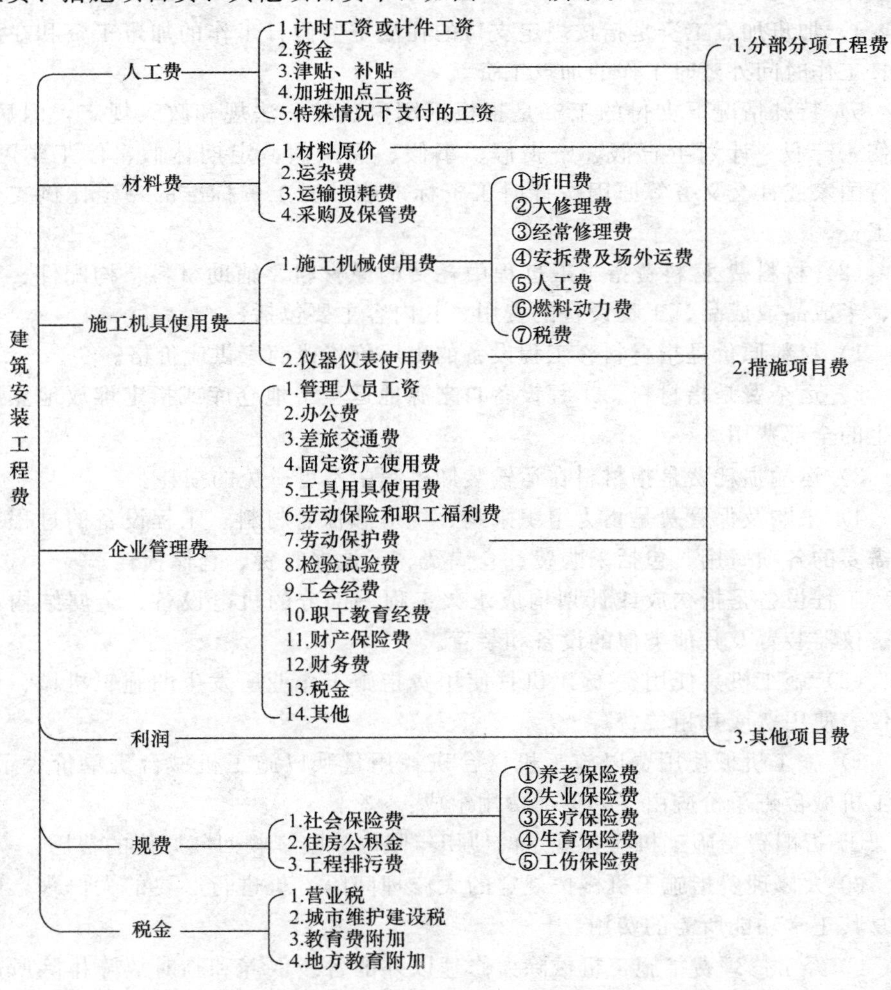

图 2－2　建筑安装工程费用项目组成（按费用构成要素划分）

（1）人工费 人工费指按工资总额构成规定，支付给从事建筑安装工程施工的生产工人和附属生产单位工人的各项费用。其内容主要包括：

1）计时工资或计件工资是指按计时工资标准和工作时间或对已做工作按计件单价支付给个人的劳动报酬。

2）奖金是指对超额劳动和增收节支支付给个人的劳动报酬。如节约奖、劳动竞赛奖等。

3）津贴补贴是指为了补偿职工特殊或额外的劳动消耗和因其他特殊原因支付给个人的津贴，以及为了保证职工工资水平不受物价影响支付给个人的物价补贴。如流动施工津贴、特殊地区施工津贴、高温（寒）作业临时津贴、高空津贴等。

4）加班加点工资是指按规定支付的在法定节假日工作的加班工资和在法定日工作时间外延时工作的加点工资。

5）特殊情况下支付的工资是指根据国家法律、法规和政策规定，因病、工伤、产假、计划生育假、婚丧假、事假、探亲假、定期休假、停工学习、执行国家或社会义务等原因按计时工资标准或计时工资标准的一定比例支付的工资。

（2）材料费 材料费指施工过程中耗费的原材料、辅助材料、构配件、零件、半成品或成品、工程设备的费用。其内容主要包括：

1）材料原价是指材料、工程设备的出厂价格或商家供应价格。

2）运杂费是指材料、工程设备自来源地运至工地仓库或指定堆放地点所发生的全部费用。

3）运输损耗费是指材料在运输装卸过程中不可避免的损耗。

4）采购及保管费是指为组织采购、供应和保管材料、工程设备的过程中所需要的各项费用。包括采购费、仓储费、工地保管费、仓储损耗。

工程设备是指构成或计划构成永久工程一部分的机电设备、金属结构设备、仪器装置及其他类似的设备和装置。

（3）施工机具使用费 施工机具使用费指施工作业所发生的施工机械、仪器仪表使用费或其租赁费。

1）施工机械使用费以施工机械台班耗用量乘以施工机械台班单价表示，施工机械台班单价应由下列七项费用组成：

① 折旧费指施工机械在规定的使用年限内，陆续收回其原值的费用。

② 大修理费指施工机械按规定的大修理间隔台班进行必要的大修理，以恢复其正常功能所需的费用。

③ 经常修理费指施工机械除大修理以外的各级保养和临时故障排除所需的费用。包括为保障机械正常运转所需替换设备与随机配备工具附具的摊销

和维护费用，机械运转中日常保养所需润滑与擦拭的材料费用及机械停滞期间的维护和保养费用等。

④ 安拆费及场外运费安拆费指施工机械（大型机械除外）在现场进行安装与拆卸所需的人工、材料、机械和试运转费用以及机械辅助设施的折旧、搭设、拆除等费用；场外运费指施工机械整体或分体自停放地点运至施工现场或由一施工地点运至另一施工地点的运输、装卸、辅助材料及架线等费用。

⑤ 人工费指机上司机（司炉）和其他操作人员的人工费。

⑥ 燃料动力费指施工机械在运转作业中所消耗的各种燃料及水、电等。

⑦ 税费指施工机械按照国家规定应缴纳的车船使用税、保险费及年检费等。

2）仪器仪表使用费是指工程施工所需使用的仪器仪表的摊销及维修费用。

（4）企业管理费 企业管理费指建筑安装企业组织施工生产和经营管理所需的费用。其内容主要包括：

1）管理人员工资是指按规定支付给管理人员的计时工资、奖金、津贴补贴、加班加点工资及特殊情况下支付的工资等。

2）办公费是指企业管理办公用的文具、纸张、账表、印刷、邮电、书报、办公软件、现场监控、会议、水电、烧水和集体取暖降温（包括现场临时宿舍取暖降温）等费用。

3）差旅交通费是指职工因公出差、调动工作的差旅费、住勤补助费，市内交通费和误餐补助费，职工探亲路费，劳动力招募费，职工退休、退职一次性路费，工伤人员就医路费，工地转移费以及管理部门使用的交通工具的油料、燃料等费用。

4）固定资产使用费是指管理和试验部门及附属生产单位使用的属于同定资产的房屋、设备、仪器等的折旧、大修、维修或租赁费。

5）工具用具使用费是指企业施工生产和管理使用的不属于同定资产的工具、器具、家具、交通工具和检验、试验、测绘、消防用具等的购置、维修和摊销费。

6）劳动保险和职工福利费是指由企业支付的职工退职金、按规定支付给离休干部的经费，集体福利费、夏季防暑降温、冬季取暖补贴、上下班交通补贴等。

7）劳动保护费是企业按规定发放的劳动保护用品的支出。如工作服、手套、防暑降温饮料以及在有碍身体健康的环境中施工的保健费用等。

8）检验试验费是指施工企业按照有关标准规定，对建筑以及材料、构件和建筑安装物进行一般鉴定、检查所发生的费用，包括自设试验室进行试验所耗用的材料等费用。不包括新结构、新材料的试验费，对构件做破坏性试验及其他特殊要求检验试验的费用和建设单位委托检测机构进行检测的费用，对此类检测发生的费用，由建设单位在工程建设其他费用中列支。但对施工企业提供的具有合格证明的材料进行检测不合格的，该检测费用由施工企业支付。

9）工会经费是指企业按《工会法》规定的全部职工工资总额比例计提的工会经费。

10）职工教育经费是指按职工工资总额的规定比例计提，企业为职工进行专业技术和职业技能培训，专业技术人员继续教育、职工职业技能鉴定、职业资格认定以及根据需要对职工进行各类文化教育所发生的费用。

11）财产保险费是指施工管理用财产、车辆等的保险费用。

12）财务费：是指企业为施工生产筹集资金或提供预付款担保、履约担保、职工工资支付担保等所发生的各种费用。

13）税金是指企业按规定缴纳的房产税、车船使用税、土地使用税、印花税等。

14）其他包括技术转让费、技术开发费、投标费、业务招待费、绿化费、广告费、公证费、法律顾问费、审计费、咨询费、保险费等。

(5) 利润 利润指施工企业完成所承包工程获得的盈利。

(6) 规费 规费指按国家法律、法规规定，由省级政府和省级有关权力部门规定必须缴纳或计取的费用。其主要包括：

1）社会保险费：

① 养老保险费是指企业按照规定标准为职工缴纳的基本养老保险费。

② 失业保险费是指企业按照规定标准为职工缴纳的失业保险费。

③ 医疗保险费是指企业按照规定标准为职工缴纳的基本医疗保险费。

④ 生育保险费是指企业按照规定标准为职工缴纳的生育保险费。

⑤ 工伤保险费是指企业按照规定标准为职工缴纳的工伤保险费。

2）住房公积金是指企业按规定标准为职工缴纳的住房公积金。

3）工程排污费是指按规定缴纳的施工现场工程排污费。

其他应列而未列入的规费，按实际发生计取。

(7) 税金 税金指国家税法规定的应计入建筑安装工程造价内的营业税、城市维护建设税、教育费附加以及地方教育附加。

2. 按造价形式划分建筑安装工程费用项目

建筑安装工程费按照工程造价形式划分可以分为：分部分项工程费、措施项目费、其他项目费、规费、税金组成，分部分项工程费、措施项目费、其他项目费包含人工费、材料费、施工机具使用费、企业管理费和利润，如

图 2－3 所示。

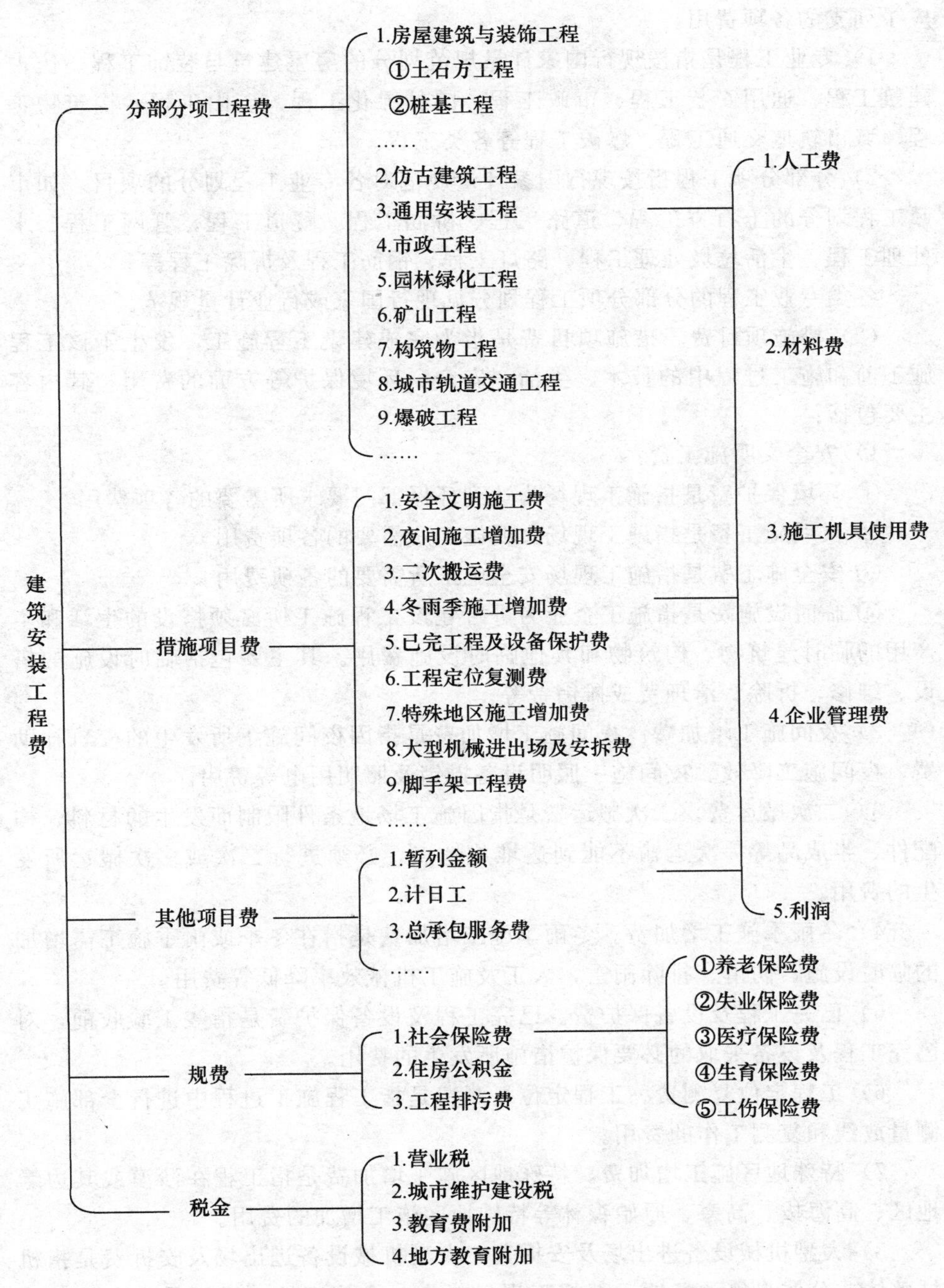

图 2－3　建筑安装工程费用项目组成（按造价形式划分）

（1）分部分项工程费　分部分项工程费是指各专业工程的分部分项工程应予列支的各项费用。

1）专业工程是指按现行国家计量规范划分的房屋建筑与装饰工程、仿古建筑工程、通用安装工程、市政工程、园林绿化工程、矿山工程、构筑物工程、城市轨道交通工程、爆破工程等各类工程。

2）分部分项工程指按现行国家计量规范对各专业工程划分的项目。如市政工程划分的土石方工程、道路工程、桥涵工程、隧道工程、管网工程、水处理工程、生活垃圾处理工程、路灯工程、钢筋工程及拆除工程等。

各类专业工程的分部分项工程划分见现行国家或行业计量规范。

（2）措施项目费　措施项目费是指为完成建设工程施工，发生于该工程施工前和施工过程中的技术、生活、安全、环境保护等方面的费用，其内容主要包括：

1）安全文明施工费：

① 环境保护费是指施工现场为达到环保部门要求所需要的各项费用。

② 文明施工费是指施工现场文明施工所需要的各项费用。

③ 安全施工费是指施工现场安全施工所需要的各项费用。

④ 临时设施费是指施工企业为进行建设工程施工所必须搭设的生活和生产用的临时建筑物、构筑物和其他临时设施费用。其主要包括临时设施的搭设、维修、拆除、清理费或摊销费等。

2）夜间施工增加费。夜间施工增加费是指因夜间施工所发生的夜班补助费、夜间施工降效、夜间施工照明设备摊销及照明用电等费用。

3）二次搬运费。二次搬运费是指因施工场地条件限制而发生的材料、构配件、半成品等一次运输不能到达堆放地点，必须进行二次或多次搬运所发生的费用。

4）冬雨季施工增加费。冬雨季施工增加费是指在冬季或雨季施工需增加的临时设施、防滑、排除雨雪，人工及施工机械效率降低等费用。

5）已完工程及设备保护费。已完工程及设备保护费是指竣工验收前，对已完工程及设备采取的必要保护措施所发生的费用。

6）工程定位复测费。工程定位复测费是指工程施工过程中进行全部施工测量放线和复测工作的费用。

7）特殊地区施工增加费。特殊地区施工增加费是指工程在沙漠或其边缘地区、高海拔、高寒、原始森林等特殊地区施工增加的费用。

8）大型机械设备进出场及安拆费。大型机械设备进出场及安拆费是指机械整体或分体自停放场地运至施工现场或由一个施工地点运至另一个施工地点，所发生的机械进出场运输及转移费用及机械在施工现场进行安装、拆卸所需的人工费、材料费、机械费、试运转费和安装所需的辅助设施的费用。

9）脚手架工程费。脚手架工程费是指施工需要的各种脚手架搭、拆、运输费用以及脚手架购置费的摊销（或租赁）费用。

措施项目及其包含的内容详见各类专业工程的现行国家或行业计量规范。

（3）其他项目费

1）暂列金额。暂列金额是指建设单位在工程量清单中暂定并包括在工程合同价款中的一笔款项。用于施工合同签订时尚未确定或者不可预见的所需材料、工程设备、服务的采购，施工中可能发生的工程变更、合同约定调整因素出现时的工程价款调整以及发生的索赔、现场签证确认等的费用。

2）计日工。计日工是指在施工过程中，施工企业完成建设单位提出的施工图纸以外的零星项目或工作所需的费用。

3）总承包服务费。总承包服务费是指总承包人为配合、协调建设单位进行的专业工程发包，对建设单位自行采购的材料、工程设备等进行保管以及施工现场管理、竣工资料汇总整理等服务所需的费用。

（4）规费　同“按费用构成要素划分建筑安装工程费用项目”规费的规定。

（5）税金　同“按费用构成要素划分建筑安装工程费用项目”税金的规定。

二、建筑安装工程费用参考计算方法

1．各费用构成要素参考计算方法

（1）人工费

$$人工费=\sum（工日消耗量\times日工资单价）\tag{2-10}$$

$$日工资单价=\frac{生产工人平均月工资(计时计件)+平均月(奖金+津贴补贴+特殊情况下支付的工资)}{年平均每月法定工作日}\tag{2-11}$$

注：公式（2－10）主要适用于施工企业投标报价时自主确定人工费，也是工程造价管理机构编制计价定额确定定额人工单价或发布人工成本信息的参考依据。

$$人工费=\sum（工程工日消耗量\times日工资单价）\tag{2-12}$$

日工资单价是指施工企业平均技术熟练程度的生产工人在每工作日（国家法定工作时间内）按规定从事施工作业应得的日工资总额。

工程造价管理机构确定日工资单价应通过市场调查、根据工程项目的技术要求，参考实物工程量人工单价综合分析确定，最低日工资单价不得低于工程所在地人力资源和社会保障部门所发布的最低工资标准的：普工 1.3 倍、一般技工 2 倍、高级技工 3 倍。

工程计价定额不可只列一个综合工日单价，应根据工程项目技术要求和工种差别适当划分多种日人工单价，确保各分部工程人工费的合理构成。

注：公式（2-12）适用于工程造价管理机构编制计价定额时确定定额人工费，是施工企业投标报价的参考依据。

（2）材料费

1）材料费：

$$材料费=\sum（材料消耗量\times材料单价）\quad(2-13)$$

$$材料单价=\{（材料原价+运杂费）\times[1+运输损耗率（\%）]\}\times[1+采购保管费率（\%）]\quad(2-14)$$

2）工程设备费：

$$工程设备费=\sum（工程设备量\times工程设备单价）\quad(2-15)$$

$$工程设备单价=（设备原价+运杂费）\times[1+采购保管费率（\%）]\quad(2-16)$$

（3）施工机具使用费

1）施工机械使用费：

$$施工机械使用费=\sum（施工机械台班消耗量\times机械台班单价）\quad(2-17)$$

$$机械台班单价=台班折旧费+台班大修费+台班经常修理费+台班安拆费及场外运费+台班人工费+台班燃料动力费+台班车船税费\quad(2-18)$$

注：工程造价管理机构在确定计价定额中的施工机械使用费时，应根据《建筑施工机械台班费用计算规则》结合市场调查编制施工机械台班单价。施工企业可以参考工程造价管理机构发布的台班单价，自主确定施工机械使用费的报价，如租赁施工机械，公式为：施工机械使用费=Σ（施工机械台班消耗量×机械台班租赁单价）。

2）仪器仪表使用费：

$$仪器仪表使用费=工程使用的仪器仪表摊销费+维修费\quad(2-19)$$

（4）企业管理费费率

1）以分部分项工程费为计算基础：

$$企业管理费费率（\%）=\frac{生产工人年平均管理费}{年有效施工天数\times人工单价}\times人工费占分部分项目工程费比例（\%）\quad(2-20)$$

2）以人工费和机械费合计为计算基础：

$$企业管理费费率（\%）=\frac{生产工人年平均管理费}{年有效施工天数\times（人工单价+每一工日机械使用费）}\times100\%\quad(2-21)$$

3）以人工费为计算基础：

$$企业管理费费率（\%）=\frac{生产工人年平均管理费}{年有效施工天数\times人工单价}\times100\%\quad(2-22)$$

注：上述公式适用于施工企业投标报价时自主确定管理费，是工程造价管理机构编制计价定额确定企业管理费的参考依据。

工程造价管理机构在确定计价定额中企业管理费时，应以定额人工费或（定额人工费＋定额机械费）作为计算基数，其费率根据历年工程造价积累的资料，辅以调查数据确定，列入分部分项工程和措施项目中。

（5）利润

1）施工企业根据企业自身需求并结合建筑市场实际自主确定，列入报价中。

2）工程造价管理机构在确定计价定额中利润时，应以定额人工费或（定额人工费＋定额机械费）作为计算基数，其费率根据历年工程造价积累的资料，并结合建筑市场实际确定，以单位（单项）工程测算，利润在税前建筑安装工程费的比重可按不低于5%且不高于7%的费率计算。利润应列入分部分项工程和措施项目中。

（6）规费

1）社会保险费和住房公积金：社会保险费和住房公积金应以定额人工费为计算基础，根据工程所在地省、自治区、直辖市或行业建设主管部门规定费率计算。

$$\text{社会保险费和住房公积金}=\sum(\text{工程定额人工费}\times\text{社会保险费和住房公积金费率}) \tag{2-23}$$

式中：社会保险费和住房公积金费率可以每万元发承包价的生产工人人工费和管理人员工资含量与工程所在地规定的缴纳标准综合分析取定。

2）工程排污费：工程排污费等其他应列而未列入的规费应按工程所在地环境保护等部门规定的标准缴纳，按实计取列入。

（7）税金　税金计算公式：

$$\text{税金}=\text{税前造价}\times\text{综合税率}(\%) \tag{2-24}$$

综合税率：

1）纳税地点在市区的企业：

$$\text{综合税率}(\%)=\frac{1}{1-3\%-(3\%\times7\%)-(3\%\times3\%)-(3\%\times2\%)}-1 \tag{2-25}$$

2）纳税地点在县城、镇的企业：

$$\text{综合税率}(\%)=\frac{1}{1-3\%-(3\%\times5\%)-(3\%\times3\%)-(3\%\times2\%)}-1 \tag{2-26}$$

3）纳税地点不在市区、县城、镇的企业：

$$综合税率(\%)=\frac{1}{1-3\%-(3\%\times1\%)-(3\%\times3\%)-(3\%\times2\%)}-1 \quad (2-27)$$

4）实行营业税改增值税的，按纳税地点现行税率计算。

2. 建筑安装工程计价参考计算方法

（1）分部分项工程费

$$分部分项工程费=\sum（分部分项工程量\times综合单价） \quad (2-28)$$

式中：综合单价包括人工费、材料费、施工机具使用费、企业管理费和利润以及一定范围的风险费用（下同）。

（2）措施项目费

1）国家计量规范规定应予计量的措施项目，其计算公式为：

$$措施项目费=\sum（措施项目工程量\times综合单价） \quad (2-29)$$

2）国家计量规范规定不宜计量的措施项目计算方法如下：

① 安全文明施工费：

$$安全文明施工费=计算基数\times安全文明施工费费率（\%） \quad (2-30)$$

计算基数应为定额基价（定额分部分项工程费＋定额中可以计量的措施项目费）、定额人工费或（定额人工费＋定额机械费），其费率由工程造价管理机构根据各专业工程的特点综合确定。

② 夜间施工增加费：

$$夜间施工增加费=计算基数\times夜间施工增加费费率（\%） \quad (2-31)$$

③ 二次搬运费：

$$二次搬运费=计算基数\times二次搬运费费率（\%） \quad (2-32)$$

④ 冬雨季施工增加费：

$$冬雨季施工增加费=计算基数\times冬雨季施工增加费费率（\%） \quad (2-33)$$

⑤ 已完工程及设备保护费：

$$已完工程及设备保护费=计算基数\times已完工程及设备保护费费率（\%） \quad (2-34)$$

上述②～⑤项措施项目的计费基数应为定额人工费或（定额人工费＋定额机械费），其费率由工程造价管理机构根据各专业工程特点和调查资料综合分析后确定。

（3）其他项目费

1）暂列金额由建设单位根据工程特点，按有关计价规定估算，施工过程中由建设单位掌握使用、扣除合同价款调整后如有余额，归建设单位。

2）计日工由建设单位和施工企业按施工过程中的签证计价。

3）总承包服务费由建设单位在招标控制价中根据总包服务范围和有关计

价规定编制，施工企业投标时自主报价，施工过程中按签约合同价执行。

（4）规费和税金 建设单位和施工企业均应按照省、自治区、直辖市或行业建设主管部门发布标准计算规费和税金，不得作为竞争性费用。

（5）相关问题的说明

1）各专业工程计价定额的编制及其计价程序，均按上述计算方法实施。

2）各专业工程计价定额的使用周期原则上为5年。

3）工程造价管理机构在定额使用周期内，应及时发布人工、材料、机械台班价格信息，实行工程造价动态管理，如遇国家法律、法规、规章或相关政策变化以及建筑市场物价波动较大时，应适时调整定额人工费、定额机械费以及定额基价或规费费率，使建筑安装工程费能反映建筑市场实际。

4）建设单位在编制招标控制价时，应按照各专业工程的计量规范和计价定额以及工程造价信息编制。

5）施工企业在使用计价定额时除不可竞争费用外，其余仅作参考，由施工企业投标时自主报价。

三、建筑安装工程计价程序

建设单位工程招标控制价计价程序见表2－1。施工企业工程投标报价计价程序见表2－2。竣工结算计价程序见表2－3。

表2－1 建设单位工程招标控制价计价程序

工程名称： 标段：

序号	内容	计算方法	金额（元）
1	分部分项工程费	按计价规定计算	
1.1			
1.2			
1.3			
1.4			
1.5			
2	措施项目费	按计价规定计算	
2.1	其中：安全文明施工费	按规定标准计算	
3	其他项目费		
3.1	其中：暂列金额	按计价规定估算	
3.2	其中：专业工程暂估价	按计价规定估算	
3.3	其中：计日工	按计价规定估算	
3.4	其中：总承包服务费	按计价规定估算	
4	规费	按规定标准计算	
5	税金（扣除不列入计税范围的工程设备金额）	（1＋2＋3＋4）×规定税率	
招标控制价合计＝1＋2＋3＋4＋5			

表 2－2　施工企业工程投标报价计价程序

工程名称：　　　　　　　　　　　　标段：

序号	内容	计算方法	金额（元）
1	分部分项工程费	自主报价	
1.1			
1.2			
1.3			
1.4			
1.5			
2	措施项目费	自主报价	
2.1	其中：安全文明施工费	按规定标准计算	
3	其他项目费		
3.1	其中：暂列金额	按招标文件提供金额计列	
3.2	其中：专业工程暂估价	按招标文件提供金额计列	
3.3	其中：计日工	自主报价	
3.4	其中：总承包服务费	自主报价	
4	规费	按规定标准计算	
5	税金（扣除不列入计税范围的工程设备金额）	（1＋2＋3＋4）×规定税率	
投标报价合计＝1＋2＋3＋4＋5			

表 2－3　竣工结算计价程序

工程名称：　　　　　　　　　　　　标段：

序号	内容	计算方法	金额（元）
1	分部分项工程费	按合约约定计算	
1.1			
1.2			
1.3			
1.4			
1.5			
2	措施项目费	按合约约定计算	
2.1	其中：安全文明施工费	按规定标准计算	
3	其他项目费		
3.1	其中：专业工程暂估价	按合约约定计算	
3.2	其中：计日工	按计日工签证计算	
3.3	其中：总承包服务费	按合约约定计算	
3.4	索赔与现场签证	按发承包双方确认数额计算	
4	规费	按规定标准计算	
5	税金（扣除不列入计税范围的工程设备金额）	（1＋2＋3＋4）×规定税率	
投标报价合计＝1＋2＋3＋4＋5			

第四节　工程建设其他费用

工程建设其他费用是指从工程筹建到工程竣工验收交付使用止的整个建设期间，除建筑安装工程费用和设备、工器具购置费以外的，为保证工程建设顺利完成和交付使用后能够正常发挥效用而发生的一些费用。

工程建设其他费用，按其内容大体可分为三类：第一类为土地使用费，由于工程项目固定于一定地点与地面相连接，必须占用一定量的土地，也就必然要发生为获得建设用地而支付的费用；第二类是与项目建设有关的费用；第三类是与未来企业生产和经营活动有关的费用。

一、土地使用费

任何一个建设项目都固定于一定地点与地面相连接，必须占用一定量的土地，必然就要发生为获得建设用地而支付的费用，这就是土地使用费。土地使用费是指通过划拨方式取得土地使用权而支付的土地征用及迁移补偿费，或者通过土地使用权出让方式取得土地使用权而支付的土地使用权出让金。

1. 土地征用及迁移补偿费

土地征用及迁移补偿费是指建设项目通过划拨方式取得无限期的土地使用权，依照《中华人民共和国土地管理法》等规定所支付的费用。其总和一般不得超过被征土地年产值的20倍，土地年产值则按该地被征用前3年的平均产量和国家规定的价格计算。其内容包括：土地补偿费；青苗补偿费和被征用土地上的房屋、水井、树木等附着物补偿费；安置补助费；缴纳的耕地占用税或城镇土地使用税、土地登记费及征地管理费等；征地动迁费；水利水电工程水库淹没处理补偿费。

2. 取得国有土地使用费

取得国有土地使用费包括土地使用权出让金、城市建设配套费、拆迁补偿与临时安置补助费等。

（1）土地使用权出让金　土地出让金是指建设工程通过土地使用权出让方式，取得有限期的土地使用权，依照《中华人民共和国城镇国有土地使用权出让和转让暂行条例》规定，支付的土地使用权出让金。

（2）城市建设配套费　城市建设配套费是指因进行城市公共设施的建设而分摊的费用。

（3）拆迁补偿与临时安置补助费　拆迁补偿与临时安置补助费由两部分构成，即拆迁补偿费和临时安置补助费或搬迁补助费。拆迁补偿费是指拆迁人对被拆迁人，按照有关规定予以补偿所需的费用。

二、与项目建设有关的其他费用

根据项目的不同，与项目建设有关的其他费用的构成也不尽相同，一般包括以下各项。在进行工程估算及概算中可根据实际情况进行计算。

1. 建设单位管理费

建设单位管理费是指建设项目从立项、筹建、建设、联合试运转、竣工验收、交付使用及后评估等全过程管理所需的费用。内容包括建设单位开办费和建设单位经费。

建设单位管理费按照单项工程费用之和（包括设备、工具、器具购置费和建筑安装工程费用）乘以建设单位管理费率计算。

建设单位管理费率按照建设项目的不同性质、不同规模确定。其中包括建设项目按照建设工期和规定的金额计算建设单位管理费。

2. 勘察设计费

勘察设计费是指为本建设项目提供项目建议书、可行性研究报告及设计文件等所需费用，其内容主要包括：

1）编制项目建议书、可行性研究报告及投资估算、工程咨询、评价以及为编制上述文件所进行勘察、设计、研究试验等所需费用。

2）委托勘察、设计单位进行初步设计、施工图设计及概预算编制等所需费用。

3）在规定范围内由建设单位自行完成的勘察、设计工作所需费用。

3. 研究试验费

研究试验费是指为建设项目提供和验证设计参数、数据、资料等所进行的必要的试验费用以及设计规定在施工中必须进行试验、验证所需费用。包括自行或委托其他部门研究试验所需人工费、材料费、试验设备及仪器使用费等。这项费用按照设计单位根据本工程项目的需要提出的研究试验内容和要求计算。

4. 建设单位临时设施费

建设单位临时设施费是指建设期间建设单位所需临时设施的搭设、维修的摊销费用或租赁费用。

临时设施包括临时宿舍、文化福利及公用事业房屋与构筑物、仓库、办公室、加工厂以及规定范围内的道路、水、电、管线等临时设施和小型临时设施。

5. 工程监理费

工程监理费是指建设单位委托工程监理单位对工程实施监理工作所需费用。可选择下列方法之一计算：

1）通常应按工程建设监理收费标准计算，即按所监理工程概算或预算的百分比计算。

2）对于单工种或临时性项目可根据参与监理的年度平均人数按 3.5 万～5 万元/人·年计算。

6. 工程保险费

工程保险费是指建设项目在建设期间根据需要实施工程保险所需的费用。包括以各种建筑工程及其在施工过程中的物料、机器设备为保险标的的建筑工程一切险，以安装工程中的各种机器、机械设备为保险标的的安装工程一切险，以及机器损坏保险等。根据不同的工程类别，分别以其建筑安装工程费乘以建筑、安装工程保险费率计算。

7. 引进技术和进口设备其他费用

引进技术及进口设备其他费用包括出国人员费用、国外工程技术人员来华费用、技术引进费、分期或延期付款利息、担保费以及进口设备检验鉴定费。各项费用均按相应规定计算。

8. 工程承包费

工程承包费是指具有总承包条件的工程公司，对工程建设项目从开始建设至竣工投产全过程的总承包所需的管理费用。具体内容包括组织勘察设计、设备材料采购、非标设备设计制造与销售、施工招标、发包、工程预决算、项目管理、施工质量监督、隐蔽工程检查、验收和试车直至竣工投产的各种管理费用。

工程承包费用按国家主管部门或省、自治区、直辖市协调规定的工程总承包费取费标准计算。如无规定时，一般工业建设项目为投资估算的6%～8%，民用建筑（包括住宅建设）和市政项目为4%～6%。不实行工程承包的项目不计算本项费用。

三、与未来企业生产经营有关的其他费用

1. 联合试运转费

联合试运转是指新建企业或改扩建企业在工程竣工验收前，按照设计的生产工艺流程和质量标准对整个企业进行联合试运转所发生的费用支出与联合试运转期间的收入部分的差额部分。联合试运转费用一般根据不同性质的项目按需进行试运转的工艺设备购置费的百分比计算。

2. 生产准备费

生产准备费是指新建企业或新增生产能力的企业，为保证竣工交付使用进行必要的生产准备所发生的费用，包括生产人员培训费以及生产单位提前进厂参加施工、设备安装、调试等以及熟悉工艺流程及设备性能等人员的工资、工资性补贴、职工福利费、差旅交通费、劳动保护费等。

生产准备费一般根据需要培训和提前进厂人员的人数及培训时间，按生产准备费指标进行估算，并严格掌握在实际执行中生产准备费在时间上、人数上、培训深度上很难划分的、活口很大的支出。

3. 办公和生活家具购置费

办公和生活家具购置费是指为保证新建、改建、扩建项目初期正常生产、使用和管理所必须购置的办公和生活家具、用具的费用。改、扩建项目所需的办公和生活用具购置费，应低于新建项目。

办公和生活家具购置费的范围包括办公室、会议室、资料档案室、阅览室、文娱室、食堂、浴室、理发室、单身宿舍和设计规定必须建设的托儿所、卫生所、招待所、中小学校等家具用具的购置费。这项费用按设计定员人数乘以综合指标计算。

第五节　预备费、建设期贷款利息

一、预备费

按我国现行规定，预备费包括基本预备费和涨价预备费。

1. 基本预备费

基本预备费是指在初步设计及概算内难以预料的工程费用。基本预备费是按设备及工具、器具购置费，建筑安装工程费用和工程建设其他费用三者之和为计取基础，乘以基本预备费率进行计算。

基本预备费＝（设备及工具、器具购置费＋建筑安装工程费用＋工程建设其他费用）×基本预备费率　　(2-35)

基本预备费率的取值应执行国家及部门的有关规定。

2. 涨价预备费

涨价预备费是指建设项目在建设期间内由于价格等变化引起工程造价变化的预留费用。费用内容包括人工、设备、材料、施工机械的价差费；建筑安装工程费及工程建设其他费用调整；利率、汇率调整等增加的费用。

涨价预备的测算方法，一般根据国家规定的投资综合价格指数，按估算年份价格水平的投资额为基数，采用复利方法计算，计算公式为：

$$PF = \sum_{t=1}^{n} I_t\left[(1+f)^t - 1\right] \qquad (2-36)$$

式中　PF ——涨价预备费；

n ——建设期年份数；

I_t——建设期中第 t 年的投资计划额，包括设备及工具、器具购置费、建筑安装工程费、工程建设其他费用及基本预备费；

f——年均投资价格上涨率。

二、建设期贷款利息

为了筹措建设项目资金所发生的各项费用，包括工程建设期间投资贷款利息、企业债券发行费、国外借款手续费和承诺费、汇兑净损失及调整外汇手续费、金融机构手续费以及为筹措建设资金发生的其他财务费用等，统称财务费。其中最主要的是在工程项目建设期投资贷款而产生的利息。

建设期投资贷款利息是指建设项目使用银行或其他金融机构的贷款，在建设期应归还的借款的利息，可按下式计算：

$$q_j = \left(P_{j-1} + \frac{1}{2}A_j\right) \cdot i \tag{2-37}$$

式中　q_j——建设期第 j 年应计利息；

P_{j-1}——建设期第（j—1）年末贷款累计金额与利息累计金额之和；

A_j——建设期第 j 年贷款金额；

i——年利率。

第六节　固定资产投资方向调节税与铺底流动资金

一、固定资产投资方向调节税

为了贯彻国家产业政策，控制投资规模，引导投资方向，调整投资结构，加强重点建设，促进国民经济稳定发展，国家将根据国民经济的运行趋势和全社会固定资产投资状况，对进行固定资产投资的单位和个人开征或暂缓征收固定资产投资方的调节税（该税征收对象不含中外合资经营企业、中外合作经营企业和外资企业）。

投资方向调节税根据国家产业政策和项目经济规模实行差别税率，各固定资产投资项目按其单位工程分别确定适用的税率。计税依据为固定资产投资项目实际完成的投资额，其中更新改造项目为建筑工程实际完成的投资额。投资方向调节税按固定资产投资项目的单位工程年度计划投资额预缴。年度终了后，按年度实际投资结算，多退少补。项目竣工后按全部实际投资进行清算，多退少补。

二、铺底流动资金

流动资金是指生产经营性项目投产后，为进行正常生产运营，用于购买原材料、燃料，支付工资及其他经营费用等所需的周转资金。流动资金估算一般是参照现有同类企业的状况采用分项详细估算法，个别情况或者小型项目可采用扩大指标法。

1. 分项详细估算法

对计算流动资金需要掌握的流动资产和流动负债这两类因素应分别进行估算。在可行性研究中，为简化计算，仅对存货、现金、应收账款这三项流动资产和应付账款这项流动负债进行估算。

2. 扩大指标估算法

1）按建设投资的一定比例估算，例如国外化工企业的流动资金，一般是按建设投资的15％～20％计算。

2）按经营成本的一定比例估算。

3）按年销售收入的一定比例估算。

4）按单位产量占用流动资金的比例估算。

流动资金一般在投产前开始筹措。在投产第一年开始按生产负荷进行安排，其借款部分按全年计算利息。流动资金利息应计入财务费用。项目计算期末回收全部流动资金。

第三章　园林工程定额计价

第一节　定额编制原理

一、定额的概念与作用

1. 定额的概念

定额是指规定的额度或限额，它是一种标准，是一种对事、物、活动在时间、空间上的数量规定或数量尺度。定额反映着生产与生产消费之间的客观数量关系。定额不是某种社会经济形态的产物，不受社会政治、经济、意识形态的影响，不为某种社会制度所专有，它随着生产力水平的提高自然地发生、发展、变化，是生产和劳动社会化的客观要求。

在园林工程施工过程中，为了完成每一单位产品的施工（生产）过程，就必须消耗一定数量的人力、物力（材料、工机具）以及资金，但这些资源的消耗是随着生产因素以及生产条件的变化而变化的。定额是在正常的施工生产条件下，完成单位合格产品所必需的人工、材料、施工机械设备及其资金消耗的数量标准。由于不同的产品有不同的质量要求，因此，不能把定额看成是单纯的数量关系，而应看成是质和量的统一体。考察个别生产过程中的因素不能形成定额，只有从考察总体生产过程中的各生产因素，归结出社会平均必需的数量标准，方能形成定额。同时，定额反映一定时期的社会生产力水平。

园林工程定额按照传统意义上的定义，是指在正常施工条件下，完成园林工程中各分项工程单位合格产品或完成一定量的工作所必需的，而且是额定的人工、材料、机械设备的数量及其资金消耗（或额度）。

2. 定额的作用

定额是企业管理的基础工作之一，对做好企业管理具有非常重要的作用。

（1）定额是计划管理的重要基础　园林工程施工企业在计划管理中，为了组织和管理施工生产活动，提高管理水平与效益，必须编制各种计划，而计划的编制又依据各种定额和指标来计算人力、物力与财力等需用量，因此定额是计划管理的重要基础。

（2）定额是提高劳动生产率的重要手段 施工企业要提高劳动生产率，除了要加强政治思想工作，提高员工积极性外，还要贯彻执行现行的定额，把企业提高劳动生产率的任务，具体落实到每一位职工身上，促使他们采用新技术和新工艺，改进操作方法，改善劳动组织，减小劳动强度，使用更少的劳动量，创造更多的产品，从而提高劳动生产效率。

（3）定额是衡量设计方案的尺度和确定工程造价的依据 同一园林工程项目的投资多少，是使用定额和指标，对不同设计方案进行技术经济分析与比较之后确定的，因此，定额是衡量设计方案经济合理性的尺度。工程造价是根据设计规定的工程标准和工程数量，并依据定额指标规定的劳动力、材料、机械台班数量、单位价值和各种费用标准来确定的，因此定额是确定工程造价的依据。

（4）定额是推行经济责任制的重要环节 园林工程中以招标承包为核心的经济责任制中，计算招标标底和投标标价，签订总包和分包合同协议以及企业内部实行适合各自特点的各种形式的承包责任制等，都必须以各种定额为主要依据。因此，定额是推行经济责任制的重要环节。

（5）定额是科学地组织与管理施工的有效工具 园林工程施工是由多种工种组成的一个有机整体，如种植工程、园路园桥工程、假山工程、园林小品工程等。在安排各工种的活动计划时，计算平衡资源需用量、组织材料供应、确定编制定员、合理配备组织劳动、调配劳动力、签订工程任务单和限额领料单、组织劳动竞赛、考核工料消耗以及计算和分配职工劳动报酬等，都要以定额为依据。因此，定额是企业科学地组织与管理施工的有效工具。

（6）定额是企业实行经济核算制的重要基础 园林企业为了分析比较施工过程中的各种消耗，必须以各种定额为核算依据。因此，职工完成定额的情况是实行经济核算制的主要内容。以定额为标准，分析比较企业的各种成本，并通过经济活动分析，肯定成绩，找出薄弱环节，提出改进措施，以不断降低单位工程成本，提高经济效益。因此，定额是实行经济核算制的重要基础。

二、施工定额

1. 施工定额的概念

施工定额是指以同一性质的施工过程或工序为测定对象，确定工人在正常施工条件下，为完成单位合格产品所需劳动、机械、材料消耗的数量标准。它是施工企业直接用于工程施工管理的一种定额。施工定额由劳动定额、材料消耗定额以及机械台班定额组成，是最基本的定额。

2. 施工定额的编制水平

定额水平是指规定消耗在单位产品上的劳动、机械以及材料数量的多寡。施工定额的编制水平直接反映劳动生产率的水平，也反映了劳动和物质的消耗水平。

在正常条件下，多数施工班组或生产者经过努力可以达到，少数班组或生产者可以接近，个别班组或生产者可以超过的水平叫做平均先进水平。通常，平均先进水平应低于先进水平，且略高于平均水平。这种水平能够使先进的班组和工人感到有一定压力，大多数处于中间水平的班组或工人感到定额水平可以达到。平均先进水平不迁就少数落后者，而是使少数落后者产生努力工作的责任感，以尽快达到定额水平。平均先进水平是一种鼓励先进、勉励中间、鞭策后进的定额水平。因此，只有贯彻“平均先进”的原则，才能促进企业科学管理和不断提高劳动生产效率，进而达到提高企业经济效益的目的。

三、劳动定额

1. 劳动定额的概念

劳动定额（又称人工定额）是施工工人在正常的施工（生产）条件下，在一定的生产技术和生产组织条件下，在平均先进水平的基础上制定的。劳动定额是用来表明每个建筑安装工人生产单位合格产品所必须消耗的劳动时间或者在单位时间所生产的合格产品的数量。

2. 劳动定额的形式

按照用途不同通常可以将劳动定额分为以下两种：

（1）时间定额 时间定额是指某种专业（工种）、某种技术等级的工人小组或个人，在合理的劳动组合、合理的使用材料、合理的施工机械配合条件下，生产某一单位合格产品所必需的工作时间。时间定额主要包括准备与结束时间、基本生产时间、辅助生产时间、不可避免的中断时间以及工人必要的休息时间。

时间定额以工日为单位，每一工日按 8h 计算。其计算公式如下

$$\text{单位产品时间定额(工日)} = \frac{1}{\text{每工生产量}} \tag{3-1}$$

或

$$\text{单位产品时间定额(工日)} = \frac{\text{小组成员工日数总和}}{\text{台班产量}} \tag{3-2}$$

（2）产量定额 产量定额是指在合理的劳动组合、合理的使用材料、合理的机械配合条件下，某种专业（工种）、某种技术等级的工人小组或个人，在单位工日中所完成的合格产品的数量。

产量定额是根据时间定额来计算，其计算公式如下

$$每工产量 = \frac{1}{单位产品时间定额(工日)} \tag{3-3}$$

或

$$台班产量 = \frac{小组成员工日数的总和}{单位产品时间定额(工日)} \tag{3-4}$$

产量定额的计量单位，通常以自然单位或物理单位来表示，如台、套、个、米、平方米、立方米等。

产量定额的高低与时间定额成反比，两者互为倒数。生产某一单位合格产品所消耗的工时越少，则在单位时间内的产品产量就越高，反之就越低。

$$时间定额 \times 产量定额 = 1 \tag{3-5}$$

或

$$时间定额 = \frac{1}{产量定额} \tag{3-6}$$

$$产量定额 = \frac{1}{时间定额} \tag{3-7}$$

因此，两种定额中，无论知道哪一种定额，就可以很容易地计算出另一种定额。

时间定额和产量定额是同一个劳动定额量的不同表示方法，但是却具有各自不同的用处。时间定额便于综合，便于计算总工日数，便于核算工资，因此，劳动定额通常采用时间定额的形式。而产量定额则便于施工班组分配任务，便于编制施工作业计划。

3. 劳动定额的编制

1）分析基础资料、拟定编制方案。

① 影响工时消耗因素的确定：

a. 技术因素：主要包括完成产品的类别，材料、构配件的种类和型号等级，机械和机具的种类、型号和尺寸以及产品质量等。

b. 组织因素：主要包括操作方法和施工的管理与组织、工作地点的组织、人员组成和分工、工资与奖励制度、原材料和构配件的质量及供应的组织以及气候条件等。

② 计时观察资料的整理：对每次计时观察的资料进行整理之后，要对整个施工过程的观察资料进行系统的分析研究和整理。

通常采用平均修正法来进行整理观察资料。平均修正法是一种在对测时数列进行修正的基础上，求出平均值的方法。修正测时数列是指剔除或修正那些偏高、偏低的可疑数值，其目的是保证不受那些偶然性因素的影响。当测时数列受到产品数量的影响时，应采用加权平均值。由于采用加权平均值可在计算单位产品工时消耗时，考虑到每次观察中产品数量变化的影响，从而使我们也能获得可靠的值。

③ 日常积累资料的整理和分析。日常积累的资料主要有以下几类：

a. 现行定额的执行情况及存在问题的资料。

b. 企业和现场补充定额资料，如因现行定额漏项而编制的补充定额资料，因解决采用新技术、新结构、新材料和新机械而产生的定额缺项所编制的补充定额资料。

c. 已采用新工艺和新操作方法的资料。

d. 现行的施工技术规范、操作规程、安全规程和质量标准等。

④ 拟定定额的编制方案。编制方案的内容主要包括：

a. 提出对拟编定额的定额水平总的设想。

b. 拟定定额分章、分节、分项的目录。

c. 选择产品和人工、材料、机械的计量单位。

d. 设计定额表格的形式和内容。

2）确定正常的施工条件。拟定施工的正常条件主要包括以下几点：

① 拟定工作地点的组织：工作地点是指工人施工活动场所。拟定工作地点的组织时，应注意使人在操作时不受妨碍，所使用的工具和材料应按使用顺序放置于最便于工人取用的地方，以减少疲劳和提高工作效率，工作地点应保持清洁和秩序井然。

② 拟定工作组成：拟定工作组成就是将工作过程按照劳动分工的可能划分为若干工序，以达到合理使用技术工人的目的。拟定工作组成可以采用以下两种基本方法：

a. 把工作过程中若干个简单的工序，划分给技术熟练程度较低的工人去完成。

b. 分出若干个技术程度较低的工人，去帮助技术程度较高的工人工作。该方法就把个人完成的工作过程，变成小组完成的工作过程。

③ 拟定施工人员编制：拟定施工人员编制即确定小组人数、技术工人的配备，以及劳动的分工和协作。拟定施工人员编制的原则是使每个工人都能充分发挥作用，均衡地担负工作。

3）确定劳动定额消耗量的方法。时间定额是在拟定基本工作时间、辅助工作时间、不可避免中断时间、准备与结束的工作时间以及休息时间的基础上制定的。

① 拟定基本工作时间：由于基本工作时间在必需消耗的工作时间中占的比重最大，因此，在确定基本工作时间时，必须细致、精确。基本工作时间消耗通常应根据计时观察资料来确定。其做法是：首先确定工作过程每一组成部分的工时消耗，然后再综合出工作过程的工时消耗。若组成部分的产品计量单位和工作过程的产品计量单位不符，则需先求出不同计量单位的换算系数，进行产品计量单位的换算，然后再相加，求得工作过程的工时消耗。

② 拟定辅助工作时间和准备与结束工作时间：辅助工作时间和准备与结束工作时间的确定方法与拟定基本工作时间大致相同，然而，若这两项工作时间在整个工作班工作时间消耗中所占比重不超过5%～6%，则可归纳为一项，以工作过程的计量单位表示，确定出工作过程的工时消耗。

若在计时观察时不能取得足够的资料，也可采用工时规范或经验数据来确定。

③ 拟定不可避免的中断时间：在确定不可避免中断时间的定额时，只有由工艺特点所引起的不可避免中断才可列入工作过程的时间定额。

不可避免中断时间也需要根据测时资料通过整理分析获得，也可以根据经验数据或工时规范，以占工作日的百分比表示此项工时消耗的时间定额。

④ 拟定休息时间：休息时间应根据工作班作息制度、经验资料、计时观察资料以及对工作的疲劳程度作全面分析来确定。与此同时，还应考虑尽可能利用不可避免中断时间作为休息时间。

由于从事不同工种、不同工作的工人，疲劳程度有很大差别。为了合理确定休息时间，往往要对从事各种工作的工人进行观察、测定以及进行生理和心理方面的测试，以便于确定工人的疲劳程度。通常按工作轻重和工作条件好坏，将各种工作划分为不同的级别。这样，就可以合理规定休息需要的时间。通常按六个等级划分其休息时间，见表3-1。

表3-1　休息时间占工作日的比重

疲劳程度	轻便	较轻	中等	较重	沉重	最沉重
等级	1	2	3	4	5	6
占工作日比重	4.16	6.25	8.33	11.45	16.7	22.9

⑤ 拟定时间定额。确定的基本工作时间、辅助工作时间、准备与结束工作时间、不可避免中断时间与休息时间之和，即为劳动定额的时间定额。

利用工时规范，可以计算劳动定额的时间定额，计算公式是

$$\text{作业时间}=\text{基本工作时间}+\text{辅助工作时间} \tag{3-8}$$

$$\text{规范时间}=\text{准备与结束工作时间}+\text{不可避免的中断时间}+\text{休息时间} \tag{3-9}$$

$$\begin{aligned}\text{工序作业时间}&=\text{基本工作时间}+\text{辅助工作时间}\\&=\text{基本工作时间}/[1-\text{辅助时间}(\%)]\end{aligned} \tag{3-10}$$

$$\text{定额时间}=\frac{\text{工序作业时间}}{1-\text{规范时间}(\%)} \tag{3-11}$$

根据时间定额可计算出产量定额，时间定额和产量定额互成倒数。虽然时间定额和产量定额是同一劳动定额的不同表现形式，但其用途却不同。时

间定额是以产品的单位和工日来表示，便于计算完成某一分部（项）工程所需的总工日数，核算工资，编制施工进度计划和计算工期；产量定额是以单位时间内完成产品的数量表示的，便于小组分配施工任务，考核工人的劳动效益和签发施工任务单。

四、机械台班使用定额

1. 机械台班使用定额的概念

在建设工程中，有些工程产品或工作是由工人来完成的，有些是由机械来完成的，而还有一些则是由人工和机械配合共同完成的。在由机械或人机配合来完成的产品或工作中，就包含了一个机械工作时间。

机械台班使用定额（又称机械台班消耗定额）是指在正常施工条件下，合理的劳动组合和使用机械，完成单位合格产品或某项工作所必需的机械工作时间。其时间主要包括：准备与结束时间、基本工作时间、辅助工作时间、不可避免的中断时间以及使用机械的工人生理需要与休息时间。

2. 机械台班使用定额表现形式

机械台班使用定额的形式按其表现形式不同，可分为时间定额和产量定额。

（1）机械时间定额 机械时间定额是指在合理劳动组织与合理使用机械条件下，完成单位合格产品所必需的工作时间，包括有效工作时间（正常负荷下的工作时间和降低负荷下的工作时间）、不可避免的中断时间、不可避免的无负荷工作时间。机械时间定额以“台班”表示，即一台机械工作一个作业班时间。一个作业班时间为8h。

$$\text{单位产品机械时间定额（台班）} = \frac{1}{\text{台班产量}} \tag{3-12}$$

由于机械必须由工人小组配合，所以完成单位合格产品的时间定额，同时列出人工时间定额，即

$$\text{单位产品人工时间定额（工日）} = \frac{\text{小组成员总人数}}{\text{台班产量}} \tag{3-13}$$

（2）机械产量定额 机械产量定额是指在合理劳动组织与合理使用机械条件下，机械在每个台班时间内应完成合格产品的数量。机械时间定额和机械产量定额互为倒数关系。

复式表示法有如下形式

$$\frac{\text{人工时间定额}}{\text{机械台班产量}} \text{或} \frac{\text{人工时间定额}}{\text{机械台班产量}} \Bigg| \text{台班车次} \tag{3-14}$$

3. 机械台班使用定额的编制

（1）确定正常的施工条件 拟定机械工作正常条件，主要是拟定工作地点

的合理组织和合理的工人编制。

工作地点的合理组织，就是对施工地点机械和材料的放置位置、工人从事操作的场所，作出科学合理的平面布置和空间安排。它要求施工机械和操纵机械的工人在最小范围内移动，但是又不阻碍机械运转和工人操作；应使机械的开关和操纵装置尽可能集中地装置在操纵工人的近旁，以节省工作时间和减轻劳动强度；应最大限度发挥机械的效能，减少工人的手工操作。

拟定合理的工人编制，就是根据施工机械的性能和设计能力，工人的专业分工和劳动工效，合理确定操纵机械的工人和直接参加机械化施工过程的工人的编制人数。它应要求保持机械的正常生产效率和工人正常的劳动工效。

（2）确定机械 1h 纯工作正常生产效率 确定机械正常生产效率时，必须首先确定出机械纯工作 1h 的正常生产效率。

机械纯工作时间是机械的必需消耗时间。机械 1h 纯工作正常生产效率，是在正常施工组织条件下，具有必需的知识和技能的技术工人操纵机械 1h 的生产效率。

根据机械工作特点的不同，机械 1h 纯工作正常生产效率的确定方法，也有所不同。对于循环动作机械，确定机械纯工作 1h 正常生产效率的计算公式如下

$$\text{机械一次循环的正常延续时间} = \sum(\text{循环各组成部分正常延续时间}) - \text{交叠时间} \tag{3-15}$$

$$\text{机械纯工作 1h 循环次数} = \frac{60 \times 60(\text{s})}{\text{一次循环的正常延续时间}} \tag{3-16}$$

$$\text{机械纯工作 1h 正常生产效率} = \text{机械纯工作 1h 正常循环次数} \times \text{一次循环生产的产品数量} \tag{3-17}$$

对于连续动作机械，确定机械纯工作 1h 正常生产效率要根据机械的类型和结构特征，以及工作过程的特点来进行。计算公式如下

$$\text{连续动作机械纯工作 1h 正常生产效率} = \frac{\text{工作时间内生产的产品数量}}{\text{工作时间(h)}} \tag{3-18}$$

工作时间内的产品数量和工作时间的消耗，要通过多次现场观察和机械说明书来取得数据。

对于同一机械进行作业属于不同的工作过程，例如挖掘机所挖土壤的类别不同，碎石机所破碎的石块硬度和粒径不同，均需分别确定其纯工作 1h 的正常生产效率。

（3）确定施工机械的正常利用系数 它是机械在工作班内对工作时间的利用效率。机械的利用系数和机械在工作班内的工作状况有着密切的关系，所

以，要确定机械的正常利用系数，首先要拟定机械工作班的正常工作状况，保证合理利用工时。

确定机械正常利用系数，要计算工作班正常状况下准备与结束工作，机械起动、机械维护等工作所必须消耗的时间，以及机械有效工作的开始与结束时间。从而进一步计算出机械在工作班内的纯工作时间和机械正常利用系数。机械正常利用系数的计算公式如下

$$\text{机械正常利用系数}=\frac{\text{机械在一个工作班内纯工作时间}}{\text{一个工作班延续时间(8h)}} \quad (3-19)$$

(4) 计算施工机械台班定额 它是编制机械定额工作的最后一步。在确定了机械工作正常条件、机械 1h 纯工作正常生产效率和机械正常利用系数之后，采用下列公式计算施工机械的产量定额

$$\text{施工机械台班产量定额}=\text{机械 1h 纯工作正常生产效率}\times\text{工作班纯工作时间} \quad (3-20)$$

或者

$$\text{施工机械台班产量定额}=\text{机械 1h 纯工作正常生产率}\times\text{工作班延续时间}\times\text{机械正常利用系数} \quad (3-21)$$

$$\text{施工机械时间定额}=\frac{1}{\text{机械台班产量定额指标}} \quad (3-22)$$

五、材料消耗定额

1. 材料消耗定额的概念

材料消耗定额是指在正常的施工（生产）条件下，在节约和合理使用材料的情况下，生产单位合格产品所必需消耗的一定品种、规格的材料、半成品、配件等的数量标准。材料消耗定额是编制材料需要量计划、运输计划、供应计划、计算仓库面积、签发限额领料单和经济核算的根据。制定合理的材料消耗定额，是组织材料的正常供应，保证生产顺利进行以及合理利用资源，减少积压、浪费的必要前提。

2. 施工中材料消耗的组成

通常施工中材料的消耗可分为必需消耗的材料和材料损失两类。

必须消耗的材料是指在合理用料的条件下，生产合格产品所需消耗的材料。其主要包括：直接用于工程的材料、不可避免的施工废料、不可避免的材料损耗。必需消耗的材料属于施工正常消耗，是确定材料消耗定额的基本数据。其中：直接用于建设工程的材料，用于编制材料净用量定额；不可避免的施工废料和材料损耗，用于编制材料损耗定额。

材料各种类型的损耗量之和称为材料损耗量。除去损耗量之后净用于工

程实体上的数量称为材料净用量，材料净用量与材料损耗量之和称为材料总消耗量，损耗量与总消耗量之比称为材料损耗率，它们的关系用公式表示就是

$$材料损耗率=\frac{损耗量}{总消耗量}\times 100\% \tag{3-23}$$

$$损耗量=总消耗量-净用量 \tag{3-24}$$

$$净用量=总消耗量-耗损量 \tag{3-25}$$

$$总消耗量=\frac{净用量}{1-材料耗损率} \tag{3-26}$$

或

$$总消耗量=净用量+损耗量 \tag{3-27}$$

为了简便，通常将损耗量与净用量之比，作为损耗率，即

$$损耗率=\frac{损耗量}{净用量}\times 100\% \tag{3-28}$$

$$总消耗量=净用量\times(1+损耗率) \tag{3-29}$$

3. *材料消耗定额的制定方法*

材料消耗定额必须在充分研究材料消耗规律的基础上制定。科学的材料消耗定额应当是材料消耗规律的正确反映。材料消耗定额的制定方法主要有以下几种：

（1）观测法 观测法（又称为现场测定法）是指在合理使用材料的条件下，在施工现场按一定程序对完成合格产品的材料耗用量进行测定，并通过分析、整理，最后得出一定的施工过程单位产品的材料消耗定额。

利用现场测定法主要是编制材料损耗定额，也可以提供编制材料净用量定额的数据。现场观测法的优点主要是能通过现场观察、测定，取得产品产量和材料消耗的情况，为编制材料定额提供技术依据。

观测法的首要任务是选择典型的工程项目，其施工技术、组织及产品质量，均要符合技术规范的要求；材料的品种、型号、质量也应符合设计要求；产品检验合格，操作工人能合理使用材料和保证产品质量。

在观测前要充分做好准备工作，如选用标准的运输工具和衡量工具，采取减少材料损耗措施等。

观测的结果，要取得材料消耗的数量和产品数量的数据资料。

观测法是在现场实际施工中进行的。观测法的优点是真实可靠，能发现一些问题，也能消除一部分消耗材料不合理的浪费因素。然而，用这种方法制定材料消耗定额，由于受到一定的生产技术条件和观测人员的水平等限制，仍然不能把所消耗材料不合理的因素都揭露出来。同时，也有可能把生产和管理工作中的某些与消耗材料有关的缺点保存下来。

对观测取得的数据资料要进行分析研究，区分哪些是合理的，哪些是不

合理的，哪些是不可避免的，以制定出在一般情况下都可以达到的材料消耗定额。

(2) 试验法 试验法是指在材料试验室中进行试验和测定数据。利用试验法主要是编制材料净用量定额。通过试验，能够对材料的结构、化学成分和物理性能以及按强度等级控制的混凝土、砂浆配比作出科学的结论，为编制材料消耗定额提供有技术根据的、比较精确的计算数据。

然而，试验法却具有不能取得在施工现场实际条件下由于各种客观因素对材料耗用量影响的实际数据的缺点。

实验室试验必须符合国家有关标准规范，计量要使用标准容器和称量设备，质量要符合施工与验收规范要求，以保证获得可靠的定额编制依据。

(3) 统计法 统计法是指通过对现场进料、用料的大量统计资料进行分析计算，获得材料消耗的数据。统计法由于不能分清材料消耗的性质，因而不能作为确定材料净用量定额和材料损耗定额的精确依据。

对积累的各分部分项工程结算的产品所耗用材料的统计分析，是根据各分部分项工程拨付材料数量、剩余材料数量及总共完成产品数量来进行计算。

采用统计法，必须要保证统计和测算的耗用材料和相应产品一致。在施工现场中的某些材料，往往难以区分用在各个不同部位上的准确数量。因此，要有意识地加以区分，方能得到有效的统计数据。

用统计法制定材料消耗定额通常采取以下两种方法：

1) 经验估算法：指以有关人员的经验或以往同类产品的材料实耗统计资料为依据，通过研究分析并考虑有关影响因素的基础上制定材料消耗定额的方法。

2) 统计法：统计法是对某一确定的单位工程拨付一定的材料，待工程完工后，根据已完工产品数量和领退材料的数量，进行统计和计算的一种方法。该方法的优点是不需要专门人员测定和试验。由统计得到的定额有一定的参考价值，但其准确程度较差，应对其分析研究后方能采用。

(4) 理论计算法 理论计算法是根据施工图，运用一定的数学公式，直接计算材料耗用量。计算法只能计算出单位产品的材料净用量，材料的损耗量仍要在现场通过实测取得。采用这种方法必须对工程结构、图纸要求、材料特性和规格、施工质量验收规范、施工方法等先进行了解和研究。计算法适宜于不易产生损耗，且容易确定废料的材料，如木材、钢材、砖瓦、预制构件等材料。由于这些材料根据施工图纸和技术资料从理论上都可以计算出来，不可避免的损耗也有一定的规律可循。

理论计算法是材料消耗定额制定方法中比较先进的方法。然而，采用理论计算法制定材料消耗定额，要求掌握一定的技术资料和各方面的知识以及具有较丰富的现场施工经验。

4. 周转性材料消耗量的计算

在编制材料消耗定额时，某些工序定额、单项定额和综合定额中涉及周转材料的确定和计算。

周转性材料在施工过程中不是属于通常的一次性消耗材料，而是可多次周转使用，经过修理、补充才逐渐消耗尽的材料。如模板、钢板桩、脚手架等，实际上它也是作为一种施工工具和措施，在编制材料消耗定额时，应按多次使用、分次摊销的办法确定。

周转性材料消耗的定额量是指每使用一次摊销的数量，其计算必须考虑一次使用量、周转使用量、回收价值和摊销量之间的关系。

(1) 一次使用量 一次使用量是指周转性材料一次使用的基本量，即一次投入量。周转性材料的一次使用量根据施工图计算，其用量与各分部分项工程部位、施工工艺和施工方法有关。

(2) 周转使用量 周转使用量是指周转性材料在周转使用和补损的条件下，每周转一次的平均需用量，根据一定的周转次数和每次周转使用的损耗量等因素来确定。周转次数是指周转性材料从第一次使用起可重复使用的次数。它与不同的周转性材料、使用的工程部位、施工方法及操作技术有关。正确规定周转次数，对准确计算用料，加强周转性材料管理和经济核算起着重要作用。

为了使周转材料的周转次数确定接近合理，应根据工程类型和使用条件，采用各种测定手段进行实地观察，结合有关的原始记录、经验数据加以综合取定。通常影响周转次数的主要因素有：

1) 材质及功能对周转次数的影响。

2) 使用条件的好坏，对周转材料使用次数的影响。

3) 施工速度的快慢，对周转材料使用次数的影响。

4) 对周转材料的保管、保养和维修的好坏，也对周转材料使用次数有影响等。

损耗量是周转性材料使用一次后由于损坏而需补损的数量，故在周转性材料中又称“补损量”，按一次使用量的百分数计算。该百分数即为损耗率。

(3) 周转回收量 周转回收量是指周转性材料在周转使用后除去损耗部分的剩余数量，即尚可以回收的数量。

(4) 周转性材料摊销量 周转性材料摊销量是指完成一定计量单位产品，一次消耗周转性材料的数量。其计算公式为

$$\text{材料的摊销量}=\text{一次使用量}\times\text{摊销系数} \tag{3-30}$$

其中

$$一次使用量=材料的净用量\times（1-材料损耗率） \tag{3-31}$$

$$摊销系数=\frac{周转使用系数-［（1-损耗率）\times回收价值率］}{周转次数\times100\%} \tag{3-32}$$

$$周转使用系数=\frac{（周转次数-1）\times损耗率}{周转次数\times100\%} \tag{3-33}$$

$$回收价值率=\frac{一次使用量\times（1-损耗率）}{周转次数\times100\%} \tag{3-34}$$

第二节　园林工程预算定额

一、预算定额的概念

预算定额是指规定消耗在合格质量的单位工程基本构造要素上的人工、材料和机械台班的数量标准。预算定额是计算建筑安装产品价格的基础。

基本构造要素，即通常所说的分项工程和结构构件。预算定额按工程基本构造要素规定劳动力、材料以及机械的消耗数量，以满足编制施工图预算、规划和控制工程造价的要求。

预算定额的各项指标，反映了在完成规定计量单位符合设计标准和施工质量验收规范要求的分项工程消耗的劳动和物化劳动的数量限度。这种限度最终决定着单项工程和单位工程的成本和造价。

预算定额由国家主管部门或其授权机关组织编制、审批并颁发执行。在现阶段，预算定额是一种法令性指标，是对基本建设实行宏观调控和有效监督的重要工具。各地区、各基本建设部门都必须严格执行，只有这样，才能保证全国的工程有一个统一的核算尺度，使国家对各地区、各部门工程设计、经济效果与施工管理水平进行统一的比较与核算。

预算定额按照表现形式可分为预算定额、单位估价表和单位估价汇总表三种。在现行预算定额中一般都列有基价，像这种既包括定额人工、材料和施工机械台班消耗量，又列有人工费、材料费、施工机械使用费和基价的预算定额，称为“单位估价表”。该预算定额可以满足企业管理中不同用途的需要，并可以按照基价计算工程费用，用途较广泛，是现行定额中的主要表现形式。单位估价汇总表简称为“单价”，它只表现“三费”，即人工费、材料费和施工机械使用费以及合计，因此可以大大减少定额的篇幅，为编制工程预算查阅单价带来方便。

预算定额按照综合程度，可分为预算定额和综合预算定额。综合预算定额是在预算定额基础上，对预算定额的项目进一步综合扩大，使定额项目减少，更为简便适用，可以简化编制工程预算的计算过程。

二、预算定额的编制步骤

1. 编前准备阶段

在此阶段，主要是根据收集到的有关资料和国家政策性文件，拟定编制方案，对编制过程中一些重大原则问题做出统一规定。

2. 编制初稿、测定预算定额水平

（1）编制预算定额初稿 根据确定的定额项目和基础资料，进行反复分析和测算，编制定额项目劳动力计算表、材料及机械台班计算表，并附注有关计算说明，然后汇总编制预算定额项目表，即预算定额初稿。

（2）预算定额水平测算 新定额编制成稿，必须与原定额进行对比测算，分析水平升降原因。一般新编定额的水平应该不低于历史上已经达到的水平，并略有提高。

3. 修改定稿、整理资料阶段

（1）印发征求意见 定额编制初稿完成后，需要征求各有关方面意见和组织讨论，反馈意见。在统一意见的基础上整理分类，制定修改方案。

（2）修改整理报批 根据修改方案，将初稿按照定额的顺序进行修改，并经审核无误后形成报批稿，经批准后交付印刷。

（3）撰写编制说明 为顺利地贯彻执行定额，需要撰写新定额编制说明。其内容主要包括：项目、子目数量；人工、材料、机械单价的计算资料；施工方法、工艺的选择及材料运距的考虑；各种材料损耗率的取定资料；调整系数的使用；其他应该说明的事项与计算数据、资料。

（4）立档、成卷 定额编制资料是贯彻执行定额中需查对资料的唯一依据，也为修改定额提供历史资料数据，应作为技术档案永久保存。

三、预算定额的编制方法

1. 定额项目的划分

由于产品结构复杂、形体庞大，因此，就整个产品计价是不可能的。但可根据不同部位、不同消耗或不同构件，将庞大的产品分解成各种不同的、较为简单、适当的计量单位（称为分部分项工程），作为计算工程量的基本构造要素，在此基础上编制预算定额项目。确定定额项目时应注意以下几点：

1）便于确定单位估价表。

2）便于编制施工图预算。

3）便于进行计划、统计和成本核算。

2. 工程内容的确定

由于基础定额子目人工、材料消耗量和机械台班使用量是直接由工程内

容确定的，因此，工程内容范围的规定是十分重要的。

3. 确定预算定额的计量单位

通常预算定额与施工定额计量单位是不一样的。施工定额的计量单位一般按工序或施工过程确定的，而预算定额的计量单位主要是根据分部分项工程和结构构件的形体特征及其变化来确定的。由于工作内容综合、预算定额的计量单位也具有综合性质，工程量计算规则的规定应确切反映定额项目所包含的工作内容。

由于预算定额的计量单位关系到预算工作的繁简和准确性。因此，要正确确定各分部分项工程的计量单位。

4. 确定施工方法

编制预算定额所取定的施工方法，必须选用正常、合理的施工方法，用以确定各专业的工程和施工机械。

5. 确定预算定额中人工、材料、施工机械消耗量指标

确定预算定额中人工、材料、机械台班消耗指标时，必须先按施工定额的分项逐项计算出消耗指标。然后，再按预算定额的项目加以综合。然而，该综合不是简单合并和相加，而需要在综合过程中适当增加两种定额之间的水平差。预算定额的水平，首先取决于这些消耗量的合理确定。

人工、材料和机械台班消耗量指标，应根据定额编制原则和要求，采取理论与实际相结合、图纸计算与施工现场测算相结合、编制人员与现场工作人员相结合等方法进行计算和确定，使定额既能符合政策要求，又与客观情况一致，便于贯彻执行。

6. 编制定额表和拟定有关说明

定额项目表的格式通常是：横向排列为各分项工程的项目名称，竖向排列为分项工程的人工、材料和施工机械消耗量指标。有的项目表下部还有附注以说明设计有特殊要求时，怎样进行调整和换算。

预算定额的内容主要包括：目录，总说明，各章、节说明，定额表以及有关附录等。

四、单位估价法中消耗量的确定

预算定额中人工工日消耗量是指在正常施工生产条件下，生产单位合格产品必需消耗的人工工日数量，是由分项工程所综合的各工序劳动定额包括的基本用工、其他用工以及人工幅度差三部分组成的。

（1）基本用工 基本用工是指完成单位合格产品所必需消耗的技术工种用工。基本用工主要包括以下几个方面：

1）完成定额计量单位的主要用工。按综合取定的工程量和相应的劳动定

额进行计算。计算公式为

基本用工＝∑（综合取定的工程量×劳动定额） （3－35）

2）按劳动定额规定应增加计算的用工量。

3）由于预算定额是以劳动定额子目综合扩大的，包括的工作内容较多，施工的工效视具体部位而异，需要另外增加用工，列入基本用工内。

（2）其他用工 预算定额内的其他用工主要包括：

1）材料超运距用工。材料超运距用工是指预算定额取定的材料、半成品等运距，超过劳动定额规定的运距应增加的工日。其用工量以超运距（预算定额取定的运距减去劳动定额取定的运距）和劳动定额计算。计算公式为

超运距用工＝∑（超运距材料数量×时间定额） （3－36）

2）辅助工作用工。辅助工作用工是指劳动定额中未包括的各种辅助工序用工，如材料的零星加工用工、土建工程的筛砂、淋石灰膏、洗石子等增加的用工量。辅助工作的工量通常按加工的材料数量乘以时间定额计算。

（3）人工幅度差 人工幅度差是指预算定额对在劳动定额规定的用工范围内没有包括，而在正常情况下又不可避免的一些零星用工，通常以百分率计算。在确定预算定额用工量时，通常按基本用工、超运距用工、辅助用工之和的10％～15％取定。其计算公式为

人工幅度差（人工）＝（基本用工＋超运距用工＋辅助用工）

×人工幅度差百分率 （3－37）

第三节 园林工程概算定额

一、概算定额的概念与作用

1．概算定额的概念

概算定额是指生产一定计量单位经扩大的工程结构构件或分部分项工程所需要的人工、材料和机械台班的消耗数量及费用的标准。它是在预算定额的基础上，根据有代表性的工程通用图和标准图等资料，进行综合、扩大和合并而成。因此，工程概算定额也称为“扩大结构定额”。

概算定额与预算定额的相同之处，都是以工程各个结构部分和分部分项工程为单位表示的，其内容也包括人工、材料和机械台班使用量定额三个基本部分，并列有基准价。

概算定额表达的主要内容、表达的主要方式及基本使用方法都与综合预算定额相近。

定额基准价＝定额单位人工费＋定额单位材料费＋定额单位机械费

$$
\begin{aligned}
&=\text{人工概算定额消耗量}\times\text{人工工资单价}+\\
&\sum(\text{材料概算定额消耗量}\times\text{材料预算价格})+\\
&\sum(\text{施工机械概算定额消耗量}\times\text{机械台班费用单价})\quad(3-38)
\end{aligned}
$$

概算定额与预算定额的不同处在于项目划分和综合扩大程度上的差异，同时，概算定额主要用于设计概算的编制。由于概算定额综合了若干分项工程的预算定额，因此使概算工程量计算和概算表的编制，都比编制施工图预算简化很多。

编制概算定额时，应考虑到能适应规划、设计、施工各阶段的要求。概算定额与预算定额应保持一致水平，即在正常条件下，反映大多数企业的设计、生产及施工管理水平。

概算定额的内容和深度是以预算定额为基础的综合与扩大。在合并中不得遗漏或增加细目，以保证定额数据的严密性和正确性。概算定额务必达到简化、准确和适用的标准。

2. 概算定额的作用

概算定额的主要作用表现在以下几个方面：

1）概算定额是编制投资规划、可行性研究和编制设计概算的主要依据。

2）概算定额是控制基本建设投资、对设计方案进行经济分析的依据。

3）概算定额是编制概算指标和估算指标的依据。

4）概算定额是编制建筑工程、安装工程主要材料和设备申请计划的依据。

5）概算定额是建筑安装企业施工准备期间，在编制施工组织设计大纲或总设计中，拟定施工总进度和主要资源需要计划的依据。

6）概算定额是确定基本建设项目贷款、拨款和施工图预算，进行竣工决算的依据。

二、概算定额的编制依据

概算定额是由国家主管机关或授权机关进行编制的，编制概算定额的主要依据有：

1）现行国家和地区标准图，定型图集及常用工程计算图纸。

2）现行设计规范、施工技术验收规范，建筑安装工程操作规程和安全规程等。

3）现行的全国统一园林预算定额和地区园林工程预算定额。

4）本地区市政工程预算定额和材料预算价格。

5）有代表性的施工图预算和竣工决算资料。

6）国家和地区的有关文件、文献和规定等。

三、概算定额的编制步骤

概算定额通常可以分为以下几个阶段进行编制：

1. 准备阶段

准备阶段主要是确定编制机构和人员组成，进行调查研究，了解现行概算定额执行情况和存在的问题，明确编制的目的，制定概算定额的编制方案和确定要编制概算定额的项目。

2. 编制初稿阶段

编制初稿阶段是根据已确定的编制方案和概算定额项目，收集和整理各种编制依据，对各种资料进行深入细致的测算和分析，以确定人工、材料和机械台班的消耗量指标，最后编制出概算定额初稿。

3. 审查定稿阶段

审查定稿阶段的主要工作是测算概算定额水平，即测算新编概算定额与原概算定额及现行预算定额之间的水平。测算的方法既要分项进行测算，又要通过编制单位工程概算以单位工程为对象进行综合测算。概算定额水平与预算定额水平之间应有一定的幅度差，幅度差一般在5%以内。

概算定额经测算比较后，可报送国家授权机关审批。

四、概算定额的编制方法

概算定额的编制方法主要有：

（1）定额计量单位确定 概算定额计量单位基本上按预算定额的规定执行，但是单位的内容扩大，仍用米、平方米和立方米等。

（2）确定概算定额与预算定额的幅度差 由于概算定额是在预算定额基础上进行适当的合并与扩大，所以，在工程量取值、工程的标准和施工方法确定上需综合考虑，并且定额与实际应用必然会产生一些差异。对于这种差异，国家允许预留一个合理的幅度差，以便于依据概算定额编制的设计概算能控制住施工图预算。国家规定概算定额与预算定额之间的幅度差通常控制在5%以内。

（3）定额小数取位 人工、材料、机械台班单价的单位为元，取两位小数，第三位四舍五入。

第四节　园林工程概算指标

一、概算指标的概念及作用

1. 工程概算指标的概念

概算指标是指以分项工程为对象，按各种不同的结构类型，确定每

$100m^2$ 或 $1000m^3$ 和每座为计量单位的人工、材料和机械台班（机械台班一般不以量列出，用系数计入）的消耗指标（量）或每万元投资额中各种指标的消耗数量。由于概算指标比概算定额更加综合扩大，因此，它是编制初步设计或扩大初步设计概算的依据。

2. 工程概算指标的作用

工程概算指标的作用主要有以下几点：

1）在初步设计阶段编制工程设计概算的依据。这是指在没有条件计算工程量时，只能使用概算指标。

2）设计单位在方案设计阶段，进行方案设计技术经济分析和估算的依据。

3）在建设项目的可行性研究阶段，作为编制项目的投资估算的依据。

4）在建设项目规划阶段，估算投资和计算资源需要量的依据。

二、概算指标编制的原则

1. 按平均水平确定概算指标的原则

在我国社会主义市场经济条件下，概算指标作为确定工程造价的依据，同样必须遵照价值规律的客观要求，在其编制时必须按社会必要劳动时间，贯彻平均水平的编制原则。只有这样方能使概算指标合理确定以及控制工程造价的作用得到充分发挥。

2. 概算指标的内容与表现形式要贯彻简明适用的原则

为适应市场经济的客观要求，概算指标的项目划分应根据用途的不同，确定其项目的综合范围。遵循粗而不漏、适应面广的原则，体现综合扩大的性质。概算指标从形式到内容应该简明易懂，要便于在采用时根据拟建工程的具体情况进行必要的调整换算，能在较大范围内满足不同用途的需要。

3. 概算指标的编制依据必须具有代表性

概算指标所依据的工程设计资料，应具有一定的代表性，技术上是先进的，经济上是合理的。

三、概算指标的编制与应用

1. 概算指标编制的依据

概算指标编制的依据主要有：

1）标准设计图纸和各类工程典型设计。

2）国家颁发的工程标准、设计规范、施工规范等。

3）各类工程造价资料。

4）现行的概算定额和预算定额及补充定额。

5）人工工资标准、材料预算价格、机械台班预算价格及其他价格资料。

2. 概算指标的编制步骤

概算指标的编制步骤通常可以按以下三个阶段进行：

（1）准备阶段 主要是收集资料，确定指标项目，研究编制概算指标的有关方针、政策和技术性的问题。

（2）编制阶段 主要是选定图纸，并根据图纸资料计算工程量和编制单位工程预算书，以及按照编制方案确定的指标项目和人工及主要材料消耗指标，填写概算指标表格。

（3）审核定案及审批 概算指标初步确定后要进行审查、比较，并作必要的调整后，送国家授权机关审批。

3. 概算指标的应用

概算指标的应用比概算定额具有更大的灵活性，这是由于概算指标是一种综合性很强的指标，不可能与拟建工程的特征、自然条件、施工条件完全一致。因此，在选用概算指标时应十分慎重，选用的指标与设计对象在各个方面应尽量一致或接近，不一致的地方要进行换算，以提高准确性。

概算指标的应用通常可以分为以下两种情况：

1）如果设计对象的结构特征与概算指标一致时，可以直接套用。

2）如果设计对象的结构特征与概算指标的规定局部不同时，要对指标的局部内容进行调整后再套用。

① 每 $100m^2$ 造价调整。调整的思路如同定额换算，即从原每 $100m^2$ 概算造价中，减去每 $100m^2$ 建筑面积需换算出结构构件的价值，加上每 $100m^2$ 建筑面积需换入结构构件的价值，即得每 $100m^2$ 修正概算造价调整指标，再将每 $100m^2$ 造价调整指标乘以设计对象的建筑面积，即得出拟建工程的概算造价。

② 每 $100m^2$ 工料数量的调整。调整的思路是：从所选定指标的工料消耗量中，换出与拟建工程不同的结构构件的工料消耗量，换入所需结构构件的工料消耗量。

关于换入换出的工料数量，是根据换出换入结构构件的工程量乘以相应的概算定额中工料消耗指标得到的。根据调整后的工料消耗量和地区材料预算价格，人工工资标准，机械台班预算单价，计算每 $100m^2$ 的概算基价，然后根据有关取费规定，计算每 $100m^2$ 的概算造价。

第四章　园林工程量清单计价

第一节　工程量清单计价基础

一、工程量清单计价概念

1. 工程量清单

根据《建设工程工程量清单计价规范》GB 50500—2013 的规定，工程量清单是建设工程的分部分项工程项目、措施项目、其他项目的名称和相应数量以及规费、税金项目等内容的明细清单。

2. 工程量清单计价

工程量清单计价是指投标人完成由招标人提供的工程量清单所需的全部费用，包括分部分项工程费、措施项目费、其他项目费和规费以及税金。

二、工程量清单计价基本原理

1. 工程量清单计价的基本过程

工程量清单计价的基本过程可以描述为：在统一的工程量计算规则的基础上，制定工程量清单项目设置规则，根据具体工程的施工图纸计算出各个清单项目的工程量，再根据各种渠道所获得的工程造价信息和经验数据计算得到工程造价。

2. 工程量清单计价的顺序

工程计价的顺序是：分部分项工程单价→单位工程造价→单项工程造价→建设项目总造价。

3. 影响工程造价的因素

影响工程造价的主要因素有两个，即基本构造要素的单位价格和基本构造要素的实物工程数量。

4. 工程量清单的编制

其编制过程可以分为两个阶段，即工程量清单格式的编制和利用工程量清单来编制投标报价。投标报价是在业主提供的工程量计算结果的基础上，根据企业自身所掌握的各种信息、资料，结合企业定额编制得出的。如图 4－1、

图 4-2 所示。

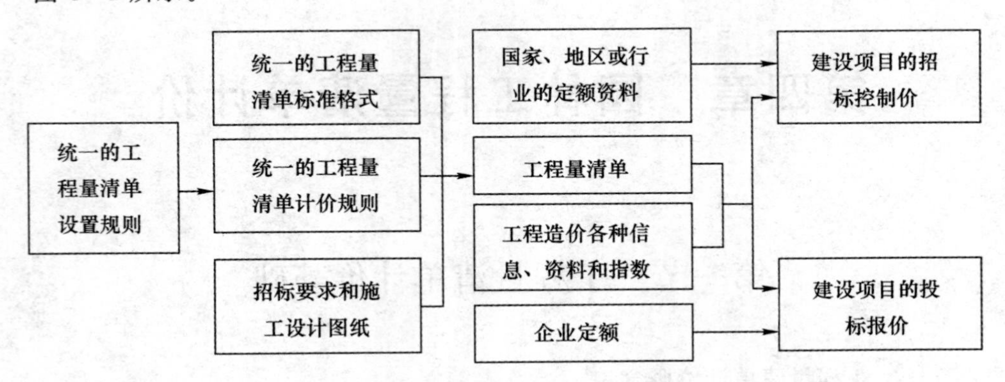

图 4-1 工程造价工程量清单计价过程示意图

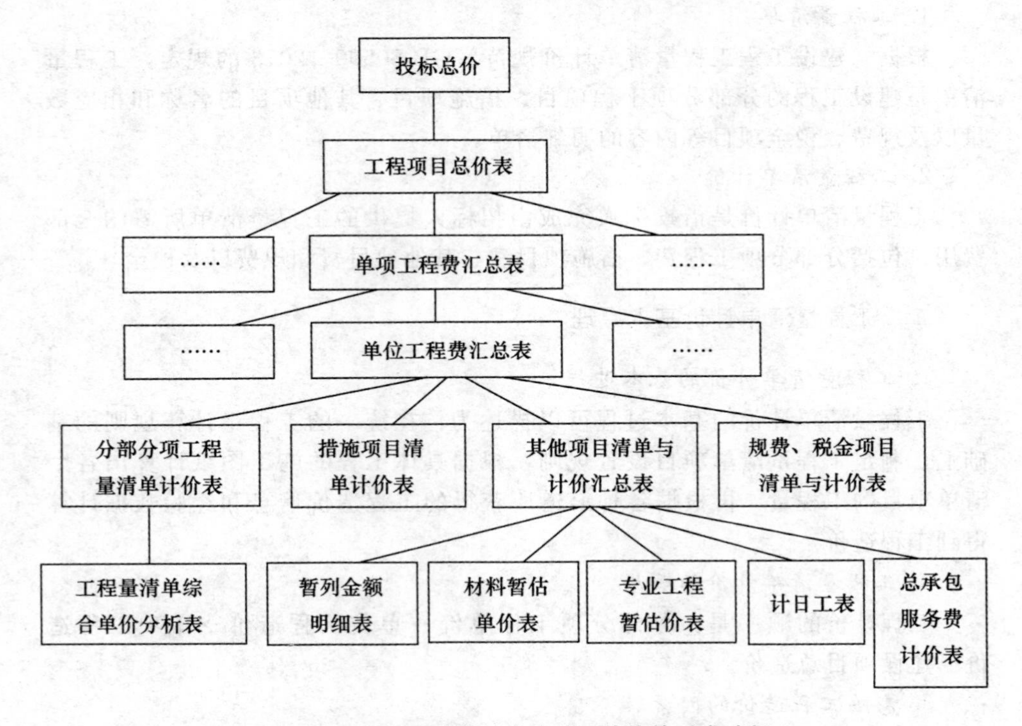

图 4-2 工程量清单计价方式下价格的形成过程

三、工程量清单计价流程

工程量清单计价过程可分为工程量清单编制阶段（第一阶段）和工程量清单报价阶段（第二阶段）。

（1）第一阶段 招标单位在统一的工程量计算规则的基础上制定工程量清

单项目，并根据具体工程的施工图纸统一计算出各个清单项目的工程量。

(2) 第二阶段 投标单位根据各种渠道获得的工程造价信息和经验数据，结合工程量清单计算得到工程造价。

工程量清单计价是多方参与共同完成的，不像施工图预算书可由一个单位编报。工程量清单计价编制流程，如图 4-3 所示。

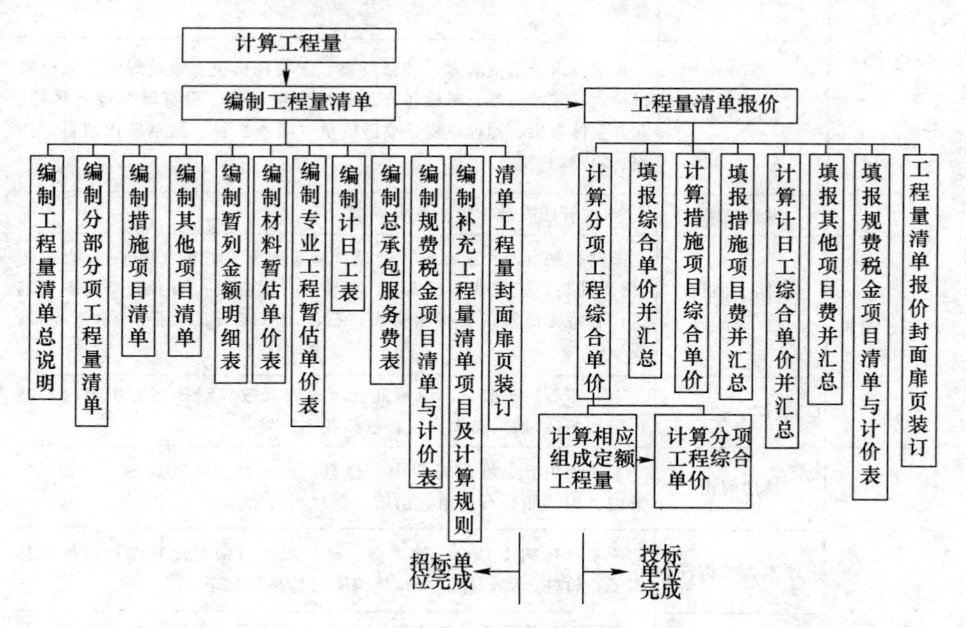

图 4-3 工程量清单计价编制流程

四、园林工程清单项目划分

《园林绿化工程工程量计算规范》GB 50858—2013 中包含 3 个分部工程以及措施项目。3 个分部工程包括：绿化工程；园路、园桥工程；园林景观工程。措施项目包括：脚手架工程、模板工程；树木支撑架、草绳绕树干、搭设遮阴（防寒）棚工程；围堰、排水工程；安全文明施工及其他措施项目。

每个分部工程又分为若干个子分部工程。每个子分部工程中又分为若干个分项工程。每个分项工程有一个项目编码。

园林工程的分部工程名称、子分部工程名称、分项工程名称列表 4-1。分项工程的项目编码在分项工程量计算中列出。

表 4－1 园林绿化工程分部分项

分部工程	子分部工程	分项工程
绿化工程	绿地整理	砍伐乔木、挖树根（蔸）砍挖灌木丛及根、砍挖竹及根、砍挖芦苇（或其他水生植物）及根、清除草皮、清除地被植物、屋面清理、种植土回（换）填、整理绿化用地、绿地起坡造形、屋顶花园基底处理
	栽植花木	栽植乔木、栽植灌木、栽植竹类、栽植棕榈类、栽植绿篱、栽植攀援植物、栽植色带、栽植花卉、栽植水生植物、垂直墙体绿化种植、花卉立体布置、铺种草皮、喷播植草（灌木）籽、植草砖内植草、挂网、箱/钵栽植
	绿地喷灌	喷灌管线安装、喷灌配件安装
园路、园桥工程	园路、园桥工程	园路；踏（蹬）道；路牙铺设；树池围牙、盖板（箅子）；嵌草砖（格）铺装；桥基础；石桥墩、石桥台；拱券石；石券脸；金刚墙砌筑；石桥面铺筑；石桥面檐板；石汀步（步石、飞石）；木制步桥；栈道
	驳岸、护岸	石（卵石）砌驳岸、原木桩驳岸、满（散）铺砂卵石护岸（自然护岸）、点（散）布大卵石、框格花木护坡
园林景观工程	堆塑假山	堆筑土山丘、堆砌石假山、塑假山、石笋、点风景石、池石、盆景山、山（卵）石护角、山坡（卵）石台阶
	原木、竹构件	原木（带树皮）柱、梁、檩、椽；原木（带树皮）墙；树枝吊挂楣子；竹柱、梁、檩、椽；竹编墙；竹吊挂楣子
	亭廊屋面	草屋面、竹屋面、树皮屋面、油毡瓦屋面、预制混凝土穹顶、彩色压型钢板（夹芯板）攒尖亭屋面板、彩色压型钢板（夹芯板）穹顶、玻璃屋面、支（防腐木）屋面
	花架	现浇混凝土花架柱、梁；预制混凝土花架柱、梁；金属花架柱、梁；木花架柱、梁；竹花架柱、梁
	园林桌椅	预制钢筋混凝土飞来椅；水磨石飞来椅；竹制飞来椅；现浇混凝土桌凳；预制混凝土桌凳；石桌石凳；水磨石桌凳；塑树根桌凳；塑树节椅；塑料、铁艺、金属椅
	喷泉安装	喷泉管道、喷泉电缆、水下艺术装饰灯具、电气控制柜、喷泉设备
	杂项	石灯；石球；塑仿石音箱；塑树皮梁、柱；塑竹梁、柱；铁艺栏杆；塑料栏杆；钢筋混凝土艺术围栏；标志牌；景墙；景窗；花饰；博古架；花盆（坛箱）；摆花；花池、垃圾箱、砖石砌小摆设；其他景观小摆设；柔性水池

第二节　工程量清单编制

一、一般规定

1）招标工程量清单应由具有编制能力的招标人或受其委托，具有相应资质的工程造价咨询人或招标代理人编制。

2）招标工程量清单必须作为招标文件的组成部分，其准确性和完整性由招标人负责。

3）招标工程量清单是工程量清单计价的基础，应作为编制招标控制价、投标报价、计算工程量、工程索赔等的依据之一。

4）招标工程量清单应以单位（项）工程为单位编制，应由分部分项工程量清单、措施项目清单、其他项目清单、规费和税金项目清单组成。

5）编制工程量清单应依据：

①《建设工程工程量清单计价规范》GB 50500—2013、《园林绿化工程工程量计算规范》GB 50858—2013 和相关工程的国家计量规范。

② 国家或省级、行业建设主管部门颁发的计价定额和办法。

③ 建设工程设计文件及相关资料。

④ 与建设工程项目有关的标准、规范、技术资料。

⑤ 拟定的招标文件。

⑥ 施工现场情况、地勘水文资料、工程特点及常规施工方案。

⑦ 其他相关资料。

6）编制工程量清单出现附录中未包括的项目，编制人应做补充，并报省级或行业工程造价管理机构备案，省级或行业工程造价管理机构应汇总报住房和城乡建设部标准定额研究所。

补充项目的编码由《园林绿化工程工程量计算规范》GB 50858—2013 的代码 05 与 B 和三位阿拉伯数字组成，并应从 05B001 起顺序编制，同一招标工程的项目不得重码。

补充的工程量清单需附有补充项目的名称、项目特征、计量单位、工程量计算规则、工作内容。不能计量的措施项目，需附有补充项目的名称、工作内容及包含范围。

二、分部分项工程项目

1）分部分项工程量清单必须载明项目编码、项目名称、项目特征、计量单位和工程量。

2）分部分项工程量清单必须根据规定的项目编码、项目名称、项目特征、计量单位和工程量计算规则进行编制。

3）工程量清单的项目编码，是分部分项工程量清单项目名称的数字标识，应采用十二位阿拉伯数字表示，一至九位应按附录的规定设置。十至十二位应根据拟建工程的工程量清单项目名称和项目特征设置。同一招标工程的项目编码不得有重码。

项目编码第一、二位为专业工程代码（01：房屋建筑与装饰工程；02：仿古建筑工程；03：通用安装工程；04：市政工程；05：园林绿化工程；06：矿山工程；07：构筑物工程；08：城市轨道交通工程；09：爆破工程。以后进入国标的专业工程代码以此类推）；三、四位为工程分类顺序码；五、六位为分部工程顺序码；七、八、九位为分项工程项目名称顺序码；十至十二位为清单项目名称顺序码，并应自001起顺序编制。

例如：项目编码为050102010表示园林绿化工程（05）绿化工程（01）栽植花木（02）垂直墙体绿化种植（010）。

当同一标段（或合同段）一份工程量清单中含有多个单项或单位工程且工程量清单是以单位工程为编制对象时，在编制工程量清单时应特别注意对项目编码十到十二位的设置不得有重码的规定。例如，一个标段的工程量清单中含有两个单位工程，每一个单位工程都有特征相同的方整石板路面，垫层为150厚的C10混凝土工程量时，此时应以单位工程为编制对象，则第一个单位工程的方整石板路面的项目编码应为050201001001，则第二个单位工程同样的项目编码不能相同，可编为050201001002。有些计价软件可自动实现项目编码的顺序编排。

4）工程量清单的项目名称应按《园林绿化工程工程量计算规范》GB 50858—2013规定的项目名称结合拟建工程的实际确定。

具体清单项目名称均以工程实体命名，项目必须包括完成或形成实体部分的全部内容。工程量清单编制时，以项目名称为主体，考虑该项目的规格、型号、材质等特征要求，结合拟建工程的实际情况，使其工程量清单项目名称具体化、细化，能够反映影响工程造价的主要因素。

项目名称如有缺项，招标人可按相应的原则，在工程量清单编制时进行补充。补充项目应填写在工程量清单相应分部项目之后，并在“项目编码”栏中以“补”字示之。

5）工程量清单项目特征应按《园林绿化工程工程量计算规范》GB 50858—2013规定的项目特征，结合拟建工程项目的实际予以描述。

① 项目特征的描述具有重要的意义。项目特征是区分清单项目的依据，没有项目特征的准确描述，对于相同或相似的清单项目名称，就无从区分；

项目特征是确定综合单价的前提，由于工程量清单项目的特征决定了工程实体的实质内容，清单项目特征描述得准确与否，必然关系到综合单价的准确确定；项目特征是履行合同义务的基础，如果项目特征描述不清甚至漏项、错误，从而引起在施工过程中的更改，都会引起分歧，导致纠纷、索赔。

② 项目特征描述的要求。项目特征描述的内容按《园林绿化工程工程量计算规范》GB 50858—2013 规定的内容，项目特征的表述按拟建工程的实际要求，以能满足确定综合单价的需要为前提。对采用标准图集或施工图纸能够全部或部分满足项目特征描述要求的，项目特征描述可直接采用详见××图集或××图号的方式，但对不能满足项目特征描述要求的部分，仍应用文字描述进行补充。

6）工程量清单中所列工程量应按《园林绿化工程工程量计算规范》GB 50858—2013 规定的工程量计算规则计算。

7）工程量清单的计量单位应规定的计量单位确定。

8）现浇混凝土工程项目在“工作内容”中包括模板工程的内容，同时又在“措施项目”中单列了现浇混凝土模板工程项目。对此，由招标人根据工程实际情况选用，若招标人在措施项目清单中未编列现浇混凝土模板项目清单，即表示现浇混凝土模板项目不单列，现浇混凝土工程项目的综合单价中应包括模板工程费用。

9）对预制混凝土构件按现场制作编制项目，“工作内容”中包括模板工程，不再另列。若采用成品预制混凝土构件时，构件成品价（包括模板、钢筋、混凝土等所有费用）应计入综合单价中。

三、措施项目

1）措施项目清单必须根据相关工程现行国家计量规范的规定编制，应根据拟建工程的实际情况列项。

2）措施项目中列出了项目编码、项目名称、项目特征、计量单位、工程量计算规则的项目。编制工程量清单时。应按“分部分项工程”的规定执行。

3）措施项目中仅列出项目编码、项目名称，未列出项目特征、计量单位和工程量计算规则的项目，编制工程量清单时，应按“措施项目”规定的项目编码、项目名称确定。

四、其他项目

1）其他项目清单应按照下列内容列项：

① 暂列金额。招标人暂定并包括在合同价款中的一笔款项。不管采用何种合同形式，其理想的标准是，一份合同的价格就是其最终的竣工结算价格，

或者至少两者应尽可能接近。我国规定对政府投资工程实行概算管理，经项目审批部门批复的设计概算是工程投资控制的刚性指标，即使商业性开发项目也有成本的预先控制问题，否则，无法相对准确地预测投资的收益和科学合理地进行投资控制。但工程建设自身的特性决定了工程的设计需要根据工程进展不断地进行优化和调整，业主需求可能会随工程建设进展而出现变化，工程建设过程还会存在一些不能预见、不能确定的因素。消化这些因素必然会影响合同价格的调整，暂列金额正是因这类不可避免的价格调整而设立，以便达到合理确定和有效控制工程造价的目标。

② 暂估价。暂估价是指招标阶段直至签订合同协议时，招标人在招标文件中提供的用于支付必然要发生但暂时不能确定价格的材料以及专业工程的金额。其包括材料暂估价、工程设备暂估单价、专业工程暂估价。

③ 计日工。计日工是为了解决现场发生的零星工作的计价而设立的。国际上常见的标准合同条款中，大多数都设立了计日工计价机制。计日工对完成零星工作所消耗的人工工时、材料数量、施工机械台班进行计量，并按照计日工表中填报的适用项目的单价进行计价支付。计日工适用的所谓零星工作一般是指合同约定之外或者因变更而产生的、工程量清单中没有相应项目的额外工作，尤其是那些时间不允许事先商定价格的额外工作。

④ 总承包服务费。总承包服务费是为了解决招标人在法律、法规允许的条件下进行专业工程发包以及自行供应材料、工程设备，并需要总承包人对发包的专业工程提供协调和配合服务，对甲供材料、工程设备提供收、发和保管服务以及进行施工现场管理时发生并向总承包人支付的费用。招标人应预计该项费用，并按投标人的投标报价向投标人支付该项费用。

2）暂列金额应根据工程特点按有关计价规定估算。

3）暂估价中的材料、工程设备暂估价应根据工程造价信息或参照市场价格估算，列出明细表；专业工程暂估价应分不同专业，按有关计价规定估算，列出明细表。

4）计日工应列出项目名称、计量单位和暂估数量。

5）综合承包服务费应列出服务项目及其内容等。

6）出现第1）条未列的项目，应根据工程实际情况补充。

五、规费

规费是根据省级政府或省级有关权力部门规定必须缴纳的，应计入建筑安装工程造价的费用。

1）规费项目清单应按照下列内容列项：

① 社会保障费：包括养老保险费、失业保险费、医疗保险费、工伤保险

费、生育保险费。

② 住房公积金。

③ 工程排污费。

2）出现第 1）条未列的项目，应根据省级政府或省级有关部门的规定列项。

六、税金

1）税金项目清单应包括下列内容：

① 营业税。

② 城市维护建设税。

③ 教育费附加。

④ 地方教育附加。

2）出现第 1）条未列的项目，应根据税务部门的规定列项。

第三节　工程量清单计价编制

一、一般规定

1. 计价方式

1）使用国有资金投资的建设工程发承包，必须采用工程量清单计价。

2）非国有资金投资的建设工程，宜采用工程量清单计价。

3）不采用工程量清单计价的建设工程，应执行《建设工程工程量清单计价规范》GB 50500—2013 除工程量清单等专门性规定外的其他规定。

4）工程量清单应采用综合单价计价。

5）措施项目中的安全文明施工费必须按国家或省级、行业建设主管部门的规定计算。不得作为竞争性费用。

6）规费和税金必须按国家或省级、行业建设主管部门的规定计算。不得作为竞争性费用。

2. 发包人提供材料和工程设备

1）发包人提供的材料和工程设备（以下简称甲供材料）应在招标文件中按照《建设工程工程量清单计价规范》GB 50500—2013 附录 L. 1 的规定填写《发包人提供材料和工程设备一览表》，写明甲供材料的名称、规格、数量、单价、交货方式、交货地点等。

承包人投标时，甲供材料单价应计入相应项目的综合单价中，签约后，发包人应按合同约定扣除甲供材料款，不予支付。

2）承包人应根据合同工程进度计划的安排，向发包人提交甲供材料交货的日期计划。发包人应按计划提供。

3）发包人提供的甲供材料如规格、数量或质量不符合合同要求，或由于发包人原因发生交货日期延误、交货地点及交货方式变更等情况的，发包人应承担由此增加的费用和（或）工期延误，并应向承包人支付合理利润。

4）发承包双方对甲供材料的数量发生争议不能达成一致的，应按照相关工程的计价定额同类项目规定的材料消耗量计算。

5）若发包人要求承包人采购已在招标文件中确定为甲供材料的，材料价格应由发承包双方根据市场调查确定，并应另行签订补充协议。

3. 承包人提供材料和工程设备

1）除合同约定的发包人提供的甲供材料外，合同工程所需的材料和工程设备应由承包人提供，承包人提供的材料和工程设备均应由承包人负责采购、运输和保管。

2）承包人应按合同约定将采购材料和工程设备的供货人及品种、规格、数量和供货时间等提交发包人确认，并负责提供材料和工程设备的质量证明文件，满足合同约定的质量标准。

3）对承包人提供的材料和工程设备经检测不符合合同约定的质量标准，发包人应立即要求承包人更换，由此增加的费用和（或）工期延误应由承包人承担。对发包人要求检测承包人已具有合格证明的材料、工程设备，但经检测证明该项材料、工程设备符合合同约定的质量标准，发包人应承担由此增加的费用和（或）工期延误，并向承包人支付合理利润。

4. 计价风险

1）建设工程发承包。必须在招标文件、合同中明确计价中的风险内容及其范围。不得采用无限风险、所有风险或类似语句规定计价中的风险内容及范围。

2）由于下列因素出现，影响合同价款调整的，应由发包人承担：

① 国家法律、法规、规章和政策发生变化。

② 省级或行业建设主管部门发布的人工费调整，但承包人对人工费或人工单价的报价高于发布的除外。

③ 由政府定价或政府指导价管理的原材料等价格进行了调整。

3）由于市场物价波动影响合同价款的，应由发承包双方合理分摊，按《建设工程工程量清单计价规范》GB 50500—2013 中附录 L.2 或 L.3 填写《承包人提供主要材料和工程设备一览表》作为合同附件；当合同中没有约定，发承包双方发生争议时，应按本节“合同价款调整”中第 8 条的规定调整合同价款。

4）由于承包人使用机械设备、施工技术以及组织管理水平等自身原因造成施工费用增加的，应由承包人全部承担。

5）当不可抗力发生，影响合同价款时，应按本节“合同价款调整”中第10条的规定执行。

二、招标控制价

1. 一般规定

1）国有资金投资的建设工程招标。招标人必须编制招标控制价。

我国对国有资金投资项目的投资控制实行的是投资概算审批制度，国有资金投资的工程原则上不能超过批准的投资概算。

国有资金投资的工程实行工程量清单招标，为了客观、合理地评审投标报价，避免哄抬标价，造成国有资产流失，招标人必须编制招标控制价，规定最高投标限价。

2）招标控制价应由具有编制能力的招标人或受其委托具有相应资质的工程造价咨询人编制和复核。

3）工程造价咨询人接受招标人委托编制招标控制价，不得再就同一工程接受投标人委托编制投标报价。

4）招标控制价应按照规定编制，不应上调或下浮。

5）当招标控制价超过批准的概算时，招标人应将其报原概算审批部门审核。

6）招标人应在发布招标文件时公布招标控制价，同时应将招标控制价及有关资料报送工程所在地或有该工程管辖权的行业管理部门工程造价管理机构备查。

招标控制价的作用决定了招标控制价不同于标底，无需保密。为体现招标的公平、公正性，防止招标人有意抬高或压低工程造价，招标人应在招标文件中如实公布招标控制价，同时，招标人应将招标控制价报工程所在地或有该工程管辖权的行业管理部门的工程造价管理机构备查。

2. 编制与复核

1）招标控制价应根据下列依据编制与复核：

①《建设工程工程量清单计价规范》GB 50500—2013。

② 国家或省级、行业建设主管部门颁发的计价定额和计价办法。

③ 建设工程设计文件及相关资料。

④ 拟定的招标文件及招标工程量清单。

⑤ 与建设项目相关的标准、规范、技术资料。

⑥ 施工现场情况、工程特点及常规施工方案。

⑦ 工程造价管理机构发布的工程造价信息，当工程造价信息没有发布时，参照市场价。

⑧ 其他的相关资料。

2）综合单价中应包括招标文件中划分的应由投标人承担的风险范围及其费用。招标文件中没有明确的，如是工程造价咨询人编制，应提请招标人明确；如是招标人编制，应予明确。

3）分部分项工程和措施项目中的单价项目，应根据拟定的招标文件和招标工程量清单项目中的特征描述及有关要求确定综合单价计算。

4）措施项目中的总价项目应根据拟定的招标文件和常规施工方案按本节"一般规定"中第1条"计价方式"的4）和5）的规定计价。

5）其他项目应按下列规定计价：

① 暂列金额应按招标工程量清单中列出的金额填写。

② 暂估价中的材料、工程设备单价应按招标工程量清单中列出的单价计入综合单价。

③ 暂估价中的专业工程金额应按招标工程量清单中列出的金额填写。

④ 计日工应按招标工程量清单中列出的项目根据工程特点和有关计价依据确定综合单价计算。

⑤ 总承包服务费应根据招标工程量清单列出的内容和要求估算。

⑥ 规费和税金应按本节"一般规定"中第1条"计价方式"的6）的规定计算。

3. 投诉与处理

1）投标人经复核认为招标人公布的招标控制价未按照《建设工程工程量清单计价规范》GB 50500—2013的规定进行编制的，应在招标控制价公布后5天内向招投标监督机构和工程造价管理机构投诉。

2）投诉人投诉时，应当提交由单位盖章和法定代表人或其委托人签名或盖章的书面投诉书，投诉书应包括下列内容：

① 投诉人与被投诉人的名称、地址及有效联系方式。

② 投诉的招标工程名称、具体事项及理由。

③ 投诉依据及相关证明材料。

④ 相关的请求及主张。

3）投诉人不得进行虚假、恶意投诉，阻碍投标活动的正常进行。

4）工程造价管理机构在接到投诉书后应在2个工作日内进行审查，对有下列情况之一的，不予受理：

① 投诉人不是所投诉招标工程招标文件的收受人。

② 投诉书提交的时间不符合1）规定的。

③ 投诉书不符合 2）条规定的。

④ 投诉事项已进入行政复议或行政诉讼程序的。

5）工程造价管理机构应在不迟于结束审查的次日将是否受理投诉的决定书面通知投诉人、被投诉人以及负责该工程招投标监督的招投标管理机构。

6）工程造价管理机构受理投诉后，应立即对招标控制价进行复查，组织投诉人、被投诉人或其委托的招标控制价编制人等单位人员对投诉问题逐一核对。有关当事人应当予以配合，并应保证所提供资料的真实性。

7）工程造价管理机构应当在受理投诉的 10 天内完成复查，特殊情况下可适当延长，并作出书面结论通知投诉人、被投诉人及负责该工程招投标监督的招投标管理机构。

8）当招标控制价复查结论与原公布的招标控制价误差大于±3%时，应当责成招标人改正。

9）招标人根据招标控制价复查结论需要重新公布招标控制价的，其最终公布的时间至招标文件要求提交投标文件截止时间不足 15 天的，应相应延长投标文件的截止时间。

三、投标报价

1. 一般规定

1）投标价应由投标人或受其委托具有相应资质的工程造价咨询人编制。

2）投标人应依据《建设工程工程量清单计价规范》GB 50500—2013 的规定自主确定投标报价。

3）投标报价不得低于工程成本。

4）投标人必须按招标工程量清单填报价格。项目编码、项目名称、项目特征、计量单位、工程量必须与招标工程量清单一致。

5）投标人的投标报价高于招标控制价的应予废标。

2. 编制与复核

1）投标报价应根据下列依据编制和复核：

①《建设工程工程量清单计价规范》GB 50500—2013。

② 国家或省级、行业建设主管部门颁发的计价办法。

③ 企业定额，国家或省级、行业建设主管部门颁发的计价定额和计价办法。

④ 招标文件、招标工程量清单及其补充通知、答疑纪要。

⑤ 建设工程设计文件及相关资料。

⑥ 施工现场情况、工程特点及投标时拟定的施工组织设计或施工方案。

⑦ 与建设项目相关的标准、规范等技术资料。

⑧ 市场价格信息或工程造价管理机构发布的工程造价信息。

⑨ 其他的相关资料。

2）综合单价中应包括招标文件中划分的应由投标人承担的风险范围及其费用，招标文件中没有明确的，应提请招标人明确。

3）分部分项工程和措施项目中的单价项目，应根据招标文件和招标工程量清单项目中的特征描述确定综合单价计算。

4）措施项目中的总价项目金额应根据招标文件和投标时拟定的施工组织设计或施工方案按本节“一般规定”中第1条“计价方式”的4）的规定自主确定。其中安全文明施工费应按照本节“一般规定”中第1条“计价方式”的5）的规定确定。

5）其他项目费应按下列规定报价：

① 暂列金额应按招标工程量清单中列出的金额填写。

② 材料、工程设备暂估价应按招标工程量清单中列出的单价计入综合单价。

③ 专业工程暂估价应按招标工程量清单中列出的金额填写。

④ 计日工应按招标工程量清单中列出的项目和数量，自主确定综合单价并计算计日工金额。

⑤ 总承包服务费应根据招标工程量清单中列出的内容和提出的要求自主确定。

6）规费和税金应按本节“一般规定”中第1条“计价方式”的6）的规定确定。

7）招标工程量清单与计价表中列明的所有需要填写单价和合价的项目，投标人均应填写且只允许有一个报价。未填写单价和合价的项目，可视为此项费用已包含在已标价工程量清单中其他项目的单价和合价之中。当竣工结算时，此项目不得重新组价予以调整。

8）投标总价应当与分部分项工程费、措施项目费、其他项目费和规费、税金的合计金额一致。

四、合同价款约定

1. 一般规定

1）实行招标的工程合同价款应在中标通知书发出之日起30天内，由发承包双方依据招标文件和中标人的投标文件在书面合同中约定。

合同约定不得违背招标、投标文件中关于工期、造价、质量等方面的实质性内容。招标文件与中标人投标文件不一致的地方，应以投标文件为准。

2）不实行招标的工程合同价款，应在发承包双方认可的工程价款基础上，由发承包双方在合同中约定。

3）实行工程量清单计价的工程，应采用单价合同；建设规模较小，技术难度较低，工期较短，且施工图设计已审查批准的建设工程可采用总价合同；紧急抢险、救灾以及施工技术特别复杂的建设工程可采用成本加酬金合同。

2. 约定内容

1）发承包双方应在合同条款中对下列事项进行约定：

① 预付工程款的数额、支付时间及抵扣方式。

② 安全文明施工措施的支付计划，使用要求等。

③ 工程计量与支付工程进度款的方式、数额及时间。

④ 工程价款的调整因素、方法、程序、支付及时间。

⑤ 施工索赔与现场签证的程序、金额确认与支付时间。

⑥ 承担计价风险的内容、范围以及超出约定内容、范围的调整办法。

⑦ 工程竣工价款结算编制与核对、支付及时间。

⑧ 工程质量保证金的数额、预留方式及时间。

⑨ 违约责任以及发生合同价款争议的解决方法及时间。

⑩ 与履行合同、支付价款有关的其他事项等。

2）合同中没有按照1）的要求约定或约定不明的，若发承包双方在合同履行中发生争议由双方协商确定；当协商不能达成一致时，应按《建设工程工程量清单计价规范》GB 50500—2013的规定执行。

五、工程计量

1）工程量计算除依据各项规定外，尚应依据以下文件：

① 经审定通过的施工设计图纸及其说明。

② 经审定通过的施工组织设计或施工方案。

③ 经审定通过的其他有关技术经济文件。

2）工程实施过程中的计量应按照现行国家标准《建设工程工程量清单计价规范》GB 50500—2013的相关规定执行：

① 一般规定：

a. 工程量必须按照相关工程现行国家计量规范规定的工程量计算规则计算。

b. 工程计量可选择按月或按工程形象进度分段计量，具体计量周期应在合同中约定。

c. 因承包人原因造成的超出合同工程范围施工或返工的工程量，发包人不予计量。

d. 成本加酬金合同应按“单价合同的计量”的规定计量。

② 单价合同的计量：

a. 工程量必须以承包人完成合同工程应予计量的工程量确定。

b. 施工中进行工程计量，当发现招标工程量清单中出现缺项、工程量偏差，或因工程变更引起工程量增减时，应按承包人在履行合同义务中完成的工程量计算。

c. 承包人应当按照合同约定的计量周期和时间向发包人提交当期已完工程量报告。发包人应在收到报告后7d内核实，并将核实计量结果通知承包人。发包人未在约定时间内进行核实的，承包人提交的计量报告中所列的工程量应视为承包人实际完成的工程量。

d. 发包人认为需要进行现场计量核实时，应在计量前24h通知承包人，承包人应为计量提供便利条件并派人参加。当双方均同意核实结果时，双方应在上述记录上签字确认。承包人收到通知后不派人参加计量，视为认可发包人的计量核实结果。发包人不按照约定时间通知承包人，致使承包人未能派人参加计量，计量核实结果无效。

e. 当承包人认为发包人核实后的计量结果有误时，应在收到计量结果通知后的7d内向发包人提出书面意见，并应附上其认为正确的计量结果和详细的计算资料。发包人收到书面意见后，应在7d内对承包人的计量结果进行复核后通知承包人。承包人对复核计量结果仍有异议的，按照合同约定的争议解决办法处理。

f. 承包人完成已标价工程量清单中每个项目的工程量并经发包人核实无误后，发承包双方应对每个项目的历次计量报表进行汇总，以核实最终结算工程量，并应在汇总表上签字确认。

③ 总价合同的计量：

a. 采用工程量清单方式招标形成的总价合同，其工程量应按照“单价合同的计量”的规定计算。

b. 采用经审定批准的施工图纸及其预算方式发包形成的总价合同，除按照工程变更规定的工程量增减外，总价合同各项目的工程量应为承包人用于结算的最终工程量。

c. 总价合同约定的项目计量应以合同工程经审定批准的施工图纸为依据，发承包双方应在合同中约定工程计量的形象目标或时间节点进行计量。

d. 承包人应在合同约定的每个计量周期内对已完成的工程进行计量，并向发包人提交达到工程形象目标完成的工程量和有关计量资料的报告。

e. 发包人应在收到报告后7d内对承包人提交的上述资料进行复核，以确定实际完成的工程量和工程形象目标。对其有异议的，应通知承包人进行共同复核。

3）两个或两个以上计量单位的，应结合拟建工程项目的实际情况，确定其中一个为计量单位。同一工程项目的计量单位应一致。

4）工程计量时每一项目汇总的有效位数应遵守下列规定：

① 以“t”为单位，应保留小数点后三位数字，第四位小数四舍五入。

② 以“m”“m^2”“m^3”为单位，应保留小数点后两位数字，第三位小数四舍五入。

③ 以“株”“丛”“缸”“套”“个”“支”“只”“块”“根”“座”等为单位，应取整数。

5）各项目仅列出了主要工作内容，除另有规定和说明外，应视为已经包括完成该项目所列或未列的全部工作内容。

6）园林绿化工程（另有规定者除外）涉及普通公共建筑物等工程的项目以及垂直运输机械、大型机械设备进出场及安拆等项目，按现行国家标准《房屋建筑与装饰工程工程量计算规范》GB 50854—2013 的相应项目执行；涉及仿古建筑工程的项目，按现行国家标准《仿古建筑工程工程量计算规范》GB 50855—2013 的相应项目执行；涉及电气、给水排水等安装工程的项目，按照现行国家标准《通用安装工程工程量计算规范》GB 50856—2013 的相应项目执行；涉及市政道路、路灯等市政工程的项目，按现行国家标准《市政工程工程量计算规范》GB 50857—2013 的相应项目执行。

六、合同价款调整

1. 一般规定

1）下列事项（但不限于）发生，发承包双方应当按照合同约定调整合同价款：

① 法律法规变化。

② 工程变更。

③ 项目特征不符。

④ 工程量清单缺项。

⑤ 工程量偏差。

⑥ 计日工。

⑦ 物价变化。

⑧ 暂估价。

⑨ 不可抗力。

⑩ 提前竣工（赶工补偿）。

⑪ 误期赔偿。

⑫ 索赔。

⑬现场签证。

⑭暂列金额。

⑮发承包双方约定的其他调整事项。

2）出现合同价款调增事项（不含工程量偏差、计日工、现场签证、索赔）后的14d内，承包人应向发包人提交合同价款调增报告并附上相关资料；承包人在14d内未提交合同价款调增报告的，应视为承包人对该事项不存在调整价款请求。

3）出现合同价款调减事项（不含工程量偏差、索赔）后的14d内，发包人应向承包人提交合同价款调减报告并附相关资料；发包人在14d内未提交合同价款调减报告的，应视为发包人对该事项不存在调整价款请求。

4）发（承）包人应在收到承（发）包人合同价款调增（减）报告及相关资料之日起14d内对其核实，予以确认的应书面通知承（发）包人。当有疑问时，应向承（发）包人提出协商意见。发（承）包人在收到合同价款调增（减）报告之日起14d内未确认也未提出协商意见的，应视为承（发）包人提交的合同价款调增（减）报告已被发（承）包人认可。发（承）包人提出协商意见的，承（发）包人应在收到协商意见后的14d内对其核实，予以确认的应书面通知发（承）包人。承（发）包人在收到发（承）包人的协商意见后14d内既不确认也未提出不同意见的，应视为发（承）包人提出的意见已被承（发）包人认可。

5）发包人与承包人对合同价款调整的不同意见不能达成一致的，只要对发承包双方履约不产生实质影响，双方应继续履行合同义务，直到其按照合同约定的争议解决方式得到处理。

6）经发承包双方确认调整的合同价款，作为追加（减）合同价款，应与工程进度款或结算款同期支付。

2．法律法规变化

1）招标工程以投标截止日前28d、非招标工程以合同签订前28d为基准日，其后因国家的法律、法规、规章和政策发生变化引起工程造价增减变化的，发承包双方应按照省级或行业建设主管部门或其授权的工程造价管理机构据此发布的规定调整合同价款。

2）因承包人原因导致工期延误的，按1）规定的调整时间，在合同工程原定竣工时间之后，合同价款调增的不予调整，合同价款调减的予以调整。

3．工程变更

1）因工程变更引起已标价工程量清单项目或其工程数量发生变化时，应按照下列规定调整：

① 已标价工程量清单中有适用于变更工程项目的，应采用该项目的单价；

但当工程变更导致该清单项目的工程数量发生变化，且工程量偏差超过15%时，该项目单价应按照第6条“工程量偏差”中2）的规定调整。

② 已标价工程量清单中没有适用但有类似于变更工程项目的，可在合理范围内参照类似项目的单价。

③ 已标价工程量清单中没有适用也没有类似于变更工程项目的，应由承包人根据变更工程资料、计量规则和计价办法、工程造价管理机构发布的信息价格和承包人报价浮动率提出变更工程项目的单价，并应报发包人确认后调整。承包人报价浮动率可按下列公式计算：

招标工程：承包人报价浮动率 $L=$（1－中标价/招标控制价）×100%　（4－1）

非招标工程：承包人报价浮动率 $L=$（1－报价/施工图预算）×100%　（4－2）

④ 已标价工程量清单中没有适用也没有类似于变更工程项目，且工程造价管理机构发布的信息价格缺价的，应由承包人根据变更工程资料、计量规则、计价办法和通过市场调查等取得有合法依据的市场价格提出变更工程项目的单价，并应报发包人确认后调整。

2）工程变更引起施工方案改变并使措施项目发生变化时，承包人提出调整措施项目费的，应事先将拟实施的方案提交发包人确认，并应详细说明与原方案措施项目相比的变化情况。拟实施的方案经发承包双方确认后执行，并应按照下列规定调整措施项目费：

① 安全文明施工费应按照实际发生变化的措施项目依据本节“一般规定”中第1条“计价方式”的5）的规定计算。

② 采用单价计算的措施项目费，应按照实际发生变化的措施项目，按1）的规定确定单价。

③ 按总价（或系数）计算的措施项目费，按照实际发生变化的措施项目调整，但应考虑承包人报价浮动因素，即调整金额按照实际调整金额乘以1）规定的承包人报价浮动率计算。

如果承包人未事先将拟实施的方案提交给发包人确认，则应视为工程变更不引起措施项目费的调整或承包人放弃调整措施项目费的权利。

3）当发包人提出的工程变更因非承包人原因删减了合同中的某项原定工作或工程，致使承包人发生的费用或（和）得到的收益不能被包括在其他已支付或应支付的项目中，也未被包含在任何替代的工作或工程中时，承包人有权提出并应得到合理的费用及利润补偿。

4. 项目特征描述不符

1）发包人在招标工程量清单中对项目特征的描述，应被认为是准确的和全面的，并且与实际施工要求相符合。承包人应按照发包人提供的招标工程量清单，根据项目特征描述的内容及有关要求实施合同工程，直到项目被改变为止。

2）承包人应按照发包人提供的设计图纸实施合同工程，若在合同履行期间出现设计图纸（含设计变更）与招标工程量清单任一项目的特征描述不符，且该变化引起该项目工程造价增减变化的，应按照实际施工的项目特征，按第3条“工程变更”的相关条款的规定重新确定相应工程量清单项目的综合单价，并调整合同价款。

5. 工程量清单缺项

1）合同履行期间，由于招标工程量清单中缺项，新增分部分项工程清单项目的，应按照第3条“工程变更”中1）的规定确定单价，并调整合同价款。

2）新增分部分项工程清单项目后，引起措施项目发生变化的，应按照第3条“工程变更”中2）的规定，在承包人提交的实施方案被发包人批准后调整合同价款。

3）由于招标工程量清单中措施项目缺项，承包人应将新增措施项目实施方案提交发包人批准后，按照第3条“工程变更”中1）、2）的规定调整合同价款。

6. 工程量偏差

1）合同履行期间，当应予计算的实际工程量与招标工程量清单出现偏差，且符合2）、3）规定时，发承包双方应调整合同价款。

2）对于任一招标工程量清单项目，当因工程量偏差规定的“工程量偏差”和第3条“工程变更”规定的工程变更等原因导致工程量偏差超过15%时，可进行调整。当工程量增加15%以上时，增加部分的工程量的综合单价应予调低；当工程量减少15%以上时，减少后剩余部分的工程量的综合单价应予调高。

3）当工程量出现2）的变化，且该变化引起相关措施项目相应发生变化时，按系数或单一总价方式计价的，工程量增加的措施项目费调增，工程量减少的措施项目费调减。

7. 计日工

1）发包人通知承包人以计日工方式实施的零星工作，承包人应予执行。

2）采用计日工计价的任何一项变更工作，在该项变更的实施过程中，承包人应按合同约定提交下列报表和有关凭证送发包人复核：

① 工作名称、内容和数量。

② 投入该工作所有人员的姓名、工种、级别和耗用工时。

③ 投入该工作的材料名称、类别和数量。

④ 投入该工作的施工设备型号、台数和耗用台时。

⑤ 发包人要求提交的其他资料和凭证。

3）任一计日工项目持续进行时，承包人应在该项工作实施结束后的24h内向发包人提交有计日工记录汇总的现场签证报告一式三份。发包人在收到承包人提交现场签证报告后的2d内予以确认并将其中一份返还给承包人，作为计日工计价和支付的依据。发包人逾期未确认也未提出修改意见的，应视为承包人提交的现场签证报告已被发包人认可。

4）任一计日工项目实施结束后，承包人应按照确认的计日工现场签证报告核实该类项目的工程数量，并应根据核实的工程数量和承包人已标价工程量清单中的计日工单价计算，提出应付价款；已标价工程量清单中没有该类计日工单价的，由发承包双方按第3条“工程变更”的规定商定计日工单价计算。

5）每个支付期末，承包人应按照本节“合同价款期中支付”中“进度款”的规定向发包人提交本期间所有计日工记录的签证汇总表，并应说明本期间自己认为有权得到的计日工金额，调整合同价款，列入进度款支付。

8. 物价变化

1）合同履行期间，因人工、材料、工程设备、机械台班价格波动影响合同价款时，应根据合同约定，按物价变化合同价款调整方法调整合同价款。物价变化合同价款调整方法主要有以下两种：

① 价格指数调整价格差额。

a. 价格调整公式。因人工、材料和工程设备、施工机械台班等价格波动影响合同价格时，根据招标人提供的“承包人提供主要材料和工程设备一览表（适用于价格指数差额调整法）（见附录A中的表-22）”，并由投标人在投标函附录中的价格指数和权重表约定的数据，应按下式计算差额并调整合同价款：

$$\Delta P = P_0\left[A + \left(B_1 \times \frac{F_{t1}}{F_{01}} + B_2 \times \frac{F_{t2}}{F_{02}} + B_3 \times \frac{F_{t3}}{F_{03}} + \cdots + B_n \times \frac{F_{tn}}{F_{0n}}\right) - 1\right] \tag{4-3}$$

式中　ΔP——需调整的价格差额；

P_0——约定的付款证书中承包人应得到的已完成工程量的金额，此项金额应不包括价格调整、不计质量保证金的扣留和支付、预付款的支付和扣回，约定的变更及其他金额已按现行价格计价的，也不计在内；

A——定值权重（即不调部分的权重）；

B_1、B_2、B_3、…、B_n——各可调因子的变值权重（即可调部分的权重），为各可调因子在投标函投标总报价中所占的比例；

F_{t1}、F_{t2}、F_{t3}、…、F_{tn}——各可调因子的现行价格指数，指约定的付款证书相关周期最后一天的前42d的各可调因子的价格指数；

F_{01}、F_{02}、F_{03}、…、F_{0n}——各可调因子的基本价格指数，指基准日期的各可调因子的价格指数。

以上价格调整公式中的各可调因子、定值和变值权重，以及基本价格指数及其来源在投标函附录价格指数和权重表中约定。价格指数应首先采用工程造价管理机构提供的价格指数，缺乏上述价格指数时，可采用工程造价管理机构提供的价格代替。

b. 暂时确定调整差额。在计算调整差额时得不到现行价格指数的，可暂用上一次价格指数计算，并在以后的付款中再按实际价格指数进行调整。

c. 权重的调整。约定的变更导致原定合同中的权重不合理时，由承包人和发包人协商后进行调整。

d. 承包人工期延误后的价格调整。由于承包人原因未在约定的工期内竣工的，对原约定竣工日期后继续施工的工程，在使用第①条的价格调整公式时，应采用原约定竣工日期与实际竣工日期的两个价格指数中较低的一个作为现行价格指数。

e. 若可调因子包括了人工在内，则不适用本节“一般规定”中第4条“计价风险”中②的规定。

②造价信息调整价格差额。

a. 施工期内，因人工、材料和工程设备、施工机械台班价格波动影响合同价格时，人工、机械使用费按照国家或省、自治区、直辖市建设行政管理部门、行业建设管理部门或其授权的工程造价管理机构发布的人工成本信息、机械台班单价或机械使用费系数进行调整；需要进行价格调整的材料，其单价和采购数应由发包人复核，发包人确认需调整的材料单价及数量，作为调整合同价款差额的依据。

b. 人工单价发生变化且符合本节“一般规定”中第4条“计价风险”中②的规定的条件时，发承包双方应按省级或行业建设主管部门或其授权的工程造价管理机构发布的人工成本文件调整合同价款。

c. 材料、工程设备价格变化按照发包人提供的《承包人提供主要材料和工程设备一览表（适用于造价信息差额调整法）》（见附录A中表-21），由发承包双方约定的风险范围按下列规定调整合同价款：

a）承包人投标报价中材料单价低于基准单价：施工期间材料单价涨幅以基准单价为基础超过合同约定的风险幅度值，或材料单价跌幅以投标报价为基础超过合同约定的风险幅度值时，其超过部分按实调整。

b）承包人投标报价中材料单价高于基准单价：施工期间材料单价跌幅以基准单价为基础超过合同约定的风险幅度值，或材料单价涨幅以投标报价为基础超过合同约定的风险幅度值时，其超过部分按实调整。

c）承包人投标报价中材料单价等于基准单价：施工期间材料单价涨、跌幅以基准单价为基础超过合同约定的风险幅度值时，其超过部分按实调整。

d）承包人应在采购材料前将采购数量和新的材料单价报送发包人核对，确认用于本合同工程时，发包人应确认采购材料的数量和单价。发包人在收到承包人报送的确认资料后3个工作日不予答复的视为已经认可，作为调整合同价款的依据。如果承包人未报经发包人核对即自行采购材料，再报发包人确认调整合同价款的，如发包人不同意，则不作调整。

d. 施工机械台班单价或施工机械使用费发生变化超过省级或行业建设主管部门或其授权的工程造价管理机构规定的范围时，按其规定调整合同价款。

2）承包人采购材料和工程设备的，应在合同中约定主要材料、工程设备价格变化的范围或幅度；当没有约定，且材料、工程设备单价变化超过5%时，超过部分的价格应按照以上两种物价变化合同价款调整方法计算调整材料、工程设备费。

3）发生合同工程工期延误的，应按照下列规定确定合同履行期的价格调整：

① 因非承包人原因导致工期延误的，计划进度日期后续工程的价格，应采用计划进度日期与实际进度日期两者的较高者。

② 因承包人原因导致工期延误的，计划进度日期后续工程的价格，应采用计划进度日期与实际进度日期两者的较低者。

4）发包人供应材料和工程设备的，不适用1）、2）规定，应由发包人按照实际变化调整，列入合同工程的工程造价内。

9. 暂估价

1）发包人在招标工程量清单中给定暂估价的材料、工程设备属于依法必须招标的，应由发承包双方以招标的方式选择供应商，确定价格，并应以此为依据取代暂估价，调整合同价款。

2）发包人在招标工程量清单中给定暂估价的材料、工程设备不属于依法必须招标的，应由承包人按照合同约定采购，经发包人确认单价后取代暂估价，调整合同价款。

3）发包人在工程量清单中给定暂估价的专业工程不属于依法必须招标的，应按照第3条“工程变更”相应条款的规定确定专业工程价款，并应以此为依据取代专业工程暂估价，调整合同价款。

4）发包人在招标工程量清单中给定暂估价的专业工程，依法必须招标的，应当由发承包双方依法组织招标选择专业分包人，并接受有管辖权的建设工程招标投标管理机构的监督，还应符合下列要求：

① 除合同另有约定外，承包人不参加投标的专业工程发包招标，应由承包人作为招标人，但拟定的招标文件、评标工作、评标结果应报送发包人批准。与组织招标工作有关的费用应当被认为已经包括在承包人的签约合同价（投标总报价）中。

② 承包人参加投标的专业工程发包招标，应由发包人作为招标人，与组织招标工作有关的费用由发包人承担。同等条件下，应优先选择承包人中标。

③ 应以专业工程发包中标价为依据取代专业工程暂估价，调整合同价款。

10. 不可抗力

因不可抗力事件导致的人员伤亡、财产损失及其费用增加，发承包双方应按下列原则分别承担并调整合同价款和工期：

1）合同工程本身的损害、因工程损害导致第三方人员伤亡和财产损失以及运至施工场地用于施工的材料和待安装的设备的损害，应由发包人承担。

2）发包人、承包人人员伤亡应由其所在单位负责，并应承担相应费用。

3）承包人的施工机械设备损坏及停工损失，应由承包人承担。

4）停工期间，承包人应发包人要求留在施工场地的必要的管理人员及保卫人员的费用应由发包人承担。

5）工程所需清理、修复费用，应由发包人承担。

11. 提前竣工（赶工补偿）

1）招标人应依据相关工程的工期定额合理计算工期，压缩的工期天数不得超过定额工期的20%，超过者，应在招标文件中明示增加赶工费用。

2）发包人要求合同工程提前竣工的，应征得承包人同意后与承包人商定采取加快工程进度的措施，并应修订合同工程进度计划。发包人应承担承包人由此增加的提前竣工（赶工补偿）费用。

3）发承包双方应在合同中约定提前竣工每日历天应补偿额度，此项费用应作为增加合同价款列入竣工结算文件中，应与结算款一并支付。

12. 误期赔偿

1）承包人未按照合同约定施工，导致实际进度迟于计划进度的，承包人应加快进度，实现合同工期。

合同工程发生误期，承包人应赔偿发包人由此造成的损失，并应按照合同约定向发包人支付误期赔偿费。即使承包人支付误期赔偿费，也不能免除承包人按照合同约定应承担的任何责任和应履行的任何义务。

2）发承包双方应在合同中约定误期赔偿费，并应明确每日历天应赔额度。误期赔偿费应列入竣工结算文件中，并应在结算款中扣除。

3）在工程竣工之前，合同工程内的某单项（位）工程已通过了竣工验收，且该单项（位）工程接收证书中表明的竣工日期并未延误，而是合同工程的其他部分产生了工期延误时，误期赔偿费应按照已颁发工程接收证书的单项（位）工程造价占合同价款的比例幅度予以扣减。

13. 索赔

1）当合同一方向另一方提出索赔时，应有正当的索赔理由和有效证据，并应符合合同的相关约定。

2）根据合同约定，承包人认为非承包人原因发生的事件造成了承包人的损失，应按下列程序向发包人提出索赔：

① 承包人应在知道或应当知道索赔事件发生后 28d 内，向发包人提交索赔意向通知书，说明发生索赔事件的事由。承包人逾期未发出索赔意向通知书的，丧失索赔的权利。

② 承包人应在发出索赔意向通知书后 28d 内，向发包人正式提交索赔通知书。索赔通知书应详细说明索赔理由和要求，并应附必要的记录和证明材料。

③ 索赔事件具有连续影响的，承包人应继续提交延续索赔通知，说明连续影响的实际情况和记录。

④ 在索赔事件影响结束后的 28d 内，承包人应向发包人提交最终索赔通知书，说明最终索赔要求，并应附必要的记录和证明材料。

3）承包人索赔应按下列程序处理：

① 发包人收到承包人的索赔通知书后，应及时查验承包人的记录和证明材料。

② 发包人应在收到索赔通知书或有关索赔的进一步证明材料后的 28d 内，将索赔处理结果答复承包人，如果发包人逾期未作出答复，视为承包人索赔要求已被发包人认可。

③ 承包人接受索赔处理结果的，索赔款项应作为增加合同价款，在当期进度款中进行支付；承包人不接受索赔处理结果的，应按合同约定的争议解决方式办理。

4）承包人要求赔偿时，可以选择下列一项或几项方式获得赔偿：

① 延长工期。

② 要求发包人支付实际发生的额外费用。

③ 要求发包人支付合理的预期利润。

④ 要求发包人按合同的约定支付违约金。

5）当承包人的费用索赔与工期索赔要求相关联时，发包人在作出费用索赔的批准决定时，应结合工程延期，综合作出费用赔偿和工程延期的决定。

6）发承包双方在按合同约定办理了竣工结算后，应被认为承包人已无权再提出竣工结算前所发生的任何索赔。承包人在提交的最终结清申请中，只限于提出竣工结算后的索赔，提出索赔的期限应自发承包双方最终结清时终止。

7）根据合同约定，发包人认为由于承包人的原因造成发包人的损失，宜按承包人索赔的程序进行索赔。

8）发包人要求赔偿时，可以选择下列一项或几项方式获得赔偿：

① 延长质量缺陷修复期限。

② 要求承包人支付实际发生的额外费用。

③ 要求承包人按合同的约定支付违约金。

9）承包人应付给发包人的索赔金额可从拟支付给承包人的合同价款中扣除，或由承包人以其他方式支付给发包人。

14. 现场签证

1）承包人应发包人要求完成合同以外的零星项目、非承包人责任事件等工作的，发包人应及时以书面形式向承包人发出指令，并应提供所需的相关资料；承包人在收到指令后，应及时向发包人提出现场签证要求。

2）承包人应在收到发包人指令后的7d内向发包人提交现场签证报告，发包人应在收到现场签证报告后的48h内对报告内容进行核实，予以确认或提出修改意见。发包人在收到承包人现场签证报告后的48h内未确认也未提出修改意见的，应视为承包人提交的现场签证报告已被发包人认可。

3）现场签证的工作如已有相应的计日工单价，现场签证中应列明完成该类项目所需的人工、材料、工程设备和施工机械台班的数量。

如现场签证的工作没有相应的计日工单价，应在现场签证报告中列明完成该签证工作所需的人工、材料设备和施工机械台班的数量及单价。

4）合同工程发生现场签证事项，未经发包人签证确认，承包人便擅自施工的，除非征得发包人书面同意，否则发生的费用应由承包人承担。

5）现场签证工作完成后的7d内，承包人应按照现场签证内容计算价款，报送发包人确认后，作为增加合同价款，与进度款同期支付。

6）在施工过程中，当发现合同工程内容因场地条件、地质水文、发包人要求等不一致时，承包人应提供所需的相关资料，并提交发包人签证认可，作为合同价款调整的依据。

15. 暂列金额

1）已签约合同价中的暂列金额应由发包人掌握使用。

2）发包人按照1～14条的规定支付后，暂列金额余额应归发包人所有。

七、合同价款期中支付

1. 预付款

1）承包人应将预付款专用于合同工程。

2）包工包料工程的预付款的支付比例不得低于签约合同价（扣除暂列金额）的10%，不宜高于签约合同价（扣除暂列金额）的30%。

3）承包人应在签订合同或向发包人提供与预付款等额的预付款保函后向发包人提交预付款支付申请。

4）发包人应在收到支付申请的7d内进行核实，向承包人发出预付款支付证书，并在签发支付证书后的7d内向承包人支付预付款。

5）发包人没有按合同约定按时支付预付款的，承包人可催告发包人支付；发包人在预付款期满后的7d内仍未支付的，承包人可在付款期满后的第8d起暂停施工。发包人应承担由此增加的费用和延误的工期，并应向承包人支付合理利润。

6）预付款应从每一个支付期应支付给承包人的工程进度款中扣回，直到扣回的金额达到合同约定的预付款金额为止。

7）承包人的预付款保函的担保金额根据预付款扣回的数额相应递减，但在预付款全部扣回之前一直保持有效。发包人应在预付款扣完后的14d内将预付款保函退还给承包人。

2. 安全文明施工费

1）安全文明施工费包括的内容和使用范围，应符合国家有关文件和计量规范的规定。

2）发包人应在工程开工后的28d内预付不低于当年施工进度计划的安全文明施工费总额的60%，其余部分应按照提前安排的原则进行分解，并应与进度款同期支付。

3）发包人没有按时支付安全文明施工费的，承包人可催告发包人支付；发包人在付款期满后的7d内仍未支付的，若发生安全事故，发包人应承担相应责任。

4）承包人对安全文明施工费应专款专用，在财务账目中应单独列项备查，不得挪作他用，否则发包人有权要求其限期改正；逾期未改正的，造成的损失和延误的工期应由承包人承担。

3. 进度款

1）发承包双方应按照合同约定的时间、程序和方法，根据工程计量结果，办理期中价款结算，支付进度款。

2）进度款支付周期应与合同约定的工程计量周期一致。

3）已标价工程量清单中的单价项目，承包人应按工程计量确认的工程量与综合单价计算；综合单价发生调整的，以发承包双方确认调整的综合单价计算进度款。

4）已标价工程量清单中的总价项目和按照本节“合同价款调整”中“总价合同的计量”中 b 的规定形成的总价合同，承包人应按合同中约定的进度款支付分解，分别列入进度款支付申请中的安全文明施工费和本周期应支付的总价项目的金额中。

5）发包人提供的甲供材料金额，应按照发包人签约提供的单价和数量从进度款支付中扣除，列入本周期应扣减的金额中。

6）承包人现场签证和得到发包人确认的索赔金额应列入本周期应增加的金额中。

7）进度款的支付比例按照合同约定，按期中结算价款总额计，不低于60％，不高于90％。

8）承包人应在每个计量周期到期后的 7d 内向发包人提交已完工程进度款支付申请一式四份，详细说明此周期认为有权得到的款额，包括分包人已完工程的价款。支付申请应包括下列内容：

① 累计已完成的合同价款。

② 累计已实际支付的合同价款。

③ 本周期合计完成的合同价款。

a. 本周期已完成单价项目的金额。

b. 本周期应支付的总价项目的金额。

c. 本周期已完成的计日工价款。

d. 本周期应支付的安全文明施工费。

e. 本周期应增加的金额。

④ 本周期合计应扣减的金额。

a. 本周期应扣回的预付款。

b. 本周期应扣减的金额。

⑤ 本周期实际应支付的合同价款。

9）发包人应在收到承包人进度款支付申请后的 14d 内，根据计量结果和合同约定对申请内容予以核实，确认后向承包人出具进度款支付证书。若发承包双方对部分清单项目的计量结果出现争议，发包人应对无争议部分的工程计量结果向承包人出具进度款支付证书。

10）发包人应在签发进度款支付证书后的14d内，按照支付证书列明的金额向承包人支付进度款。

11）若发包人逾期未签发进度款支付证书，则视为承包人提交的进度款支付申请已被发包人认可，承包人可向发包人发出催告付款的通知。发包人应在收到通知后的14d内，按照承包人支付申请的金额向承包人支付进度款。

12）发包人未按照9）～11）的规定支付进度款的，承包人可催告发包人支付，并有权获得延迟支付的利息；发包人在付款期满后的7d内仍未支付的，承包人可在付款期满后的第8d起暂停施工。发包人应承担由此增加的费用和延误的工期，向承包人支付合理利润，并应承担违约责任。

13）发现已签发的任何支付证书有错、漏或重复的数额，发包人有权予以修正，承包人也有权提出修正申请。经发承包双方复核同意修正的，应在本次到期的进度款中支付或扣除。

八、竣工结算与支付

1. 一般规定

1）工程完工后。发承包双方必须在合同约定时间内办理工程竣工结算。

2）工程竣工结算应由承包人或受其委托具有相应资质的工程造价咨询人编制，并应由发包人或受其委托具有相应资质的工程造价咨询人核对。

3）当发承包双方或一方对工程造价咨询人出具的竣工结算文件有异议时，可向工程造价管理机构投诉，申请对其进行执业质量鉴定。

4）工程造价管理机构对投诉的竣工结算文件进行质量鉴定，宜按“工程造价鉴定”的相关规定进行。

5）竣工结算办理完毕，发包人应将竣工结算文件报送工程所在地或有该工程管辖权的行业管理部门的工程造价管理机构备案，竣工结算文件应作为工程竣工验收备案、交付使用的必备文件。

2. 编制与复核

1）工程竣工结算应根据下列依据编制和复核：

①《建设工程工程量清单计价规范》GB 50500—2013。

② 工程合同。

③ 发承包双方实施过程中已确认的工程量及其结算的合同价款。

④ 发承包双方实施过程中已确认调整后追加（减）的合同价款。

⑤ 建设工程设计文件及相关资料。

⑥ 投标文件。

⑦ 其他依据。

2）分部分项工程和措施项目中的单价项目应依据发承包双方确认的工程量与已标价工程量清单的综合单价计算；发生调整的，应以发承包双方确认调整的综合单价计算。

3）措施项目中的总价项目应依据已标价工程量清单的项目和金额计算；发生调整的，应以发承包双方确认调整的金额计算，其中安全文明施工费应按本节“一般规定”中第1条“计价方式”5）的规定计算。

4）其他项目应按下列规定计价：

① 计日工应按发包人实际签证确认的事项计算。

② 暂估价应按本节“合同价款调整”中“暂估价”的规定计算。

③ 总承包服务费应依据已标价工程量清单金额计算；发生调整的，应以发承包双方确认调整的金额计算。

④ 索赔费用应依据发承包双方确认的索赔事项和金额计算。

⑤ 现场签证费用应依据发承包双方签证资料确认的金额计算。

⑥ 暂列金额应减去合同价款调整（包括索赔、现场签证）金额计算，如有余额归发包人。

5）规费和税金应按本节“一般规定”中第1条“计价方式”6）的规定计算。规费中的工程排污费应按工程所在地环境保护部门规定的标准缴纳后按实列入。

6）发承包双方在合同工程实施过程中已经确认的工程计量结果和合同价款，在竣工结算办理中应直接进入结算。

3. 竣工结算

1）合同工程完工后，承包人应在经发承包双方确认的合同工程期中价款结算的基础上汇总编制完成竣工结算文件，应在提交竣工验收申请的同时向发包人提交竣工结算文件。

承包人未在合同约定的时间内提交竣工结算文件，经发包人催告后14d内仍未提交或没有明确答复的，发包人有权根据已有资料编制竣工结算文件，作为办理竣工结算和支付结算款的依据，承包人应予以认可。

2）发包人应在收到承包人提交的竣工结算文件后的28d内核对。发包人经核实，认为承包人还应进一步补充资料和修改结算文件，应在上述时限内向承包人提出核实意见，承包人在收到核实意见后的28d内应按照发包人提出的合理要求补充资料，修改竣工结算文件，并应再次提交给发包人复核后批准。

3）发包人应在收到承包人再次提交的竣工结算文件后的28d内予以复核，将复核结果通知承包人，并应遵守下列规定：

① 发包人、承包人对复核结果无异议的，应在7d内在竣工结算文件上签

字确认，竣工结算办理完毕；

② 发包人或承包人对复核结果认为有误的，无异议部分按照 1）规定办理不完全竣工结算；有异议部分由发承包双方协商解决；协商不成的，应按照合同约定的争议解决方式处理。

4）发包人在收到承包人竣工结算文件后的 28d 内，不核对竣工结算或未提出核对意见的，应视为承包人提交的竣工结算文件已被发包人认可，竣工结算办理完毕。

5）承包人在收到发包人提出的核实意见后的 28d 内，不确认也未提出异议的，应视为发包人提出的核实意见已被承包人认可，竣工结算办理完毕。

6）发包人委托工程造价咨询人核对竣工结算的，工程造价咨询人应在 28d 内核对完毕，核对结论与承包人竣工结算文件不一致的，应提交给承包人复核；承包人应在 14d 内将同意核对结论或不同意见的说明提交工程造价咨询人。工程造价咨询人收到承包人提出的异议后，应再次复核，复核无异议的，应按第 3）条中①的规定办理，复核后仍有异议的，按第 3）条中②的规定办理。

承包人逾期未提出书面异议的，应视为工程造价咨询人核对的竣工结算文件已经承包人认可。

7）对发包人或发包人委托的工程造价咨询人指派的专业人员与承包人指派的专业人员经核对后无异议并签名确认的竣工结算文件，除非发承包人能提出具体、详细的不同意见，发承包人都应在竣工结算文件上签名确认，如其中一方拒不签认的，按下列规定办理：

① 若发包人拒不签认的，承包人可不提供竣工验收备案资料，并有权拒绝与发包人或其上级部门委托的工程造价咨询人重新核对竣工结算文件。

② 若承包人拒不签认的，发包人要求办理竣工验收备案的，承包人不得拒绝提供竣工验收资料，否则，由此造成的损失，承包人承担相应责任。

8）合同工程竣工结算核对完成，发承包双方签字确认后，发包人不得要求承包人与另一个或多个工程造价咨询人重复核对竣工结算。

9）发包人对工程质量有异议，拒绝办理工程竣工结算的，已竣工验收或已竣工未验收但实际投入使用的工程，其质量争议应按该工程保修合同执行，竣工结算应按合同约定办理；已竣工未验收且未实际投入使用的工程以及停工、停建工程的质量争议，双方应就有争议的部分委托有资质的检测鉴定机构进行检测，并应根据检测结果确定解决方案，或按工程质量监督机构的处理决定执行后办理竣工结算，无争议部分的竣工结算应按合同约定办理。

4. 结算款支付

1）承包人应根据办理的竣工结算文件向发包人提交竣工结算款支付申

请。申请应包括下列内容：

① 竣工结算合同价款总额。

② 累计已实际支付的合同价款。

③ 应预留的质量保证金。

④ 实际应支付的竣工结算款金额。

2）发包人应在收到承包人提交竣工结算款支付申请后7d内予以核实，向承包人签发竣工结算支付证书。

3）发包人签发竣工结算支付证书后的14d内，应按照竣工结算支付证书列明的金额向承包人支付结算款。

4）发包人在收到承包人提交的竣工结算款支付申请后7d内不予核实，不向承包人签发竣工结算支付证书的，视为承包人的竣工结算款支付申请已被发包人认可；发包人应在收到承包人提交的竣工结算款支付申请7d后的14d内，按照承包人提交的竣工结算款支付申请列明的金额向承包人支付结算款。

5）发包人未按照3）、4）规定支付竣工结算款的，承包人可催告发包人支付，并有权获得延迟支付的利息。发包人在竣工结算支付证书签发后或者在收到承包人提交的竣工结算款支付申请7d后的56d内仍未支付的，除法律另有规定外，承包人可与发包人协商将该工程折价，也可直接向人民法院申请将该工程依法拍卖。承包人应就该工程折价或拍卖的价款优先受偿。

5. 质量保证金

1）发包人应按照合同约定的质量保证金比例从结算款中预留质量保证金。

2）承包人未按照合同约定履行属于自身责任的工程缺陷修复义务的，发包人有权从质量保证金中扣除用于缺陷修复的各项支出。经查验，工程缺陷属于发包人原因造成的，应由发包人承担查验和缺陷修复的费用。

3）在合同约定的缺陷责任期终止后，发包人应按照下文中“最终结清”的规定，将剩余的质量保证金返还给承包人。

6. 最终结清

1）缺陷责任期终止后，承包人应按照合同约定向发包人提交最终结清支付申请。发包人对最终结清支付申请有异议的，有权要求承包人进行修正和提供补充资料。承包人修正后，应再次向发包人提交修正后的最终结清支付申请。

2）发包人应在收到最终结清支付申请后的14d内予以核实，并应向承包人签发最终结清支付证书。

3）发包人应在签发最终结清支付证书后的14d内，按照最终结清支付证书列明的金额向承包人支付最终结清款。

4）发包人未在约定的时间内核实，又未提出具体意见的，应视为承包人提交的最终结清支付申请已被发包人认可。

5）发包人未按期最终结清支付的，承包人可催告发包人支付，并有权获得延迟支付的利息。

6）最终结清时，承包人被预留的质量保证金不足以抵减发包人工程缺陷修复费用的，承包人应承担不足部分的补偿责任。

7）承包人对发包人支付的最终结清款有异议的，应按照合同约定的争议解决方式处理。

九、合同解除的价款结算与支付

1）发承包双方协商一致解除合同的，应按照达成的协议办理结算和支付合同价款。

2）由于不可抗力致使合同无法履行解除合同的，发包人应向承包人支付合同解除之日前已完成工程但尚未支付的合同价款，此外，还应支付下列金额：

① 本节“合同借款调整”中“提前竣工（赶工补偿）”1）的规定的由发包人承担的费用。

② 已实施或部分实施的措施项目应付价款。

③ 承包人为合同工程合理订购且已交付的材料和工程设备货款。

④ 承包人撤离现场所需的合理费用，包括员工遣送费和临时工程拆除、施工设备运离现场的费用。

⑤ 承包人为完成合同工程而预期开支的任何合理费用，且该项费用未包括在本款其他各项支付之内。

发承包双方办理结算合同价款时，应扣除合同解除之日前发包人应向承包人收回的价款。当发包人应扣除的金额超过了应支付的金额，承包人应在合同解除后的 56d 内将其差额退还给发包人。

3）因承包人违约解除合同的，发包人应暂停向承包人支付任何价款。发包人应在合同解除后 28d 内核实合同解除时承包人已完成的全部合同价款以及按施工进度计划已运至现场的材料和工程设备货款，按合同约定核算承包人应支付的违约金以及造成损失的索赔金额，并将结果通知承包人。发承包双方应在 28d 内予以确认或提出意见，并应办理结算合同价款。如果发包人应扣除的金额超过了应支付的金额，承包人应在合同解除后的 56d 内将其差额退还给发包人。发承包双方不能就解除合同后的结算达成一致的，按照合同约定的争议解决方式处理。

4）因发包人违约解除合同的，发包人除应按照（2）的规定向承包人支付各项价款外，应按合同约定核算发包人应支付的违约金以及给承包人造成损失或损害的索赔金额费用。该笔费用应由承包人提出，发包人核实后应与承包人协商确定后的7d内向承包人签发支付证书。协商不能达成一致的，应按照合同约定的争议解决方式处理。

十、合同价款争议的解决

1. 监理或造价工程师暂定

1）若发包人和承包人之间就工程质量、进度、价款支付与扣除、工期延期、索赔、价款调整等发生任何法律上、经济上或技术上的争议，首先应根据已签约合同的规定，提交合同约定职责范围内的总监理工程师或造价工程师解决，并应抄送另一方。总监理工程师或造价工程师在收到此提交件后14d内应将暂定结果通知发包人和承包人。发承包双方对暂定结果认可的，应以书面形式予以确认，暂定结果成为最终决定。

2）发承包双方在收到总监理工程师或造价工程师的暂定结果通知之后的14d内未对暂定结果予以确认也未提出不同意见的，应视为发承包双方已认可该暂定结果。

3）发承包双方或一方不同意暂定结果的，应以书面形式向总监理工程师或造价工程师提出，说明自己认为正确的结果，同时抄送另一方，此时该暂定结果成为争议。在暂定结果对发承包双方当事人履约不产生实质影响的前提下，发承包双方应实施该结果，直到按照发承包双方认可的争议解决办法被改变为止。

2. 管理机构的解释或认定

1）合同价款争议发生后，发承包双方可就工程计价依据的争议以书面形式提请工程造价管理机构对争议以书面文件进行解释或认定。

2）工程造价管理机构应在收到申请的10个工作日内就发承包双方提请的争议问题进行解释或认定。

3）发承包双方或一方在收到工程造价管理机构书面解释或认定后仍可按照合同约定的争议解决方式提请仲裁或诉讼。除工程造价管理机构的上级管理部门作出了不同的解释或认定，或在仲裁裁决或法院判决中不予采信的外，工程造价管理机构作出的书面解释或认定应为最终结果，并应对发承包双方均有约束力。

3. 协商和解

1）合同价款争议发生后，发承包双方任何时候都可以进行协商。协商达成一致的，双方应签订书面和解协议，和解协议对发承包双方均有约束力。

2）如果协商不能达成一致协议，发包人或承包人都可以按合同约定的其他方式解决争议。

4. 调解

1）发承包双方应在合同中约定或在合同签订后共同约定争议调解人，负责双方在合同履行过程中发生争议的调解。

2）合同履行期间，发承包双方可协议调换或终止任何调解人，但发包人或承包人都不能单独采取行动。除非双方另有协议，在最终结清支付证书生效后，调解人的任期应即终止。

3）如果发承包双方发生了争议，任何一方可将该争议以书面形式提交调解人，并将副本抄送另一方，委托调解人调解。

4）发承包双方应按照调解人提出的要求，给调解人提供所需要的资料、现场进入权及相应设施。调解人应被视为不是在进行仲裁人的工作。

5）调解人应在收到调解委托后28d内或由调解人建议并经发承包双方认可的其他期限内提出调解书，发承包双方接受调解书的，经双方签字后作为合同的补充文件，对发承包双方均具有约束力，双方都应立即遵照执行。

6）当发承包双方中任一方对调解人的调解书有异议时，应在收到调解书后28d内向另一方发出异议通知，并应说明争议的事项和理由。但除非并直到调解书在协商和解或仲裁裁决、诉讼判决中作出修改，或合同已经解除，承包人应继续按照合同实施工程。

7）当调解人已就争议事项向发承包双方提交了调解书，而任一方在收到调解书后28d内均未发出表示异议的通知时，调解书对发承包双方应均具有约束力。

5. 仲裁、诉讼

1）发承包双方的协商和解或调解均未达成一致意见，其中的一方已就此争议事项根据合同约定的仲裁协议申请仲裁，应同时通知另一方。

2）仲裁可在竣工之前或之后进行，但发包人、承包人、调解人各自的义务不得因在工程实施期间进行仲裁而有所改变。当仲裁是在仲裁机构要求停止施工的情况下进行时，承包人应对合同工程采取保护措施，由此增加的费用应由败诉方承担。

3）在1）～4）的期限之内，暂定或和解协议或调解书已经有约束力的情况下，当发承包中一方未能遵守暂定或和解协议或调解书时，另一方可在不损害他可能具有的任何其他权利的情况下，将未能遵守暂定或不执行和解协议或调解书达成的事项提交仲裁。

4）发包人、承包人在履行合同时发生争议，双方不愿和解、调解或者和解、调解不成，又没有达成仲裁协议的，可依法向人民法院提起诉讼。

十一、工程造价鉴定

1. 一般鉴定

1）在工程合同价款纠纷案件处理中，需作工程造价司法鉴定的，应委托具有相应资质的工程造价咨询人进行。

2）工程造价咨询人接受委托时提供工程造价司法鉴定服务，应按仲裁、诉讼程序和要求进行，并应符合国家关于司法鉴定的规定。

3）工程造价咨询人进行工程造价司法鉴定时，应指派专业对口、经验丰富的注册造价工程师承担鉴定工作。

4）工程造价咨询人应在收到工程造价司法鉴定资料后10d内，根据自身专业能力和证据资料判断能否胜任该项委托，如不能，应辞去该项委托。工程造价咨询人不得在鉴定期满后以上述理由不作出鉴定结论，影响案件处理。

5）接受工程造价司法鉴定委托的工程造价咨询人或造价工程师如是鉴定项目一方当事人的近亲属或代理人、咨询人以及其他关系可能影响鉴定公正的，应当自行回避；未自行回避，鉴定项目委托人以该理由要求其回避的，必须回避。

6）工程造价咨询人应当依法出庭接受鉴定项目当事人对工程造价司法鉴定意见书的质询。如确因特殊原因无法出庭的，经审理该鉴定项目的仲裁机关或人民法院准许，可以书面形式答复当事人的质询。

2. 取证

1）工程造价咨询人进行工程造价鉴定工作时，应自行收集以下（但不限于）鉴定资料：

① 适用于鉴定项目的法律、法规、规章、规范性文件以及规范、标准、定额。

② 鉴定项目同时期同类型工程的技术经济指标及其各类要素价格等。

2）工程造价咨询人收集鉴定项目的鉴定依据时，应向鉴定项目委托人提出具体书面要求，其内容包括：

① 与鉴定项目相关的合同、协议及其附件。

② 相应的施工图纸等技术经济文件。

③ 施工过程中的施工组织、质量、工期和造价等工程资料。

④ 存在争议的事实及各方当事人的理由。

⑤ 其他有关资料。

3）工程造价咨询人在鉴定过程中要求鉴定项目当事人对缺陷资料进行补充的，应征得鉴定项目委托人同意，或者协调鉴定项目各方当事人共同签认。

4）根据鉴定工作需要现场勘验的，工程造价咨询人应提请鉴定项目委托人组织各方当事人对被鉴定项目所涉及的实物标的进行现场勘验。

5）勘验现场应制作勘验记录、笔录或勘验图表，记录勘验的时间、地点、勘验人、在场人、勘验经过、结果，由勘验人、在场人签名或者盖章确认。绘制的现场图应注明绘制的时间、测绘人姓名、身份等内容。必要时应采取拍照或摄像取证，留下影像资料。

6）鉴定项目当事人未对现场勘验图表或勘验笔录等签字确认的，工程造价咨询人应提请鉴定项目委托人决定处理意见，并在鉴定意见书中作出表述。

3. 鉴定

1）工程造价咨询人在鉴定项目合同有效的情况下应根据合同约定进行鉴定，不得任意改变双方合法的合意。

2）工程造价咨询人在鉴定项目合同无效或合同条款约定不明确的情况下应根据法律法规、相关国家标准和《建设工程工程量清单计价规范》GB 50500—2013 的规定，选择相应专业工程的计价依据和方法进行鉴定。

3）工程造价咨询人出具正式鉴定意见书之前，可报请鉴定项目委托人向鉴定项目各方当事人发出鉴定意见书征求意见稿，并指明应书面答复的期限及其不答复的相应法律责任。

4）工程造价咨询人收到鉴定项目各方当事人对鉴定意见书征求意见稿的书面复函后，应对不同意见认真复核，修改完善后再出具正式鉴定意见书。

5）工程造价咨询人出具的工程造价鉴定书应包括下列内容：

① 鉴定项目委托人名称、委托鉴定的内容。

② 委托鉴定的证据材料。

③ 鉴定的依据及使用的专业技术手段。

④ 对鉴定过程的说明。

⑤ 明确的鉴定结论。

⑥ 其他需说明的事宜。

⑦ 工程造价咨询人盖章及注册造价工程师签名盖执业专用章。

6）工程造价咨询人应在委托鉴定项目的鉴定期限内完成鉴定工作，如确因特殊原因不能在原定期限内完成鉴定工作时，应按照相应法规提前向鉴定项目委托人申请延长鉴定期限，并应在此期限内完成鉴定工作。

经鉴定项目委托人同意等待鉴定项目当事人提交、补充证据的，质证所用的时间不应计入鉴定期限。

7）对于已经出具的正式鉴定意见书中有部分缺陷的鉴定结论，工程造价咨询人应通过补充鉴定作出补充结论。

十二、工程计价资料与档案

1. 计价资料

1）发承包双方应当在合同中约定各自在合同工程中现场管理人员的职责范围，双方现场管理人员在职责范围内签字确认的书面文件是工程计价的有效凭证，但如有其他有效证据或经实证证明其是虚假的除外。

2）发承包双方不论在何种场合对与工程计价有关的事项所给予的批准、证明、同意、指令、商定、确定、确认、通知和请求，或表示同意、否定、提出要求和意见等，均应采用书面形式，口头指令不得作为计价凭证。

3）任何书面文件送达时，应由对方签收，通过邮寄应采用挂号、特快专递传送，或以发承包双方商定的电子传输方式发送，交付、传送或传输至指定的接收人的地址。如接收人通知了另外地址时，随后通信信息应按新地址发送。

4）发承包双方分别向对方发出的任何书面文件，均应将其抄送现场管理人员，如系复印件应加盖合同工程管理机构印章，证明与原件相同。双方现场管理人员向对方所发任何书面文件，也应将其复印件发送给发承包双方，复印件应加盖合同工程管理机构印章，证明与原件相同。

5）发承包双方均应当及时签收另一方送达其指定接收地点的来往信函，拒不签收的，送达信函的一方可以采用特快专递或者公证方式送达，所造成的费用增加（包括被迫采用特殊送达方式所发生的费用）和延误的工期由拒绝签收一方承担。

6）书面文件和通知不得扣压，一方能够提供证据证明另一方拒绝签收或已送达的，应视为对方已签收并应承担相应责任。

2. 计价档案

1）发承包双方以及工程造价咨询人对具有保存价值的各种载体的计价文件，均应收集齐全，整理立卷后归档。

2）发承包双方和工程造价咨询人应建立完善的工程计价档案管理制度，并应符合国家和有关部门发布的档案管理相关规定。

3）工程造价咨询人归档的计价文件，保存期不宜少于五年。

4）归档的工程计价成果文件应包括纸质原件和电子文件，其他归档文件及依据可为纸质原件、复印件或电子文件。

5）归档文件应经过分类整理，并应组成符合要求的案卷。

6）归档可以分阶段进行，也可以在项目竣工结算完成后进行。

7）向接受单位移交档案时，应编制移交清单，双方应签字、盖章后方可交接。

第四节　工程量清单计价表格

一、工程量清单计价表格组成

1. 工程计价文件封面

1）招标工程量清单封面：封-1。

2）招标控制价封面：封-2。

3）投标总价封面：封-3。

4）竣工结算书封面：封-4。

5）工程造价鉴定意见书封面：封-5。

2. 工程计价文件扉页

1）招标工程量清单扉页：扉-1。

2）招标控制价扉页：扉-2。

3）投标总价扉页：扉-3。

4）竣工结算总价扉页：扉-4。

5）工程造价鉴定意见书扉页：扉-5。

3. 工程计价总说明

总说明：表-01。

4. 工程计价汇总表

1）建设项目招标控制价/投标报价汇总表：表-02。

2）单项工程招标控制价/投标报价汇总表：表-03。

3）单位工程招标控制价/投标报价汇总表：表-04。

4）建设项目竣工结算汇总表：表-05。

5）单项工程竣工结算汇总表：表-06。

6）单位工程竣工结算汇总表：表-07。

5. 分部分项工程和措施项目计价表

1）分部分项工程和单价措施项目清单与计价表：表-08。

2）综合单价分析表：表-09。

3）综合单价调整表：表-10。

4）总价措施项目清单与计价表：表-11。

6. 其他项目计价表

1）其他项目清单与计价汇总表：表-12。

2）暂列金额明细表：表-12-1。

3）材料（工程设备）暂估单价及调整表：表-12-2。

4）专业工程暂估价及结算价表：表-12-3。

5）计日工表：表-12-4。

6）总承包服务费计价表：表-12-5。

7）索赔与现场签证计价汇总表：表-12-6。

8）费用索赔申请（核准）表：表-12-7。

9）现场签证表：表-12-8。

7. 规费、税金项目计价表

规费、税金项目计价表：表-13。

8. 工程计量申请（核准）表

工程计量申请（核准）表：表-14。

9. 合同价款支付申请（核准）表

1）预付款支付申请（核准）表：表-15。

2）总价项目进度款支付分解表：表-16。

3）进度款支付申请（核准）表：表-17。

4）竣工结算款支付申请（核准）表：表-18。

5）最终结清支付申请（核准）表：表-19。

10. 主要材料、工程设备一览表

1）发包人提供材料和工程设备一览表：表-20。

2）承包人提供主要材料和工程设备一览表（适用于造价信息差额调整法）：表-21。

3）承包人提供主要材料和工程设备一览表（适用于价格指数差额调整法）：表-22。

工程量清单计价常用表格格式及填制说明请参见附录A。

二、计价表格使用规定

1）工程计价表宜采用统一格式。各省、自治区、直辖市建设行政主管部门和行业建设主管部门可根据本地区、本行业的实际情况，在《建设工程工程量清单计价规范》GB 50500—2013中附录B至附录L计价表格的基础上补充完善。

2）工程计价表格的设置应满足工程计价的需要，方便使用。

3）工程量清单的编制使用表格包括：封-1、扉-1、表-01、表-08、表-11、表-12（不含表-12-6～表-12-8）、表-13、表-20、表-21或表-22。

4）招标控制价、投标报价、竣工结算的编制使用表格：

① 招标控制价使用表格包括：封-2、扉-2、表-01、表-02、表-03、表-04、表-08、表-09、表-11、表-12（不含表-12-6～表-12-8）、表-13、表-20、表

-21 或表-22。

② 投标报价使用的表格包括：封-3、扉-3、表-01、表-02、表-03、表-04、表-08、表-09、表-11、表-12（不含表- 12 - 6～表- 12 - 8）、表-13、表-16、招标文件提供的表-20、表-21 或表-22。

③ 竣工结算使用的表格包括：封-4、扉-4、表-01、表-05、表-06、表-07、表-08、表-09、表-10、表-11、表-12、表-13、表-14、表-15、表-16、表-17、表-18、表-19、表-20、表-21 或表-22。

5）工程造价鉴定使用表格包括：封-5、扉-5、表-01、表-05～表-20、表-21 或表-22。

6）投标人应按招标文件的要求，附工程量清单综合单价分析表。

第五章　园林工程读图识图与工程量计算

第一节　园林工程工程量计算基础

一、工程量计算的原则

园林绿化工程工程量的计算，通常要遵循以下几点原则：

1）计算口径要一致，避免重复和遗漏。计算工程量时，根据施工图列出分项工程的口径（指分项工程包括的工作内容和范围），必须与预算定额中相应分项工程的口径一致（结合层），避免重复计算。相反，分项工程中涉及的工作内容，而相应预算定额中没有包括时，应另列项目计算。

2）工程量计算规则要一致，避免错算。工程量计算必须与预算定额中规定的工程量计算规则（或工程量计算方法）相一致，确保计算结果准确。

3）计量单位要一致。各分项工程量的计算单位，必须与预算定额中相应项目的计量单位一致。

4）按顺序进行计算。计算工程量时应按照一定的顺序（自定）逐一进行计算，避免重算和漏算。

5）计算精度要统一。为了计算方便，工程量的计算结果统一要求为：除钢材（以“t”为单位）、木材（以“m^3”为单位）取三位小数外，其余项目通常取两位小数，以下四舍五入。

二、工程量计算的步骤

园林绿化工程工程量的计算通常应按下列步骤进行：

1. 列出分项工程项目名称

根据施工图纸，结合施工方案的有关内容，按照一定的计算顺序，逐一列出单位工程施工图预算的分项工程项目名称。所列的分项工程项目名称必须要与预算定额中的相应项目名称一致。

2. 列出工程量计算式

分项工程项目名称列出后，应根据施工图纸所示的部位、尺寸以及数量，按照工程量计算规则，分别列出工程量计算公式。

3. 调整计量单位

通常计算的工程量都是以米（m）、平方米（m^2）、立方米（m^3）等为单位，但预算定额中往往以 10 米（10m）、10 平方米（$10m^2$）、10 立方米（$10m^3$）、100 平方米（$100m^2$）、100 立方米（$100m^3$）等计量。单位一致，便于以后的计算。

4. 套用预算定额进行计算

各项工程量计算完毕经校核后，就可以编制单位工程施工图预算书。

三、工程量计算技巧

1. 熟悉施工图

（1）修正图纸　修正图纸主要是按照图纸会审记录、设计变更通知单的内容修正、订正全套施工图，这样可避免走“回头路”而造成重复劳动。

（2）粗略看图

1）了解工程的基本概况。

2）了解工程所使用的材料以及采取的施工方法。

3）了解施工图的梁表、柱表、混凝土构件统计表、门窗统计表，要对照施工图进行详细核对。一经核对，在计算相应工程量时就可直接利用。

4）了解施工图表示方法。

（3）重点看施工图　看施工图时需要着重注意以下几个问题：

1）房屋室内外的高差，以便在计算基础和室内挖、填工程时利用这个数据。

2）建筑物的层高、墙体、楼地面面层、门窗等相应工程内容是否因楼层或段落不同而有所变化（包括尺寸、材料、做法、数量等变化），以便在有关工程量的计算时区别对待。

3）工业建筑设备基础、地沟等平面布置大概情况，以便于基础和楼地面工程量的计算。

4）建筑物构配件如平台、阳台、雨篷和台阶等的设置情况，以便于计算其工程量时明确所在部位。

2. 合理安排工程量的计算顺序

为了能够准确、快速地计算工程量，合理安排计算顺序非常重要。工程量的计算顺序通常有以下几种：

（1）按施工先后顺序计算　从平整场地、基础挖土算起，一直到装饰工程等全部施工内容结束为止。采用按施工先后顺序计算工程量时，要求具有一定的施工经验，能够掌握组织施工的全部过程，并且要求对定额及图纸内容十分熟悉，否则容易漏项。

（2）按预算定额的分部分项顺序计算　按预算定额的章节、子项目顺序，由前到后，逐项对照，只需核对定额项目内容与图纸设计内容一致即可。按预算定额的分部分项顺序计算首先要求熟悉图纸，要有很好的工程设计基础知识。使用该方法时还需要注意：工程图纸是按使用要求设计的，其平立面造型、内外装修、结构形式以及内容设施千变万化，有些设计采用了新工艺、新材料，或有些零星项目，可能有些项目套不上定额项目，在计算工程量时，应单列出来，待后面编补充定额或补充单位计价表。

（3）按轴线编号顺序计算工程量　该方法适用于计算内外墙的挖地槽、基础、墙砌体装饰等工程。

第二节　绿化工程读图识图与工程量计算

一、绿化工程读图识图

1. 园林植物的画法表现

（1）树木的平面画法表现

1）园林植物的基本画法。园林树木的平面图是指园林树木的水平投影图，如图 5－1a 所示。园林植物绘制的基本笔法如图 5－1b 所示。

园林树木平面图中树的绘制一般采用“图例图示”概括地表现，其方法是圆心用大小不同的黑点表示树木的定植位置和树干的粗细，一个圆圈表示树木成龄以后树冠的形状和大小。为了能够更形象地区分不同种类的植物，常用不同形状的树冠线形来表示。

2）不同树木的平面表现手法。

① 针叶树的表现。园林中针叶树通常选择一些外周有锯齿的平面树形来表示，如图 5－2 所示。

落叶针叶树通常中部留空；常绿针叶树在树冠线平面符号内画出相互平行且间隔相等或有渐变变化的 45°细实线。

如果是手工表现图，线条则要活，还要强调手工线条的艺术性。

如果是工具图，则要画的比较规范。一般先用圆规进行辅助绘图，按照冠径和比例尺的大小，先画出辅助圆，然会再用特细钢笔画出圆的外部锯齿，如果比较熟练，也可以直接用特细钢笔画锯齿树例。

② 阔叶树的表现。阔叶树的树冠线一般为圆弧线或波浪线，且常绿阔叶树多表现为浓密的叶子，并在树冠内加画平行斜线，落叶阔叶树的冬态多用分枝形或枝叶形表现，如图 5－3 所示。

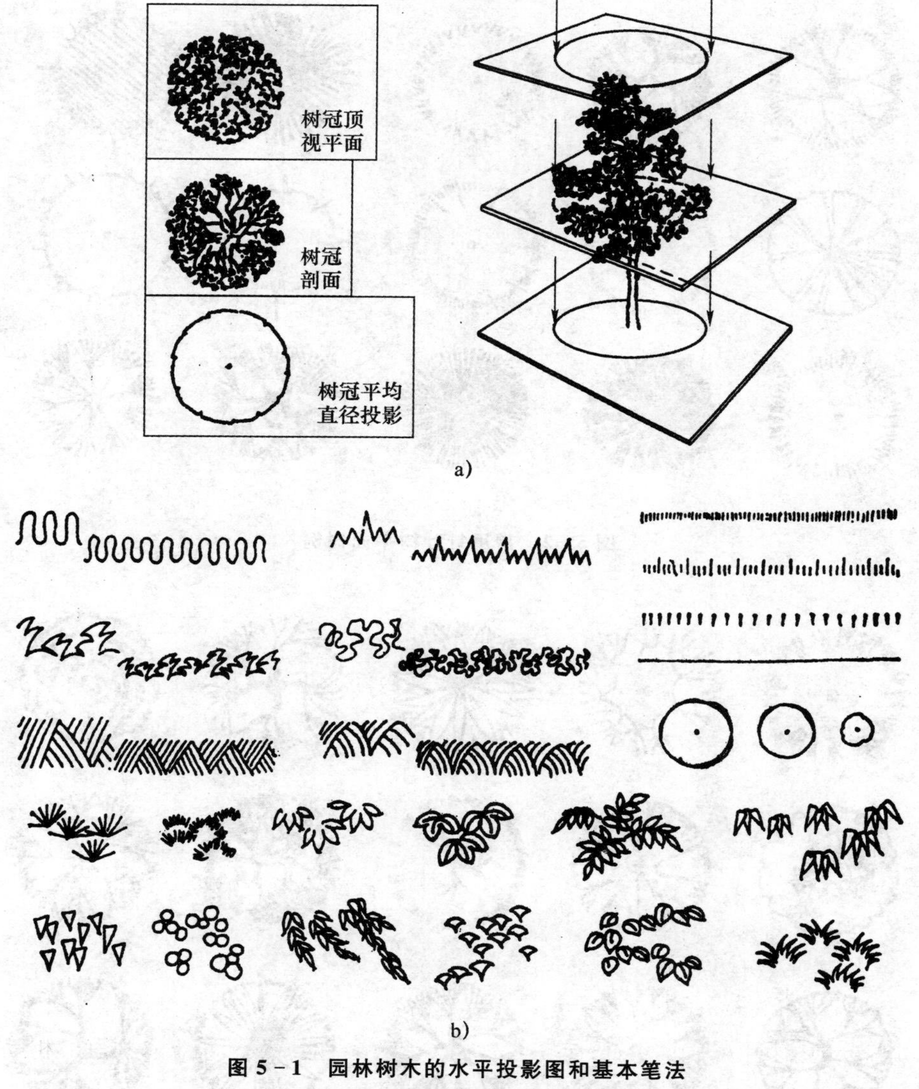

图 5－1　园林树木的水平投影图和基本笔法

a）园林树木水平投影；b）植物绘制基本笔法

③ 树丛、树群、树林的表现。树丛、树群、树林也是由一棵棵树组成的，一般先确定其种植点的位置，再依据树木的大小和形态、按比例尺画出其大小和树形，注意单棵树之间的大小变化，形成对比。当表示几株相连的相同树木的平面时，应互相避让，使图形形成整体；当表示成群树木的平面时可连成一片；当表示成林的平面时可勾勒林缘线，如图 5－4 所示。

④ 花灌木和地被植物的表现。园林中的花灌木成片种植较多，所以常用花灌木冠幅外缘连线来表示，如图 5－5 所示。

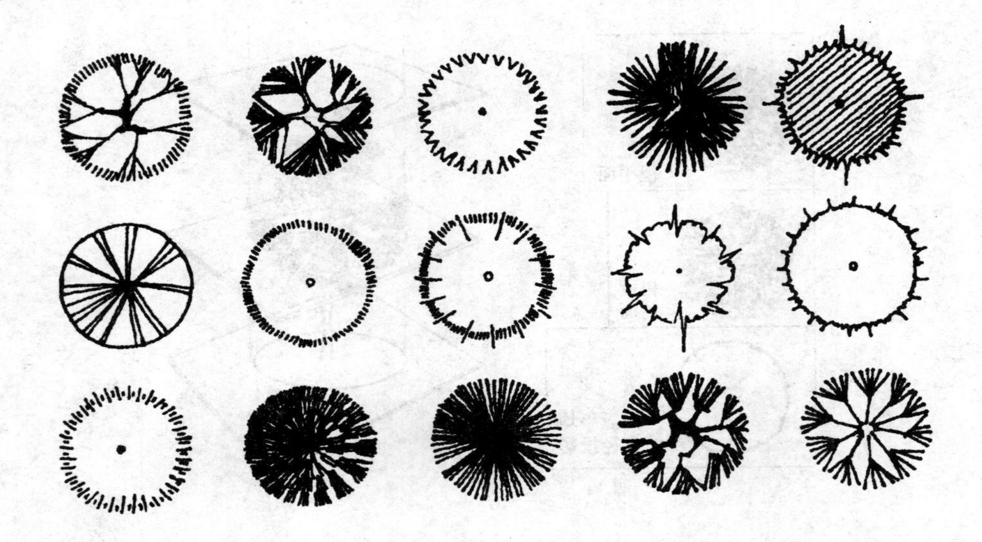

图 5－2　常用针叶树平面树例

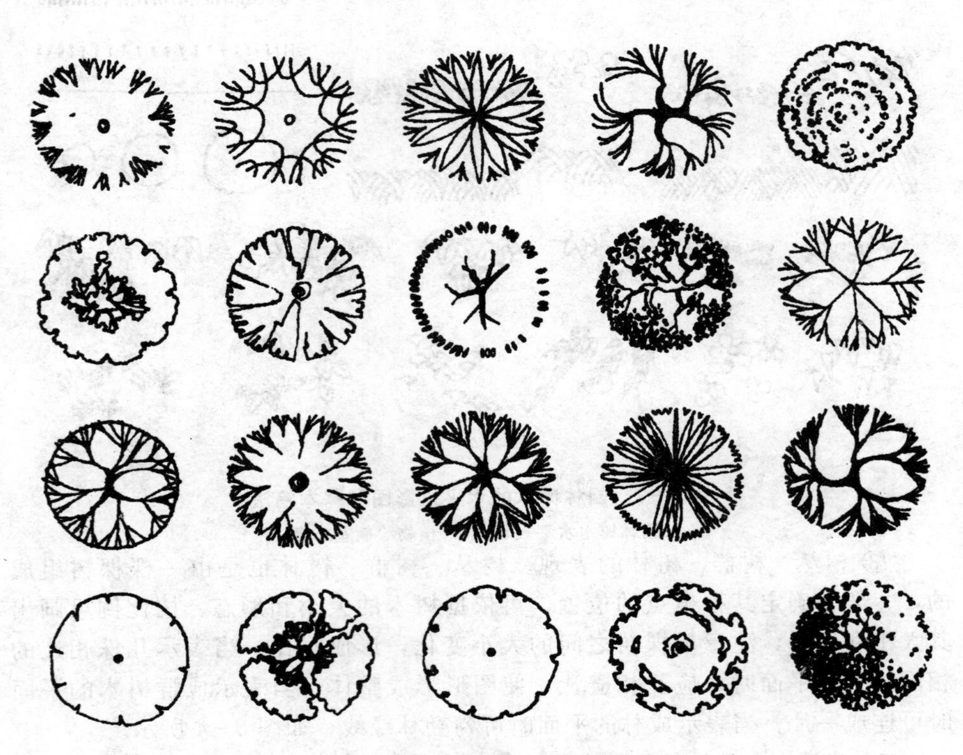

图 5－3　常用阔叶树平面树例

图 5－4　树丛、树群的表现

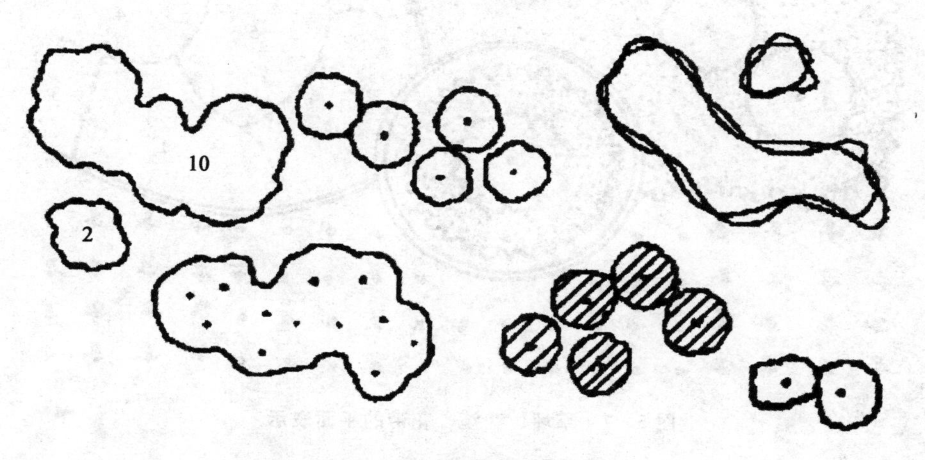

图 5－5　花灌木的平面表示

⑤ 绿篱、模纹的表现。绿篱按其所选用的树种可分为针叶绿篱和阔叶绿篱。

常绿绿篱多采用斜线或弧线交叉表示，如图 5－6a 所示；落叶绿篱只画绿篱外轮廓线，加上种植位置的“黑点”来表示，如图 5－6b 所示。修剪绿篱外轮廓线整齐、平直，不修剪的绿篱外轮廓线为自然曲线。

⑥ 草坪、草地和花卉的表现。平面图上常用草地衬托树木，草坪用小圆点、线点来表示。点草地时，草地边缘、建筑边缘处一般点得密些，然后逐

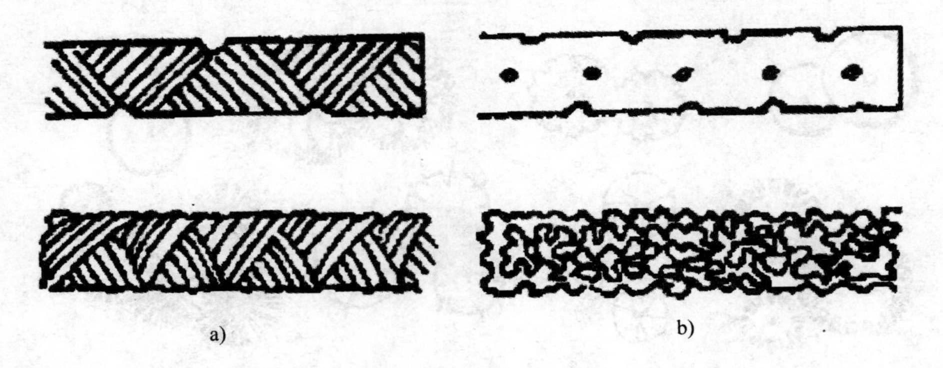

图 5－6　绿篱的平面表示

a）常绿绿篱　b）落叶绿篱

渐越点越稀。花卉种类很多，可自行创造一些花卉图案表示花卉，也可用自然曲线画出花卉种植范围，中间用小圆圈表示花卉。花带用连续曲线画出花纹来表示；花镜可用虚线表示，如图 5－7 所示。

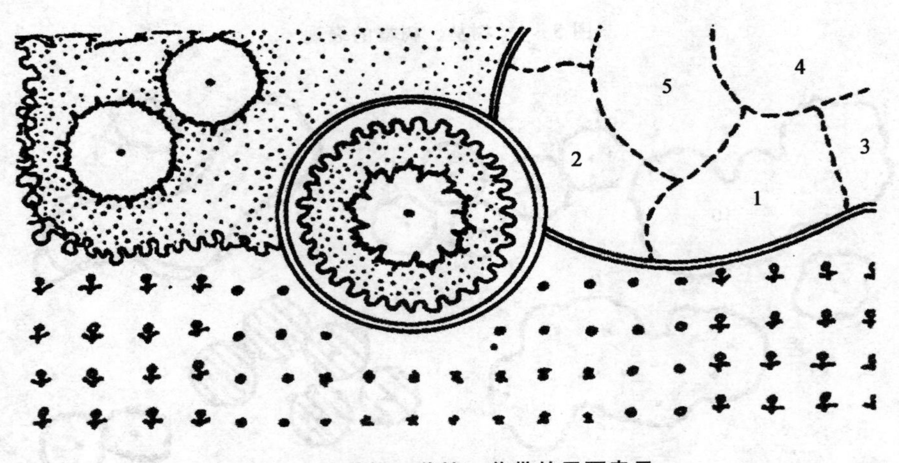

图 5－7　草坪、花镜、花带的平面表示

（2）植物的立面画法表现

1）乔木的立面表现。园林植物的立面画法表现主要应用于园林建筑单体设计中立面图的配景中，另外在有些剖面图中也会用到园林植物的立面画法。

树木的立面表示方法可分成轮廓、分枝和质感等几大类型，但有时并不十分严格。树木的立面表现形式有写实的，也有图案的或稍加变形的，其风格应与树木平面和整个图画相一致，图案化的立面表现是比较理想的设计表现形式。树木立面图中枝干、冠叶等的具体画法可参考效果表现部分中树木的画法。图 5－8、图 5－9 所示为园林植物立面画法。

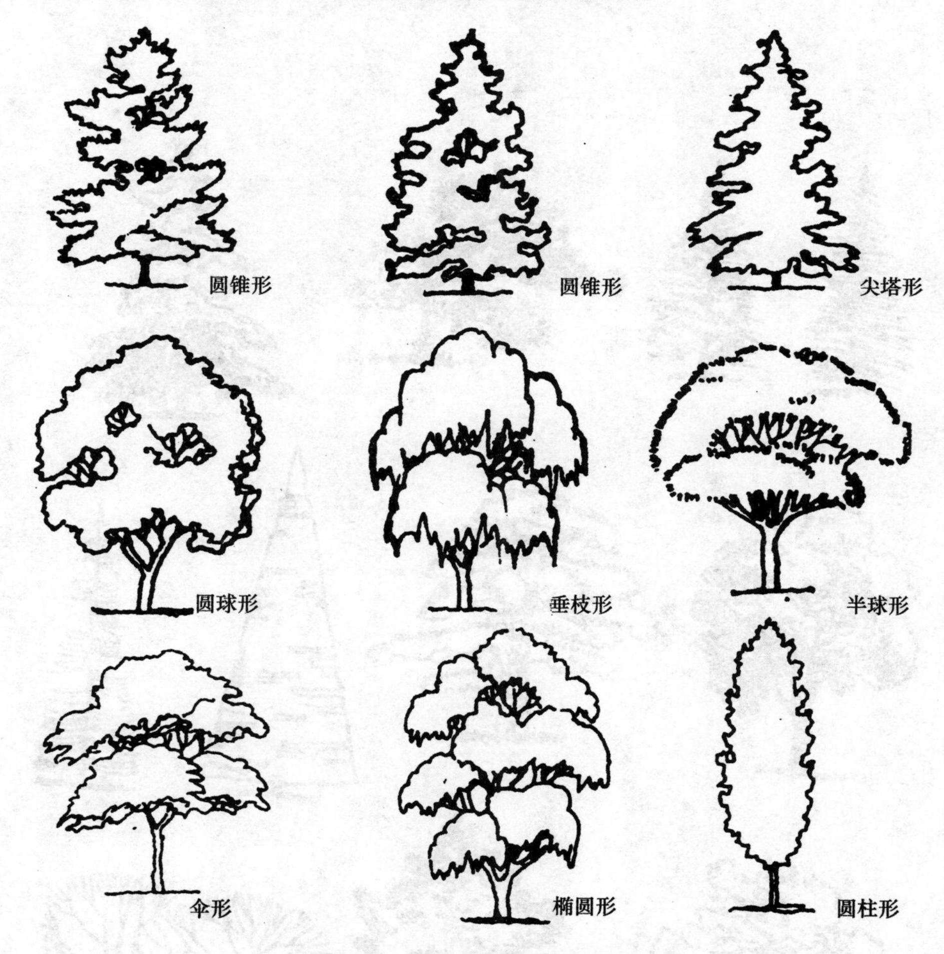

图 5－8　园林植物立面画法表现（一）

2）灌木的立面表现。在绘制灌木的立面图时，一般只用有一定变化的线、点或简单图形描绘灌木（丛）冠的轮廓线，再在轮廓线内按花叶的排列方向，根据光影效果画出有一定变化的线、点或简单图形，表示出花叶，分出空间层次从而表示空间感（图 5－10）。

3）绿篱的立面表现。绿篱的立面、效果表现一般与灌木相同，但要注意绿篱造型感和尺度的表达，如图 5－11 所示。

2. 绿化工程常用识图图例

（1）园林绿地规划设计图例　园林绿地规划设计图例见表 5－1。

图 5-9 园林植物立面画法表现（二）

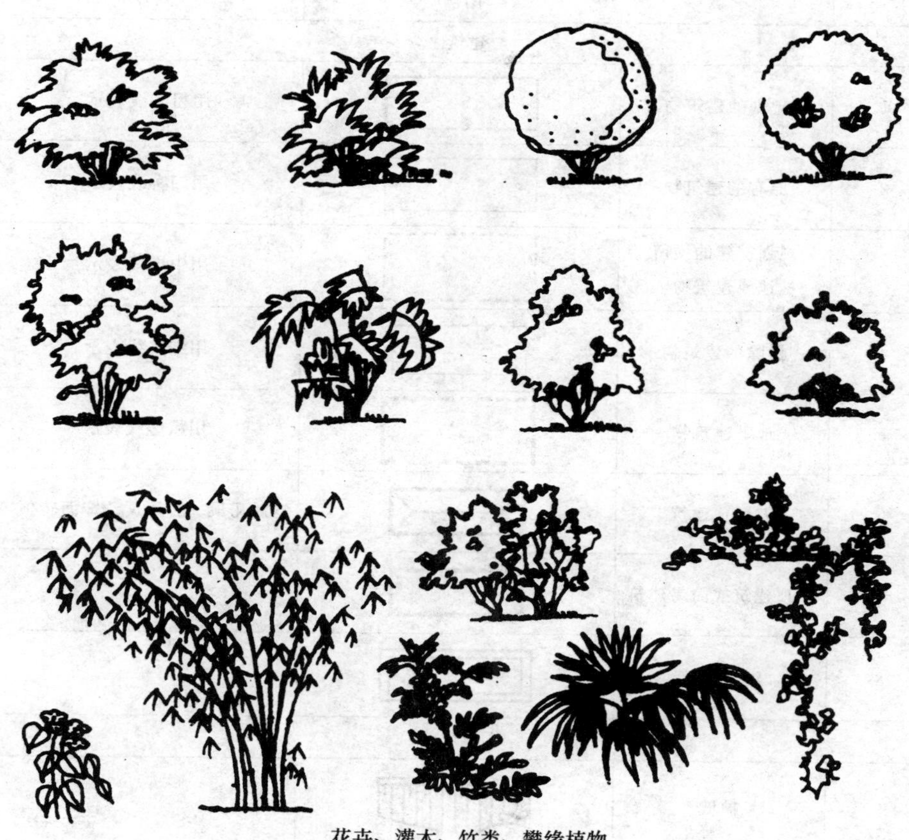

花卉、灌木、竹类、攀缘植物

图 5－10　灌木的立面图绘制

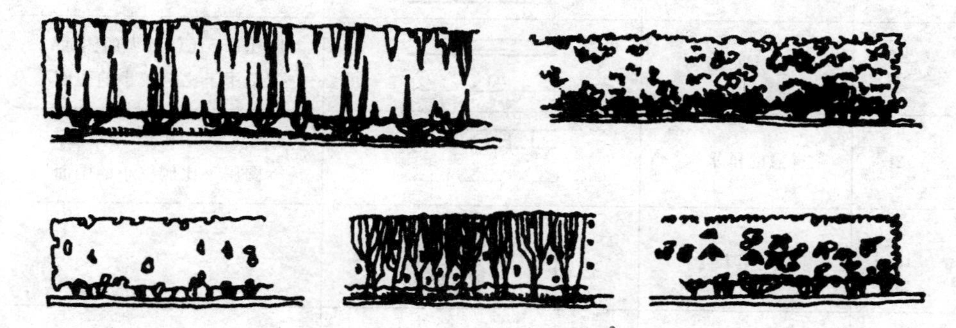

图 5－11　绿篱的立面画法表现

表 5-1　园林绿地规划设计图例

序号	名称	图例	说明
		建筑	
1	规划的建筑物		用粗实线表示
2	原有的建筑物		用细实线表示
3	规划扩建的预留地或建筑物		用中虚线表示
4	拆除的建筑物		用细实线表示
5	地下建筑物		用粗虚线表示
6	坡屋顶建筑		包括瓦顶、石片顶、饰面砖顶等
7	草顶建筑或简易建筑		—
8	温室建筑		—
		工程设施	
9	护坡		—
10	挡土墙		突出的一侧表示被挡土的一方
11	排水明沟		上图用于比例较大的图面；下图用于比例较小的图面
12	有盖的排水沟		上图用于比例较大的图面；下图用于比例较小的图面
13	雨水井		—
14	消火栓井		—

续表

序号	名称	图例	说明
15	喷灌点		—
16	道路		—
17	铺装路面		—
18	台阶	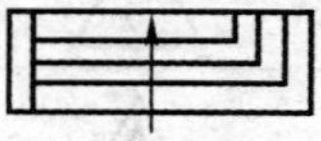	箭头指向表示向上
19	铺砌场地	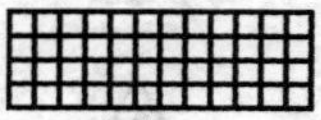	也可依据设计形态表示
20	车行桥	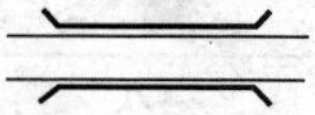	也可依据设计形态表示
21	人行桥	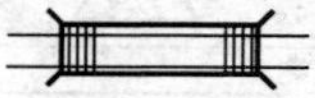	
22	亭桥		—
23	铁索桥		—
24	汀步	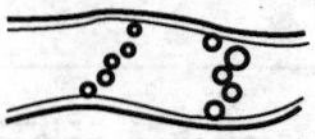	—
25	涵洞		—
26	水闸		—
27	码头	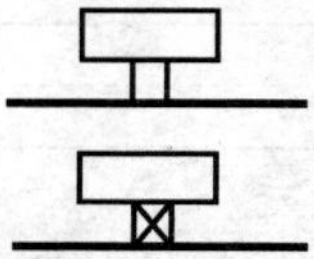	上图为固定码头； 下图为浮动码头
28	驳岸	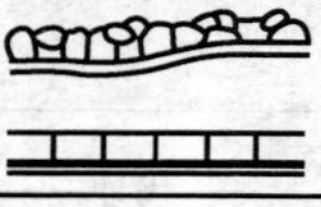	上图为假山石自然式驳岸； 下图为整形砌筑规划式驳岸

（2）城市绿地系统规划图例　城市绿地系统规划图例见表 5－2。

表 5－2　城市绿地系统规划图例

序号	名称	图例	说明
工程设施			
1	电视差转台	TV	—
2	发电站		—
3	变电所		—
4	给水厂		—
5	污水处理厂		—
6	垃圾处理站		—
7	公路、汽车游览路		上图以双线表示，用中实线；下图以单线表示，用粗实线
8	小路、步行游览路		上图以双线表示，用细实线；下图以单线表示，用中实线
9	山地步游小路		上图以双线加台阶表示，用细实线；下图以单线表示，用虚线
10	隧道		—
11	架空索道线		—
12	斜坡缆车线		—
13	高架轻轨线		—
14	水上游览线		细虚线
15	架空电力电信线	—○—代号—○—	粗实线中插入管线代号，管线代号按现行国家有关标准的规定标注
16	管线	——代号——	—

续表

序号	名称	图例	说明
用地类型			
17	村镇建设地	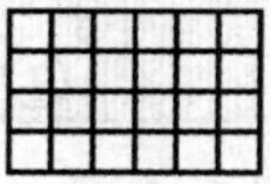	—
18	风景游览地	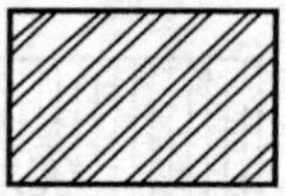	图中斜线与水平线成45°角
19	旅游度假地		—
20	服务设施地	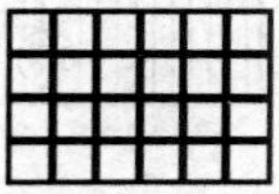	—
21	市政设施地	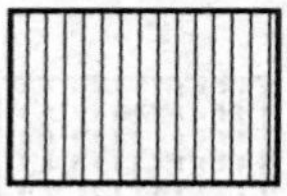	—
22	农业用地	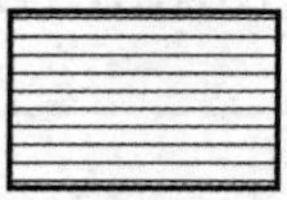	—
23	游憩、观赏绿地	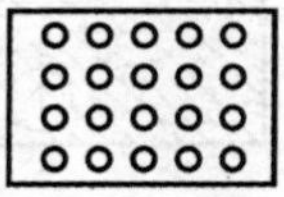	—
24	防护绿地		—
25	文物保护地	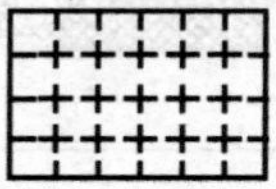	包括地面和地下两大类，地下文物保护地外框用粗虚线表示
26	苗圃、花圃用地	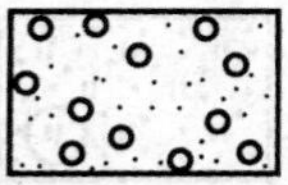	—
27	特殊用地	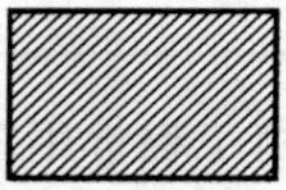	—

续表

序号	名称	图例	说明
28	针叶林地	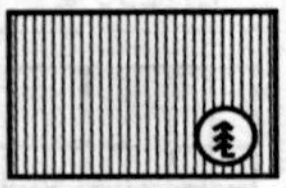	需区分天然林地、人工林地时，可用细线界框表示天然林地，粗线界框表示人工林地
29	阔叶林地	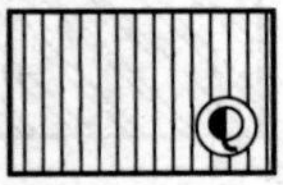	
30	针阔混交林地	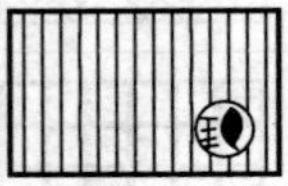	—
31	灌木林地	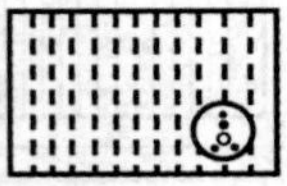	—
32	竹林地	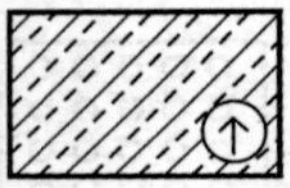	—
33	经济林地	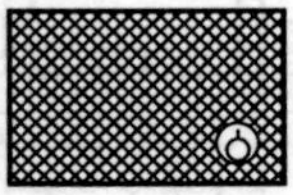	—
34	草原、草甸	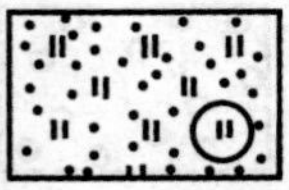	—

(3) 种植工程常用图例　种植工程常用图例见表 5-3～表 5-5。

表 5-3　植物

序号	名称	图例	说明
1	落叶阔叶乔木		落叶乔、灌木均不填斜线；常绿乔、灌木加画 45°细斜线。 阔叶树的外围线用弧裂形或圆形线；针叶树的外围线用锯齿形或斜刺形线。 乔木外形成圆形；灌木外形成不规则形。 乔木图例中粗线小圆表示现有乔木，细线小十字表示设计乔木；灌木图例中黑点表示种植位置。 凡大片树林可省略图例中的小圆、小十字及黑点
2	常绿阔叶乔木	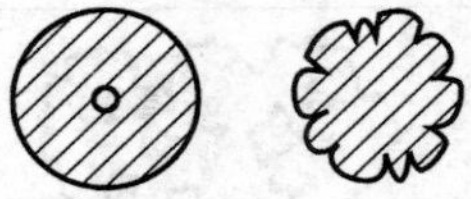	
3	落叶针叶乔木	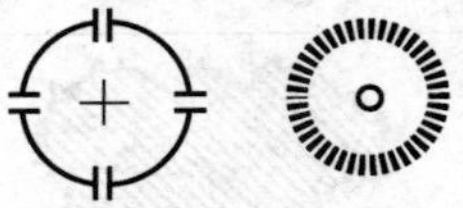	
4	常绿针叶乔木		
5	落叶灌木		
6	常绿灌木		
7	阔叶乔木疏林		—
8	针叶乔木疏林		常绿林或落叶林根据图画表现的需要加或不加 45°细斜线
9	阔叶乔木密林		—
10	针叶乔木密林		—

续表

序号	名称	图例	说明
11	落叶灌木疏林	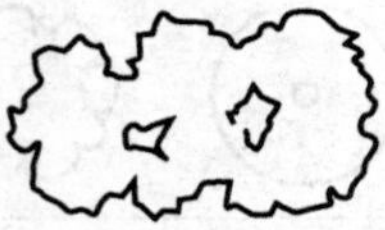	—
12	落叶花灌木疏林	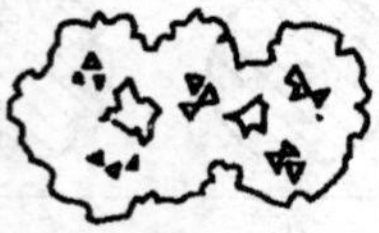	—
13	常绿灌木密林	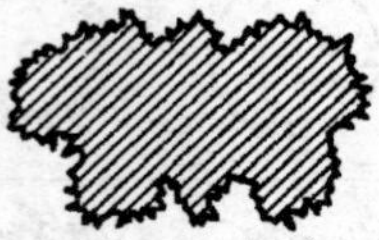	—
14	常绿花灌木密林	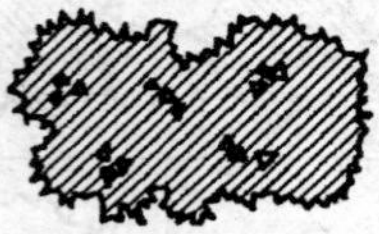	—
15	自然形绿篱		—
16	整形绿篱		—
17	镶边植物		—
18	一、二年生草木花卉	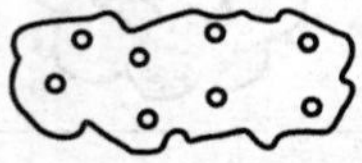	—
19	多年生及宿根草木花卉		—
20	一般草皮	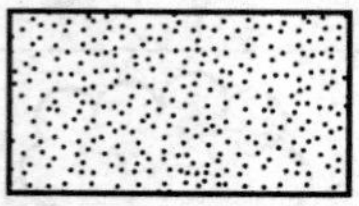	—
21	缀花草皮	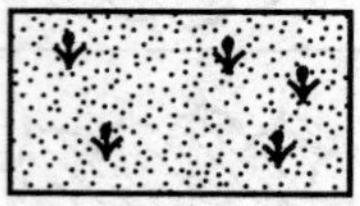	—
22	整形树木		—

续表

序号	名称	图例	说明
23	竹丛		—
24	棕榈植物		—
25	仙人掌植物	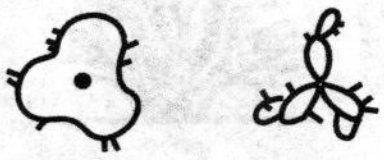	—
26	藤本植物		—
27	水生植物	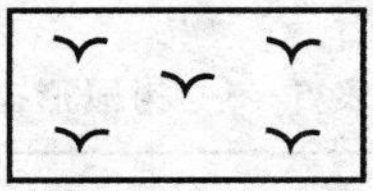	—

表 5-4　枝干形态

序号	名称	图例	说明
1	主轴干侧分枝形	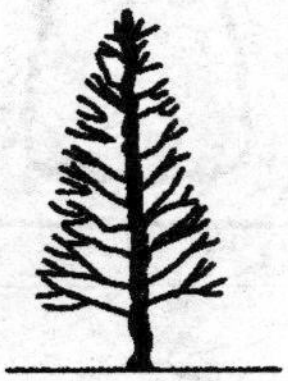	—
2	主轴干无分枝形		—
3	无主轴干多枝形		—

续表

序号	名称	图例	说明
4	无主轴干垂枝形		—
5	无主轴干丛生形		—
6	无主轴干匍匐形		—

表 5-5　树冠形态

序号	名称	图例	说明
1	圆锥形		树冠轮廓线，凡针叶树用锯齿形，凡阔叶树用弧裂形表示
2	椭圆形		—
3	圆球形	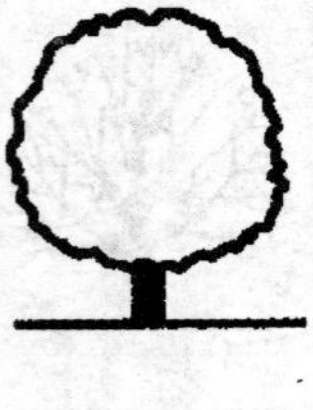	—

续表

序号	名称	图例	说明
4	垂枝形		—
5	伞形		—
6	匍匐形		—

（4）绿地喷灌工程图例　绿地喷灌工程图例见表 5－6。

表 5－6　绿地喷灌工程图例

序号	名称	图例	说明
1	永久螺栓	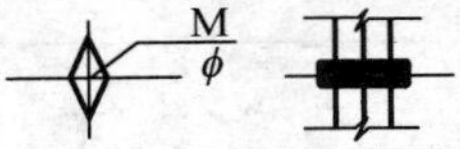 M φ	1. 细“＋”线表示定位线 2. M 表示螺栓型号 3. φ 表示螺栓孔直径 4. d 表示膨胀螺栓、电焊铆钉直径 5. 采用引出线标注螺栓时，横线上标注螺栓规格，横线下标注螺栓孔直径 6. b 表示长圆形螺栓孔的宽度
2	高强螺栓	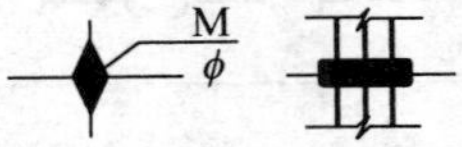 M φ	
3	安装螺栓	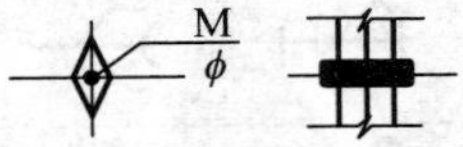 M φ	
4	胀锚螺栓	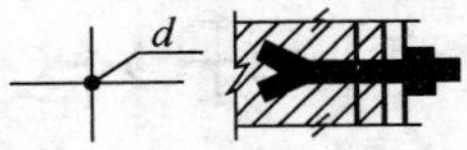 d	
5	圆形螺栓孔	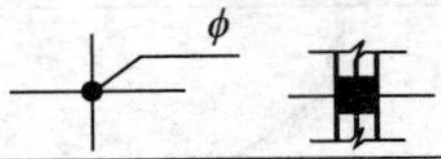 φ	
6	长圆形螺栓孔	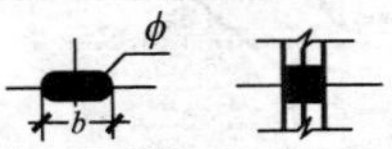 φ b	
7	电焊铆钉	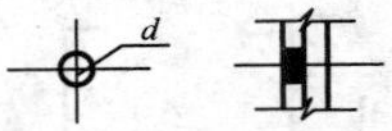 d	
8	偏心异径管		—
9	异径管	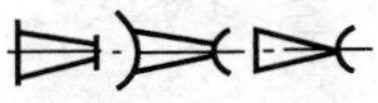	—

续表

序号	名称	图例	说明
10	乙字管	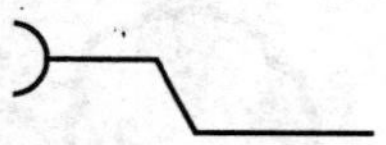	—
11	喇叭口	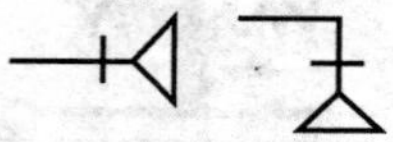	—
12	转动接头	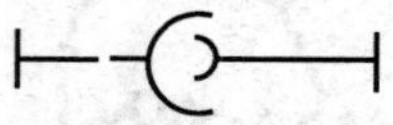	—
13	短管	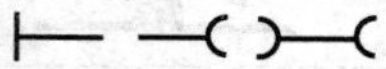	—
14	存水弯	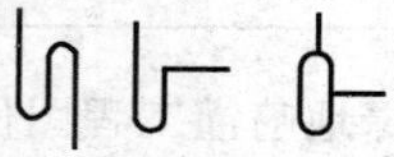	—
15	弯头	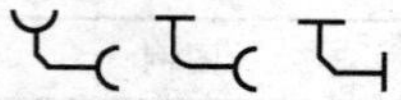	—
16	正三通	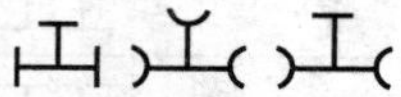	—
17	斜三通	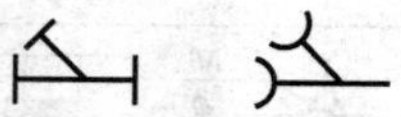	—
18	正四通		—
19	斜四通	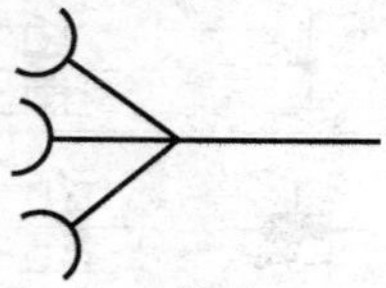	—
20	浴盆排水件	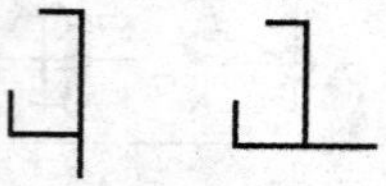	—
21	闸阀		—

续表

序号	名称	图例	说明
22	电动阀		—
23	液动阀		—
24	气动阀		—
25	底阀		—
26	气开隔膜阀	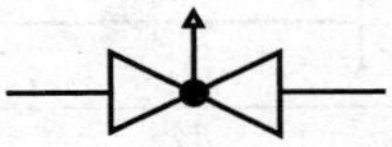	—
27	气闭隔膜阀		—
28	温度调节阀	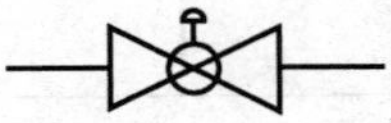	—
29	压力调节阀		—
30	电磁阀	 M	—
31	消声止回阀		—
32	平衡锤安全阀	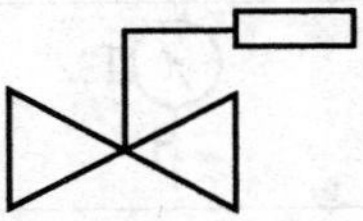	—
33	承插连接	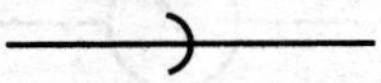	—

续表

序号	名称	图例	说明
34	管堵		—
35	法兰堵盖		—
36	弯折管		表示管道向后及向下弯转 90°
37	三通连接	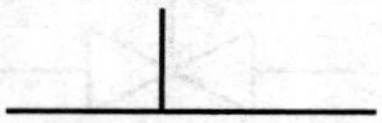	—
38	四通连接	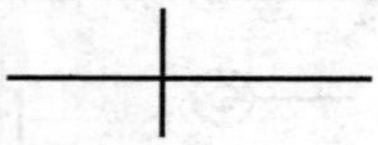	—
39	盲板		—
40	管道丁字上接	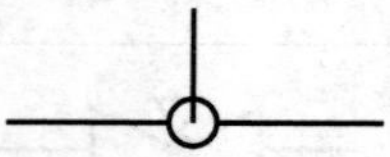	—
41	管道丁字下接	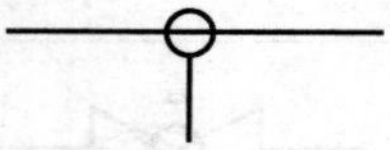	—
42	管道交叉	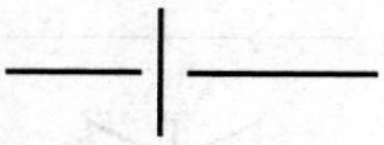	在下方和后面的管道应断开
43	温度计		—
44	压力表		—
45	自动记录压力表		—
46	压力控制器		—
47	水表		—

续表

序号	名称	图例	说明
48	自动记录流量计		—
49	转子流量计		—
50	真空表		—
51	温度传感器	T	—
52	压力传感器	P	—
53	pH 值传感器	pH	—
54	酸传感器	H	—
55	碱传感器	Na	—
56	氯传感器	Cl	—

3. 园林植物配制图识读

(1) 园林植物配制图的内容　园林植物配置图（又称园林植物种植设计图）是用相应的平面图例在图纸上表示设计植物的种类、数量、规格、种植位置，根据图纸比例和植物种类的多少在图例内用阿拉伯数字对植物进行编号或直接用文字予以说明的图纸，具体包含的内容主要有：

1) 苗木表。通常在图面上适当位置用列表的方式绘制苗木统计表，具体统计并详细说明设计植物的编号、图例、种类、规格（包括树干直径、高度或冠幅）和数量等。

2) 施工说明。对植物选苗、栽植和养护过程中需要注意的问题进行说明。

3）植物种植位置。通过不同图例区分植物种类。

4）植物种植点的定位尺寸。种植位置用坐标网格进行控制，还可直接在图纸上用具体尺寸标出株间距、行间距以及端点植物与参照物之间的距离。

5）某些有着特殊要求的植物景观还需给出这一景观的施工放样图和剖、断面图。

园林植物种植设计图是组织种植施工、编制预算、养护管理及工程施工监理和验收的重要依据，它应能准确表达出种植设计的内容和意图，并且对于施工组织、施工管理以及后期的养护都具有很重要的作用。

（2）园林植物配制图的识读

1）看标题栏、比例、指北针（或风玫瑰图）及设计说明。了解工程名称、性质、所处方位（及主导风向），明确工程的目的、设计范围、设计意图，了解绿化施工后应达到的效果。

2）看植物图例、编号、苗木统计表及文字说明。根据图示各植物编号，对照苗木统计表及技术说明了解植物的种类、名称、规格、数量等，验核或编制种植工程预算。

3）看图示植物种植位置及配置方式。根据图示植物种植位置及配置方式，分析种植设计方案是否合理，植物栽植位置与建筑及构筑物和市政管线之间的距离是否符合有关设计规范的规定等技术要求。

4）看植物的种植规格和定位尺寸，明确定点放线的基准。

5）看植物种植详图，明确具体种植要求，组织种植施工。

二、园林绿化工程清单工程量计算规则

1. 绿地整理

绿地整理工程量清单项目设置、项目特征描述的内容、计量单位及工程量计算规则，应按表 5－7 的规定执行。

表 5－7　绿地整理（编码：050101）

项目编码	项目名称	项目特征	计量单位	工程量计算规则	工程内容
050101001	砍伐乔木	树干胸径	株	按数量计算	1. 砍伐 2. 废弃物运输 3. 场地清理
050101002	挖树根（蔸）	地径			1. 挖树根 2. 废弃物运输 3. 场地清理

续表

项目编码	项目名称	项目特征	计量单位	工程量计算规则	工程内容
050101003	砍挖灌木丛及根	丛高或蓬径	1. 株 2. m^2	1. 以株计量，按数量计算 2. 以平方米计量，按面积计算	1. 砍挖 2. 废弃物运输 3. 场地清理
050101004	砍挖竹及根	根盘直径	1. 株 2. 丛	按数量计算	
050101005	砍挖芦苇（或其他水生植物）及根	根盘丛径	m^2	按面积计算	
050101006	清除草皮	草皮种类			1. 除草 2. 废弃物运输 3. 场地清理
050101007	清除地被植物	植物种类			1. 清除植物 2. 废弃物运输 3. 场地清理
050101008	屋面清理	1. 屋面做法 2. 屋面高度		按设计图示尺寸以面积计算	1. 原屋面清扫 2. 废弃物运输 3. 场地清理
050101009	种植土回（换）填	1. 回填土质要求 2. 取土运距 3. 回填厚度	1. m^3 2. 株	1. 以立方米计量，按设计图示回填面积乘以回填厚度以体积计算 2. 以株计量，按设计图示数量计算	1. 土方挖、运 2. 回填 3. 找平、找坡 4. 废弃物运输
050101010	整理绿化用地	1. 回填土质要求 2. 取土运距 3. 回填厚度 4. 找平找坡要求 5. 弃渣运距	m^2	按设计图示尺寸以面积计算	1. 排地表水 2. 土方挖、运 3. 耙细、过筛 4. 回填 5. 找平、找坡 6. 拍实 7. 废弃物运输

续表

项目编码	项目名称	项目特征	计量单位	工程量计算规则	工程内容
050101011	绿地起坡造型	1. 回填土质要求 2. 取土运距 3. 起坡平均高度	m^3	按设计图示尺寸以体积计算	1. 排地表水 2. 土方挖、运 3. 耙细、过筛 4. 回填 5. 找平、找坡 6. 废弃物运输
050101012	屋顶花园基底处理	1. 找平层厚度、砂浆种类、强度等级 2. 防水层种类、做法 3. 排水层厚度、材质 4. 过滤层厚度、材质 5. 回填轻质土厚度、种类 6. 屋面高度 7. 阻根层厚度、材质、做法	m^2	按设计图示尺寸以面积计算	1. 抹找平层 2. 防水层铺设 3. 排水层铺设 4. 过滤层铺设 5. 填轻质土壤 6. 阻根层铺设 7. 运输

注：1. 整理绿化用地项目包含厚度≤300mm 回填土，厚度＞300mm 回填土。

2. 填方密实度要求，在无特殊要求情况下，项目特征可描述为满足设计和规范的要求。

3. 填方材料品种可以不描述，但应注明由投标人根据设计要求验方后方可填入，并符合相关工程的质量规范要求。

4. 填方粒径要求，在无特殊要求情况下，项目特征可以不描述。

5. 如需买土回填应在项目特征填方来源中描述，并注明买土方数量。

2. 栽植花木

栽植花木工程量清单项目设置、项目特征描述的内容、计量单位及工程量计算规则，应按表 5－8 的规定执行。

表 5-8　栽植花木（编码：050102）

项目编码	项目名称	项目特征	计量单位	工程量计算规则	工程内容
050102001	栽植乔木	1. 种类 2. 胸径或干径 3. 株高、冠径 4. 起挖方式 5. 养护期	株	按设计图示数量计算	1. 起挖 2. 运输 3. 栽植 4. 养护
050102002	栽植灌木	1. 种类 2. 跟盘直径 3. 冠丛高 4. 蓬径 5. 起挖方式 6. 养护期	1. 株 2. m^2	1. 以株计量，按设计图示数量计算 2. 以平方米计量，按设计图示尺寸以绿化水平投影面积计算	
050102003	栽植竹类	1. 竹种类 2. 竹胸径或根盘丛径 3. 养护期	1. 株 2. 丛	按设计图示数量计算	
050102004	栽植棕榈类	1. 种类 2. 株高、地径 3. 养护期	株		
050102005	栽植绿篱	1. 种类 2. 篱高 3. 行数、蓬径 4. 单位面积株数 5. 养护期	1. m 2. m^2	1. 以米计量，按设计图示长度以延长米计算 2. 以平方米计量，按设计图示尺寸以绿化水平投影面积计算	
050102006	栽植攀缘植物	1. 植物种类 2. 地径 3. 单位面积株数 4. 养护期	1. 株 2. m	1. 以株计量，按设计图示数量计算 2. 以米计量，按设计图示种植长度以延长米计算	
050102007	栽植色带	1. 苗木、花卉种类 2. 株高或蓬径 3. 单位面积株数 4. 养护期	m^2	按设计图示尺寸以面积计算	

续表

项目编码	项目名称	项目特征	计量单位	工程量计算规则	工程内容
050102008	栽植花卉	1. 花卉种类 2. 株高或蓬径 3. 单位面积株数 4. 养护期	1. 株（丛、缸） 2. m^2	1. 以株（丛、缸）计量，按设计图示数量计算 2. 以平方米计量，按设计图示尺寸以水平投影面积计算	1. 起挖 2. 运输 3. 栽植 4. 养护
050102009	栽植水生植物	1. 植物种类 2. 株高或蓬径或芽数/株 3. 单位面积株数 4. 养护期	1. 丛(缸) 2. m^2		
050102010	垂直墙体绿化种植	1. 植物种类 2. 生长年数或地（干）径 3. 栽植容器材质、规格 4. 栽植基质种类、厚度 5. 养护期	1. m^2 2. m	1. 以平方米计量，按设计图示尺寸以绿化水平投影面积计算 2. 以米计量，按设计图示种植长度以延长米计算	1. 起挖 2. 运输 3. 栽植容器安装 4. 栽植 5. 养护
050102011	花卉立体布置	1. 草本花卉种类 2. 高度或蓬径 3. 单位面积株数 4. 种植形式 5. 养护期	1. 单体（处） 2. m^2	1. 以单体（处）计量，按设计图示数量计算 2. 以平方米计量，按设计图示尺寸以面积计算	1. 起挖 2. 运输 3. 栽植 4. 养护
050102012	铺种草皮	1. 草皮种类 2. 铺种方式 3. 养护期	m^2	按设计图示尺寸以绿化投影面积计算	1. 起挖 2. 运输 3. 铺底砂（土） 4. 栽植 5. 养护
050102013	喷播植草（灌木）籽	1. 基层材料种类规格 2. 草（灌木）籽种类 3. 养护期			1. 基层处理 2. 坡地细整 3. 喷播 4. 覆盖 5. 养护
050102014	植草砖内植草	1. 草坪种类 2. 养护期			1. 起挖 2. 运输 3. 覆土（砂） 4. 栽植 5. 养护
050102015	挂网	1. 种类 2. 规格		按设计图示尺寸以挂网投影面积计算	1. 制作 2. 运输 3. 安放

续表

项目编码	项目名称	项目特征	计量单位	工程量计算规则	工程内容
050102016	箱/钵栽植	1. 箱/钵体材料品种 2. 箱/钵外形尺寸 3. 栽植植物种类、规格 4. 土质要求 5. 防护材料种类 6. 养护期	个	按设计图示箱/钵数量计算	1. 制作 2. 运输 3. 安放 4. 栽植 5. 养护

注：1. 挖土外运、借土回填、挖（凿）土（石）方应包括在相关项目内。
2. 苗木计算应符合下列规定：
1）胸径应为地表面向上 1.2m 高处树干直径。
2）冠径又称冠幅，应为苗木冠丛垂直投影面的最大直径和最小直径之间的平均值。
3）蓬径应为灌木、灌丛垂直投影面的直径。
4）地径应为地表面向上 0.1m 高处树干直径。
5）干径应为地表面向上 0.3m 高处树干直径。
6）株高应为地表面至树顶端的高度。
7）冠丛高应为地表面至乔（灌）木顶端的高度。
8）篱高应为地表面至绿篱顶端的高度。
9）养护期应为招标文件中要求苗木种植结束后承包人负责养护的时间。
3. 苗木移（假）植应按花木栽植相关项目单独编码列项。
4. 土球包裹材料、树体输液保湿及喷洒生根剂等费用包含在相应项目内。
5. 墙体绿化浇灌系统按“绿地喷灌”相关项目单独编码列项。
6. 发包人如有成活率要求时，应在特征描述中加以描述。

3. 绿地喷灌

绿地喷灌工程量清单项目设置、项目特征描述的内容、计量单位及工程量计算规则，应按表 5－9 的规定执行。

表 5－9　绿地喷灌（编码：050103）

项目编码	项目名称	项目特征	计量单位	工程量计算规则	工程内容
050103001	喷灌管线安装	1. 管道品种、规格 2. 管件品种、规格 3. 管道固定方式 4. 防护材料种类 5. 油漆品种、刷漆遍数	m	按设计图示管道中心线长度以延长米计算，不扣除检查（阀门）井、阀门、管件及附件所占的长度	1. 管道铺设 2. 管道固筑 3. 水压试验 4. 刷防护材料、油漆

续表

项目编码	项目名称	项目特征	计量单位	工程量计算规则	工程内容
050103002	喷灌配件安装	1. 管道附件、阀门、喷头品种、规格 2. 管道附件、阀门、喷头固定方式 3. 防护材料种类 4. 油漆品种、刷漆遍数	个	按设计图示数量计算	1. 管道附件、阀门、喷头安装 2. 水压试验 3. 刷防护材料、油漆

注：1. 挖填土石方应按现行国家标准《房屋建筑与装饰工程工程量计算规范》GB 50854—2013 附录 A 相关项目编码列项。

2. 阀门井应按现行国家标准《市政工程工程量计算规范》GB 50857—2013 相关项目编码列项。

三、园林绿化工程定额工程量计算规则

1. 绿地整理工程工程量计算

(1) 勘察现场

1) 工作内容：绿化工程施工前需要进行现场调查，对架高物、地下管网、各种障碍物以及水源、地质、交通等状况进行全面了解，并做好施工安排或施工组织设计。

2) 工程量：以植株计算，灌木类以每丛折合 1 株，绿篱每 1 延长米折合 1 株，乔木不分品种规格一律按“株”计算。

(2) 清理绿化用地

1) 工作内容：清理现场，土厚在±30cm 之内的挖、填、找平，按设计标高整理地面，渣土集中，装车外运。

① 人工平整：地面凹凸高差在±30cm 以内的就地挖、填、找平；凡高差超出±30cm 的，每 10cm 增加人工费 35%，不足 10cm 的按 10cm 计算。

② 机械平整：无论地面凹凸高差多少，一律执行机械平整。

2) 工程量：工程量以“$10m^2$”计算。

① 拆除障碍物：视实际拆除体积以“m^3”计算。

② 平整场地：按设计供栽植的绿地范围以“m^2”计算。

③ 客土工程量计算规则：裸根乔木、灌木、攀缘植物和竹类，按其不同坑体规格以“株”计算；土球苗木，按不同球体规格以“株”计算；木箱苗木，按不同的箱体规格以“株”计算；绿篱，按不同槽（沟）断面，分单行双行以“m”计算；色块、草坪、花卉，按种植面积以“m^2”计算。

④ 人工整理绿化用地是指±30cm 范围内的平整，超出该范围时按照人工

挖土方相应的子目规定计算。

⑤ 机械施工的绿化用地的挖、填土方工程，其大型机械进出场费均按地方定额中关于大型机械进出场费的规定执行，列入其独立土石方工程概算。

⑥ 整理绿化用地渣土外运的工程量分以下两种情况以“m^3”计算：

a. 自然地坪与设计地坪标高相差在±30cm以内时，整理绿化用地渣土量按每平方米0.05m^3计算。

b. 自然地坪与设计地坪标高相差在±30cm以外时，整理绿化用地渣土量按挖土方与填土方之差计算。

2. 园林植树工程工程量计算

(1) 刨树坑

1) 工作内容：分为刨树坑、刨绿篱沟、刨绿带沟三项。

土壤划分为三种，分别是：坚硬土、杂质土、普通土。

刨树坑是从设计地面标高下刨，无设计标高的以一般地面水平为准。

2) 工程量：刨树坑以“个”计算，刨绿篱沟以“延长米”计算，刨绿带沟以“m^3”计算。乔木胸径在3～10cm以内，常绿树高度在1～4m以内；大于以上规格的按大树移植处理。乔木应选择树体高大（在5m以上），具有明显树干的树木，如银杏、雪松等。

(2) 施肥

1) 工作内容：分为乔木施肥、观赏乔木施肥、花灌木施肥、常绿乔木施肥、绿篱施肥、攀缘植物施肥、草坪及地被施肥（施肥主要指有机肥，其价格已包括场外运费）七项。

2) 工程量：均按植物的株数计算，其他均以“m^2”计算。

(3) 修剪

1) 工作内容：分为修剪、强剪、绿篱平剪三项。修剪是指栽植前的修根、修枝；强剪是指“抹头”；绿篱平剪是指栽植后的第一次顶部定高平剪及两侧面垂直或正梯形坡剪。

2) 工程量：除绿篱以“延长米”计算外，树木均按株数计算。

(4) 防治病虫害

1) 工作内容：分为刷药、涂白、人工喷药三项。

2) 工程量：均按植物的株数计算，其他均以“m^2”计算。

① 刷药：泛指以波美度为0.5的石硫合剂为准，刷药的高度至分枝点，要求全面且均匀。

② 涂白：其浆料以生石灰：氯化钠：水＝2.5：1：18为准，刷涂料高度在1.3m以下，要上口平齐、高度一致。

③ 人工喷药：指栽植前需要人工肩背喷药防治病虫害，或必要的土壤有

机肥人工拌农药灭菌消毒。

（5）树木栽植

1）栽植乔木。乔木根据其形态及计量的标准分为：按苗高计量的有两府海棠、木槿；按冠径计量的有金银木和丁香等。

① 起挖乔木（带土球）：

a. 工作内容：起挖、包扎出坑、搬运集中、回土填坑。

b. 工程量：按土球直径分别列项，以“株”计算。特大或名贵树木另行计算。

② 起挖乔木（裸根）：

a. 工作内容：起挖、出坑、修剪、打浆、搬运集中、回土填坑。

b. 工程量：按胸径分别列项，以“株”计算。特大或名贵树木另行计算。

③ 栽植乔木（带土球）：

a. 工作内容：挖坑，栽植（落坑、扶正、回土、捣实、筑水围），浇水，覆土，保墒，整形，清理。

b. 工程量：按土球直径分别列项，以“株”计算。特大或名贵树木另行计算。

④ 栽植乔木（裸根）：

a. 工作内容：挖坑栽植、浇水、覆土、保墒、整形、清理。

b. 工程量：按胸径分别列项，以“株”计算。特大或名贵树木另行计算。

2）栽植灌木：灌木树体矮小（在5m以下），无明显主干或主干甚短。如月季、连翘金银木等。

① 起挖灌木（带土球）：

a. 工作内容：起挖、包扎、出坑、搬运集中、回土填坑。

b. 工程量：按土球直径分别列项，以“株”计算。特大或名贵树木另行计算。

② 起挖灌木（裸根）：

a. 工作内容：起挖、出坑、修剪、打浆、搬运集中、回土填坑。

b. 工程量：按冠丛高分别列项，以“株”计算。

③ 栽植灌木（带土球）：

a. 工作内容：挖坑，栽植（扶正、捣实、回土、筑水围），浇水，覆土，保墒，整形，清理。

b. 工程量：按土球直径分别列项，以“株”计算。特大或名贵树木另行计算。

④ 栽植灌木（裸根）：

a. 工作内容：挖坑、栽植、浇水、覆土、保墒、整形、清理。

b. 工程量：按冠丛高分别列项，以“株”计算。

3）栽植绿篱。绿篱分为：落叶绿篱，如雪柳、小白榆等；常绿绿篱，如侧柏、小桧柏等。篱高是指绿篱苗木顶端距地平面高度。

① 工作内容：开沟、排苗、回土、筑水围、浇水、覆土、整形、清理。

② 工程量：按单、双排和高度分别列项，工程量以“延长米”计算，单排以“丛”计算，双排以“株”计算。绿篱，按单行或双行不同篱高以“m”计算（单行3.5株/m，双行5株/m^2）；色带以“m^2”计算（色块12株/m^2）。

绿化工程栽植苗木中，绿篱按单行或双行不同篱高以“m”计算，单行每延长米栽3.5株，双行每延长米栽5株；色带每1m^2栽12株；攀缘植物根据不同生长年限每延长米栽5～6株；草花每1m^2栽35株。

4）栽植攀缘类：攀缘类是能攀附他物向上生长的蔓性植物，多借助吸盘（如地锦等）、附根（如凌霄等）、卷须（如葡萄等）、蔓条（如爬蔓月季等）以及干茎本身（如紫藤等）的缠绕性而攀附他物。

① 工作内容：挖坑、栽植、浇水、覆土、保墒、整形、清理。

② 工程量：攀缘植物，按不同生长年限以“株”计算。

5）栽植竹类：

① 起挖竹类（散生竹）：

a. 工作内容：起挖、包扎、出坑、修剪、搬运集中、回土填坑。

b. 工程量：按胸径分别列项，以“株”计算。

② 起挖竹类（丛生竹）：

a. 工作内容：起挖、包扎、出坑、修剪、搬运集中、回土填坑。

b. 工程量：按根盘丛径分别列项，以“丛”计算。

③ 栽植竹类（散生竹）：

a. 工作内容：挖坑，栽植（扶正、捣实、回土、筑水围），浇水，覆土，保墒，整形，清理。

b. 工程量：按胸径分别列项，以“株”计算。

④ 栽植竹类（丛生竹）：

a. 工作内容：挖坑，栽植（扶正、捣实、回土、筑水围），浇水，覆土，保墒，整形，清理。

b. 工程量：按根盘丛径分别列项，以“丛”计算。

⑤ 栽植水生植物：

a. 工作内容：挖淤泥、搬运、种植、养护。

b. 工程量：按荷花、睡莲分别列项，以“10株”计算。

(6) 树木支撑

1) 工作内容：分为两架一拐、三架一拐、四脚钢筋架、竹竿支撑、幌绳绑扎五项。

2) 工程量：均按植物的株数计算，其他均以“m^2”计算。

(7) 新树浇水

1) 工作内容：分为人工胶管浇水和汽车浇水两项。

2) 工程量：除篱以“延长米”计算外，树木均按株数计算。

人工胶管浇水，距水源以100m以内为准，每超50m用工增加14%。

(8) 铺设盲管

1) 工作内容：分为找泛水、接口、养护、清理、保证管内无滞塞物五项。

2) 工程量：按管道中心线全长以“延长米”计算。

(9) 清理竣工现场

1) 工作内容：分为人力车运土、装载机自卸车运土两项。

2) 工程量：每株树木（不分规格）按“$5m^2$”计算，绿篱每延长米按“$3m^2$”计算。

(10) 原土过筛

1) 工作内容：在保证工程质量的前提下，应充分利用原土降低造价，但原土含瓦砾、杂物率不得超过30%，且土质理化性质须符合种植土地要求。

2) 工程量

① 原土过筛：按筛后的好土以“m^3”计算。

② 土坑换土：以实挖的土坑体积乘以系数1.43计算。

3. 花卉与草坪种植工程工程量计算

(1) 栽植露地花卉。

1) 工作内容：翻土整地、清除杂物、施基肥、放样、栽植、浇水、清理。

2) 工程量：按草本花，木本花，球、地根类，一般图案花坛，彩纹图案花坛，立体花坛，五色草一般图案花坛，五色草彩纹图案花坛，五色草立体花坛分别列项，以“$10m^2$”计算。

每平方米栽植数量：草花25株；木本花卉5株；植根花卉，草本9株、木本5株。

(2) 草皮铺种

1) 工作内容：翻土整地、清除杂物、搬运草皮、浇水、清理。

2) 工程量：按散铺、满铺、直生带、播种分别列项，以“$10m^2$”计算。种苗费未包括在定额内，须另行计算。

4. 大树移植工程工程量计算

(1) 工作内容

1) 带土方木箱移植法：

① 掘苗前，先按照绿化设计要求的树种、规格选苗，并在选好的树上做出明显标记，将树木的品种、规格（高度、干径、分枝点高度、树形及主要观赏面）分别记入卡片，以便分类，编出栽植顺序。

② 掘苗与运输：

a. 掘苗。掘苗时，先根据树木的种类、株行距和干径的大小确定在植株根部留土台的大小。可按苗木胸径（即树木高 1.3m 处的树干直径）的 7～10 倍确定土台。

b. 运输。修整好土台之后，应立即上箱板，其操作顺序如下：上侧板、上钢丝绳、钉铁皮、掏底和上底板、上盖板、吊运装车、运输、卸车。

③ 栽植：

a. 挖坑。

b. 吊树入坑。

c. 拆除箱板和回填土。

d. 栽后管理。

2) 软包装土球移植法：

① 掘苗准备工作：掘苗的准备工作与方木箱的移植相似，但它不需要用木箱板、铁皮等材料和某些工具，材料中只要有蒲包片、草绳等物即可。

② 掘苗与运输：

a. 确定土球的大小。

b. 挖掘。

c. 打包。

d. 吊装运输。

e. 假植。

f. 栽植。

(2) 工程量

1) 分为大型乔木移植、大型常绿树移植两部分，每部分又分带土台、装木箱两种。

2) 大树移植的规格，乔木以胸径 10cm 以上为起点，分 10～15cm、15～20cm、20～30cm、30cm 以上四个规格。

3) 浇水按自来水考虑，为三遍水的费用。

4) 所用吊车、汽车可按不同规格计算。

5) 工程量按移植株数计算。

5. 绿化养护工程工程量计算

(1) 工作内容

1) 乔木浇透水10次，常绿树木浇透水6次，花灌木浇透水13次，花卉每周浇透水1～2次。

2) 中耕除草乔木3遍，花灌木6遍，常绿树木2遍；草坪除草可按草种不同修剪2～4次，草坪清杂草应随时进行。

3) 喷药乔木、花灌木、花卉7～10遍。

4) 打芽及定型修剪落叶乔木3次，常绿树木2次，花灌木1～2次。

5) 喷水移植大树浇水须适当喷水，常绿类6～7月份共喷124次，植保用农药化肥随浇水执行。

(2) 工程量

1) 乔木（果树）、灌木、攀缘植物以“株”计算；绿篱以“m”计算；草坪、花卉、色带、宿根以“m^2”计算；丛生竹以“丛”计算。也可根据施工方自身的情况、多年绿化养护的经验以及业主要求的时间进行列项计算。

2) 冬期防寒是北方园林中常见的苗木防护措施，包括支撑竿、喷防冻液、搭风帐等。后期管理费中不含冬期防寒措施，需另行计算。乔木、灌木按数量以“株”计算；色带、绿篱按长度以“m”计算；木本、宿根花卉按面积以“m^2”计算。

四、绿地整理工程工程量计算公式

1. 横截面法计算土方量

横截面法适用于地形起伏变化较大或形状狭长地带，其方法是：首先，根据地形图及总平面图，将要计算的场地划分成若干个横截面，相邻两个横截面距离视地形变化而定。在起伏变化大的地段，布置密一些（即距离短一些），反之则可适当长一些。例如，线路横断面在平坦地区，可取50m一个，山坡地区可取20m一个，遇到变化大的地段再加测断面。然后，实测每个横截面特征点的标高，量出各点之间距离（若测区已有比较精确的大比例尺地形图，也可在图上设置横截面，用比例尺直接量取距离，按等高线求算高程，方法简捷，就其精度来说，没有实测的高），按比例尺把每个横截面绘制到厘米方格纸上，并套上相应的设计断面，则自然地面和设计地面两轮廓线之间的部分，即是需要计算的施工部分。

横截面法计算土方量的具体计算步骤如下：

(1) 划分横截面　根据地形图（或直接测量）及竖向布置图，将要计算的场地划分横截面 $A—A'$，$B—B'$，$C—C'$……划分原则为垂直等高线或垂直主要建筑物边长，横截面之间的间距可不等，地形变化复杂的间距宜小，反之宜大一些，但是最大不宜大于100m。

（2）画截面图形　按比例画制每个横截面的自然地面和设计地面的轮廓线。设计地面轮廓线之间的部分，即为填方和挖方的截面。

（3）计算横截面面积　按表5-10的面积计算公式，计算每个截面的填方或挖方截面积。

（4）计算土方量　根据截面面积计算土方量：

$$V = \frac{1}{2}(F_1 + F_2) \times L \tag{5-1}$$

式中　V——相邻两截面间的土方量，m^3；

F_1、F_2——相邻两截面的挖（填）方截面积，m^2；

L——相邻两截面间的间距，m。

表5-10　常用横截面计算公式

图示	面积计算公式
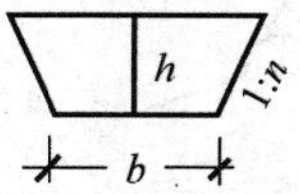	$F = h(b + nh)$
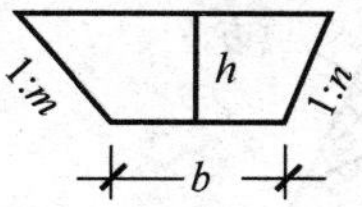	$F = h\left[b + \frac{h(m+n)}{2}\right]$
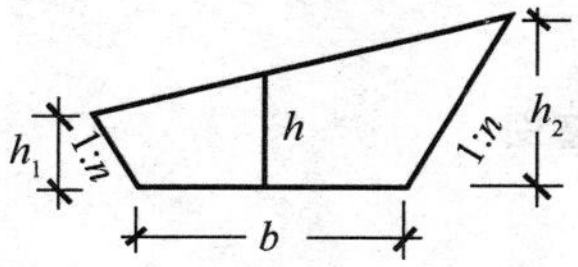	$F = b \times \frac{h_1 + h_2}{2} + nh_1h_2$
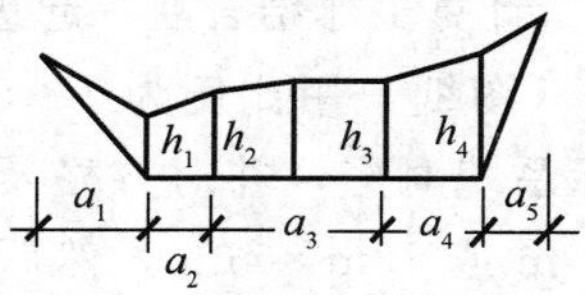	$F = h_1 \times \frac{a_1 + a_2}{2} + h_2 \times \frac{a_2 + a_3}{2} + h_3 \times \frac{a_3 + a_4}{2} + h_4 \times \frac{a_4 + a_5}{2}$
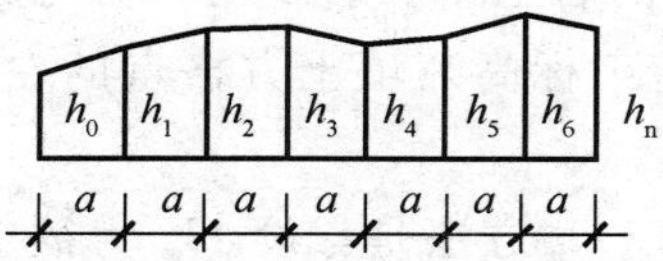	$F = \frac{a}{2}(h_0 + 2h + h_n)$ $h = h_1 + h_2 + h_3 + \cdots + h_n$

（5）按土方量汇总（表5-11）　如图5-12中截面$A-A'$所示，设桩号0+0.00的填方横截面积为2.70m^2，挖方横截面积为3.80m^2；如图5-12中截面$B-B'$所示，设桩号0+0.20的填方横断面积为2.25m^3，挖方横截面面

积为 6.65m²，两桩间的距离为 30m（图 5－12），则其挖填方量各为：

$$V_{挖方} = \frac{1}{2} \times (3.80 + 6.65) \times 30 = 156.75(m^3)$$

$$V_{填方} = \frac{1}{2} \times (2.70 + 2.25) \times 30 = 74.25(m^3)$$

表 5－11　土方量汇总

断面	填方面积/m²	挖方面积/m²	截面间距/m	填方体积/m³	挖方体积/m³
$A-A'$	2.70	3.80	30	40.5	57
$B-B'$	2.25	6.65	30	33.75	99.75
合计				74.25	156.75

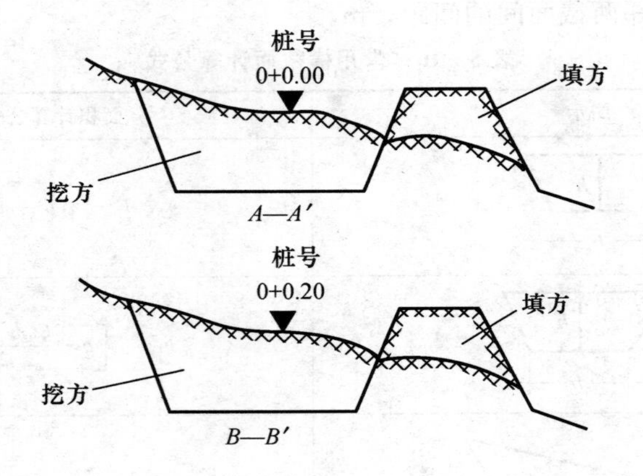

图 5－12　横截面示意图

2. *方格网法计算土方量*

方格网法是把平整场地的设计工作和土方量计算工作结合在一起进行的。

（1）划分方格网　在附有等高线的地形图（图纸常用比例为 1∶500）上作方格网，方格各边最好与测量的纵、横坐标系统对应，并对方格及各角点进行编号。方格边长在园林中一般用 20m×20m 或 40m×40m。然后将各点设计标高和原地形标高分别标注于方格桩点的右上角和右下角，再将原地形标高与设计地面标高的差值（即各角点的施工标高）填土方格点的左上角，挖方为（＋）、填方为（－）。

其中原地形标高用插入法求得（图 5－13），方法是：设 H_x 为欲求角点的原地面高程，过此点作相邻两等高线间最小距离 L。

$$H_x = H_a \pm \frac{xh}{L} \tag{5-2}$$

式中　H_a——低边等高线的高程，m；

x——角点至低边等高线的距离，m；

h——等高差，m。

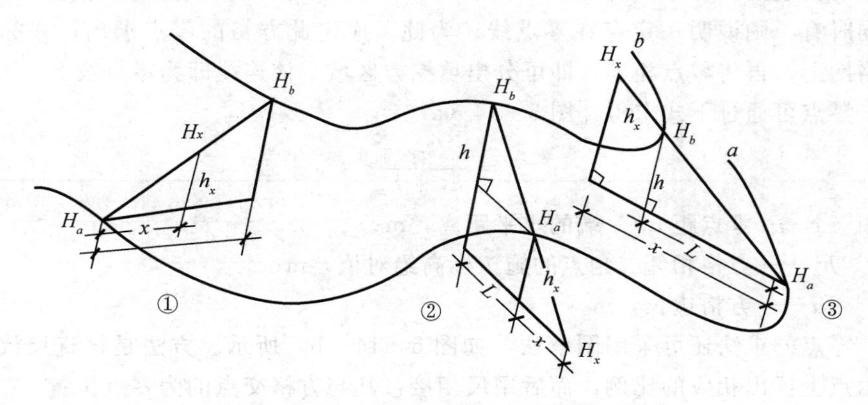

图 5－13　插入法求任意点高程示意图

插入法求某点地面高程通常会遇到以下 3 种情况：

1）待求点标高 H_x 在两等高线之间，如图 5－13 中①所示。

$$H_x = H_a + \frac{xh}{L}$$

2）待求点标高 H_x 在低边等高线的下方，如图 5－13 中②所示。

$$H_x = H_a - \frac{xh}{L}$$

3）待求点标高 H_x 在低边等高线的上方，如图 5－13 中③所示。

$$H_x = H_a + \frac{xh}{L}$$

在平面图上，线段 H_aH_b 是过待求点所作的相邻两等高线间最小水平距离 L。求出的标高数值一一标记在图上。

（2）求施工标高　施工标高指方格网各角点挖方或填方的施工高度，其导出式为：

$$施工标高＝原地形标高－设计标高 \qquad (5-3)$$

从式 5－3 看出，要求出施工标高，必须先确定角点的设计标高。为此，具体计算时，要通过平整标高反推出设计标高。设计中通常取原地面高程的平均值（算术平均或加权平均）作为平整标高。平整标高的含义就是将一块高低不平的地面在保证土方平衡的条件下，挖高垫低使地面水平，这个水平地面的高程就是平整标高。它是根据平整前和平整后土方数相等的原理求出的。当平整标高求得后，就可用图解法或数学分析法来确定平整标高的位置，再通过地形设计坡度，可算出各角点的设计标高，最后将施工标高求出。

（3）零点位置　零点是指不挖不填的点，零点的连线即为零点线，它是填方与挖方的界定线，因而零点线是进行土方计算和土方施工的重要依据之一。要识别是否有零点存在，只要看一个方格内是否同时有填方与挖方，如果同时有，则说明一定存在零点线。为此，应将此方格的零点求出，并标于方格网上，再将零点相连，即可分出填挖方区域，该连线即为零点线。

零点可通过下式求得［图 5－14（a）］：

$$x=\frac{h_1}{h_1+h_2}a \tag{5-4}$$

式中　x——零点距 h_1 一端的水平距离，m；

h_1、h_2——方格相邻二角点的施工标高绝对值，m；

a——方格边长，m。

零点的求法还可采用图解法，如图 5－14（b）所示。方法是将直尺放在各角点上标出相应的比例，而后用尺相接，凡与方格交点的为零点位置。

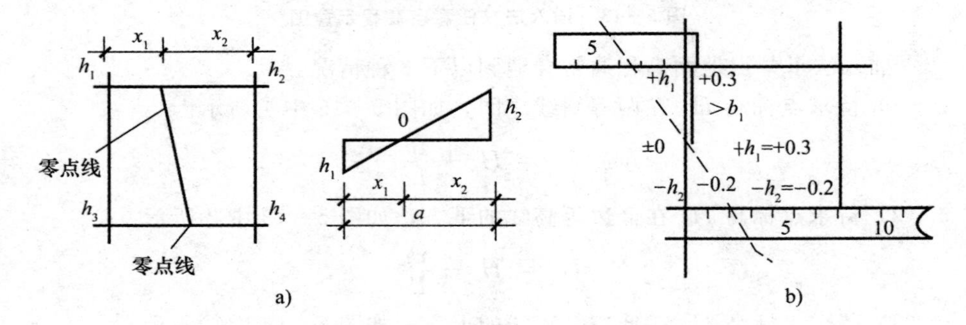

图 5－14　求零点位置示意图

（4）计算土方工程量　根据各方格网底面积图形以及相应的体积计算公式（表 5－12）来逐一求出方格内的挖方量或填方量。

表 5－12　方格网计算土方量计算公式表

项目	图式	计算公式
一点填方或挖方（三角形）		$V=\frac{1}{2}bc\frac{\sum h}{3}=\frac{bch_3}{6}$ 当 $b=c=a$ 时，$V=\frac{a^2h_3}{6}$
二点填方或挖方（梯形）		$V_+=\frac{b+c}{2}a\frac{\sum h}{4}=\frac{a}{8}(a+b)(h_1+h_3)$ $V_-=\frac{d+e}{2}a\frac{\sum h}{4}=\frac{a}{8}(d+e)(h_2+h_4)$

续表

项目	图式	计算公式
三点填方或挖方（五角形）	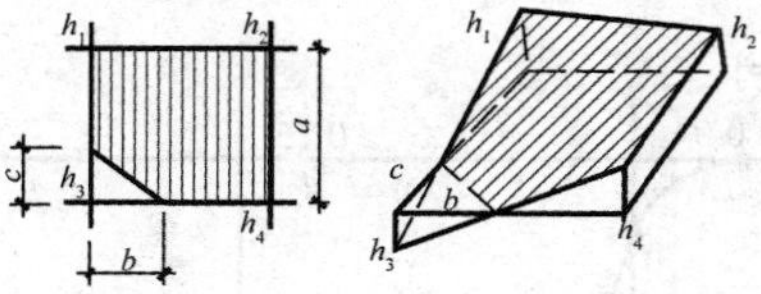	$V=(a^2-\frac{bc}{2})\frac{\sum h}{5}=(a^2-\frac{bc}{2})\frac{h_1+h_2+h_4}{5}$
四点填方或挖方（正方形）	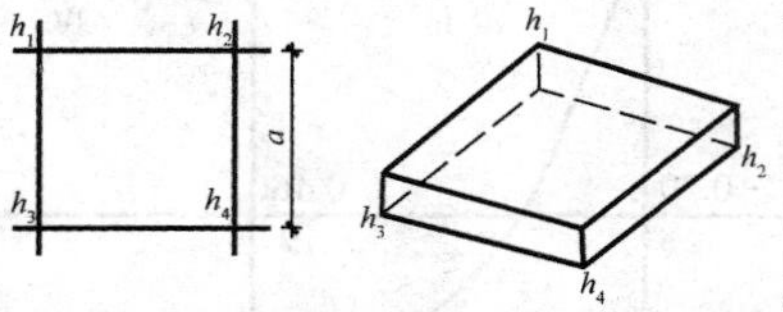	$V=\frac{a^2}{4}\sum h=\frac{a^2}{4}\ (h_1+h_2+h_3+h_4)$

注：1. a 表示一个方格的边长（m）；b、c 表示零点到一角的边长（m）；h_1、h_2、h_3、h_4 表示各角点的施工高程（m），用绝对值代入；$\sum h$ 表示填方或挖方施工高程的总和（m）；V 表示挖、填方体积（m^3）。

2. 本表公式按各计算图形底面积乘以平均施工高程而得出的。

（5）计算土方总量　将填方区所有方格的土方量（或挖方区所有方格的土方量）累计汇总，即得到该场地填方和挖方的总土方量，最后填入汇总表。

五、园林绿化工程工程量计算实例

【示例 5－1】 某市街心公园内有一块绿地，其整理施工场地的地形方格网如图 5－15 所示，方格网边长为 20m，试求该园林工程施工土方量。

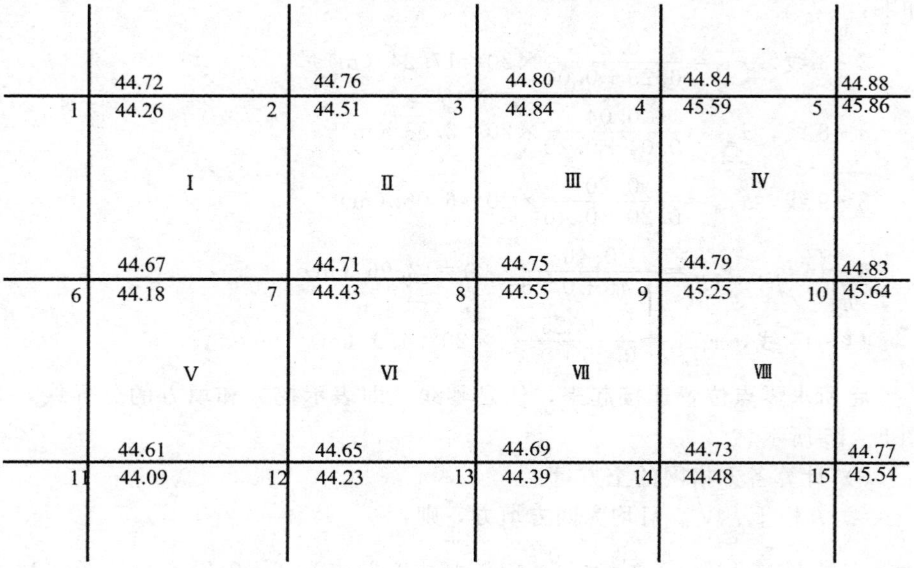

1　44.72 44.26	2　44.76 44.51	3　44.80 44.84	4　44.84 45.59	5　44.88 45.86
Ⅰ	Ⅱ	Ⅲ	Ⅳ	
6　44.67 44.18	7　44.71 44.43	8　44.75 44.55	9　44.79 45.25	10　44.83 45.64
Ⅴ	Ⅵ	Ⅶ	Ⅷ	
11　44.61 44.09	12　44.65 44.23	13　44.69 44.39	14　44.73 44.48	15　44.77 45.54

图 5－15　绿地整理施工场地方格网

【解】

1）根据方格网各角点地面标高和设计标高，计算施工高度，如图 5－16所示。

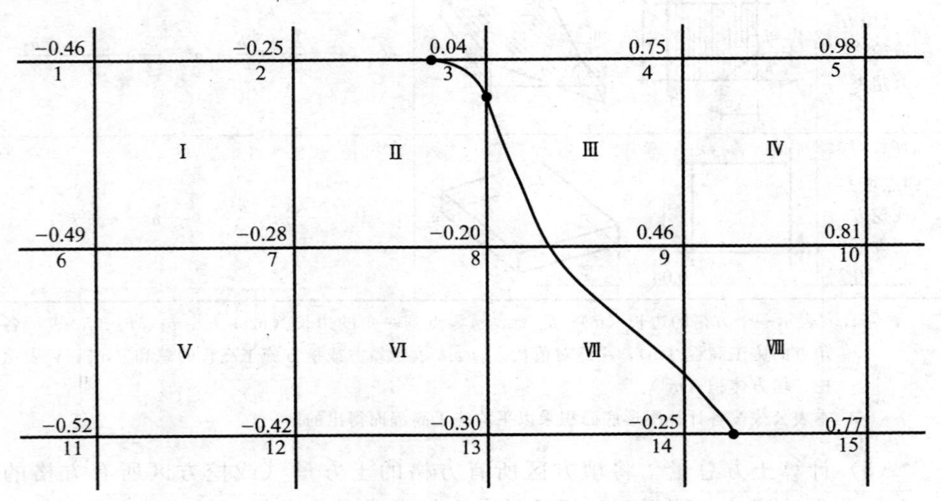

图 5－16　方格网各角点的施工高度及零线

2）计算零点，求零线：

如图 5－16 所示，边线 2－3、3－8、8－9、9－14、14－15 上，角点的施工高度符号改变，说明这些边线上必有零点存在，按公式可计算各零点位置如下：

2－3 线，$x_{2\text{-}3}=\dfrac{0.25}{0.25+0.04}\times 20=17.24$（m）

3－8 线，$x_{3\text{-}8}=\dfrac{0.04}{0.04+0.20}\times 20=3.33$（m）

8－9 线，$x_{8\text{-}9}=\dfrac{0.20}{0.20+0.46}\times 20=6.06$（m）

9－14 线，$x_{9\text{-}14}=\dfrac{0.46}{0.46+0.25}\times 20=12.96$（m）

14－15 线，$x_{14\text{-}15}=\dfrac{0.25}{0.25+0.77}\times 20=4.9$（m）

将所求零点位置连接起来，便是零线，即表示挖方和填方的分界线，如图 5－16 所示。

3）计算各方格网的土方量：

① 方格Ⅰ、Ⅴ、Ⅵ均为四方填方，则：

方格Ⅰ：$V_{\mathrm{I}}^{(-)}=\dfrac{a^2}{4}\sum h=\dfrac{20^2}{4}\times(0.46+0.25+0.49+0.28)=148$（m³）

方格Ⅴ：$V_{\mathrm{V}}^{(-)}=\frac{20^2}{4}\times(0.49+0.28+0.52+0.42)=171\ (\mathrm{m}^3)$

方格Ⅵ：$V_{\mathrm{VI}}^{(-)}=\frac{20^2}{4}\times(0.28+0.2+0.42+0.30)=120(\mathrm{m}^3)$

② 方格Ⅳ为四方挖方，则：

$$V_{\mathrm{IV}}^{(+)}=\frac{20^2}{4}\times\ (0.75+0.98+0.46+0.81)\ =300\ (\mathrm{m}^3)$$

③ 方格Ⅱ、Ⅶ为三点填方一点挖方，计算图形如5－17所示。

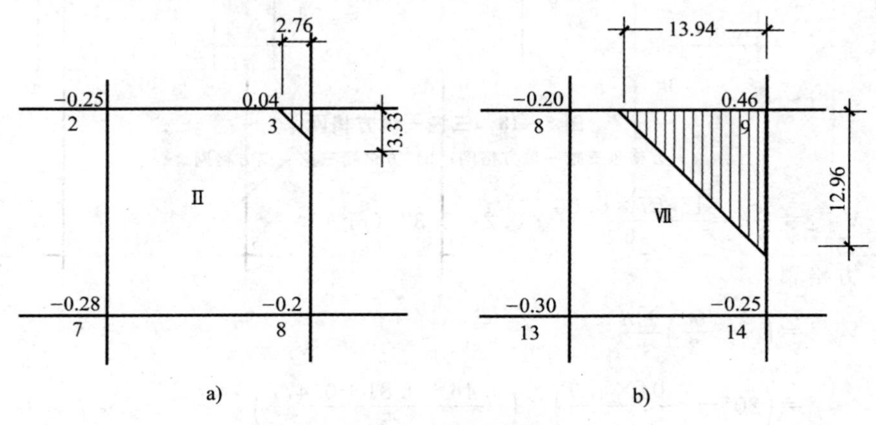

图5－17　三填一挖方格网

a）方格Ⅱ三填一挖方格网；b）方格Ⅶ三填一挖方格网

方格Ⅱ：

$$V_{\mathrm{II}}^{(+)}=\frac{bc}{6}\sum h=\frac{2.76\times3.33}{6}\times0.04=0.06\ (\mathrm{m}^3)$$

$$V_{\mathrm{II}}^{(-)}=\left(a^2-\frac{bc}{2}\right)\frac{\sum h}{5}$$

$$=\left(20^2-\frac{2.76\times3.33}{2}\right)\times\left(\frac{0.25+0.28+0.20}{5}\right)=57.73(\mathrm{m}^3)$$

方格Ⅶ：

$$V_{\mathrm{VII}}^{(+)}=\frac{13.94\times12.96}{6}\times0.46=13.85\ (\mathrm{m}^3)$$

$$V_{\mathrm{VII}}^{(-)}=\left(20^2-\frac{13.94\times12.96}{2}\right)\times\left(\frac{0.2+0.3+0.25}{5}\right)=46.45\ (\mathrm{m}^3)$$

④ 方格Ⅲ、Ⅷ为三点挖方一点填方，如图5－18所示。

方格Ⅲ：

$$V_{\mathrm{III}}^{(+)}=\left(a^2-\frac{bc}{2}\right)\frac{\sum h}{5}=\left(20^2-\frac{16.67\times6.06}{2}\right)\times\left(\frac{0.04+0.75+0.46}{5}\right)$$

$$=87.37\ (\mathrm{m}^3)$$

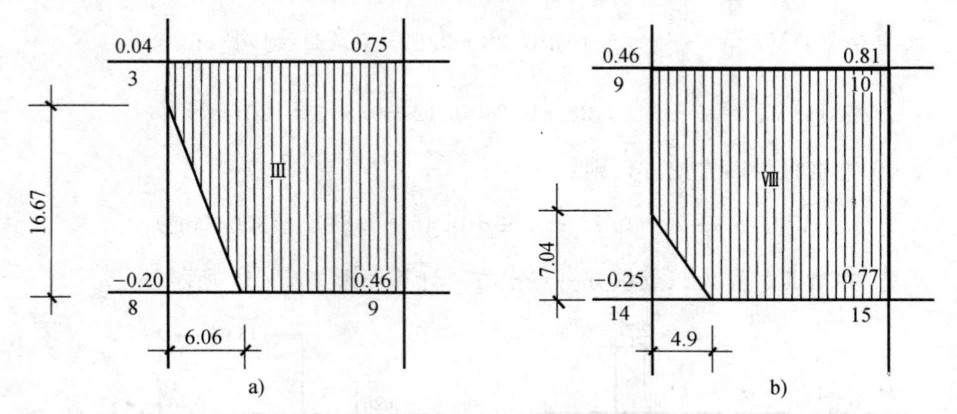

图 5-18　三挖一填方格网

a）方格Ⅲ三挖一填方格网；b）方格Ⅷ三挖一填方格网

$$V_{Ⅲ}^{(-)}=\frac{bc}{6}h=\frac{16.67\times6.06}{6}\times0.2=3.37\ (m^3)$$

方格Ⅷ：

$$V_{Ⅷ}^{(+)}=\left(a^2-\frac{bc}{2}\right)\frac{\sum h}{5}$$

$$=\left(20^2-\frac{7.04\times4.9}{2}\right)\times\left(\frac{0.46+0.81+0.477}{5}\right)$$

$$=156.16(m^3)$$

$$V_{Ⅷ}^{(-)}=\frac{bc}{6}h=\frac{7.04\times4.9}{6}\times0.25=1.44\ (m^3)$$

4）将以上计算结果汇总于表 5-13，并求余（缺）土外运（内运）量。

表 5-13　土方工程量汇总表　（单位：m^3）

方格网号	Ⅰ	Ⅱ	Ⅲ	Ⅳ	Ⅴ	Ⅵ	Ⅶ	Ⅷ	合计
挖方	—	0.06	87.37	300	—	—	13.85	156.16	557.44
填方	148	57.73	3.37	—	171	120	46.45	1.44	547.99
土方外运	$V=557.44-547.99=+9.45$								

【例 5-2】　某屋顶花园尺寸如图 5-19 所示，求屋顶花园基底处理工程量（找平层厚 170mm，防水层厚 160mm，过滤层厚 60mm，需填轻质土壤 160mm）。

【解】

(1) 清单工程量

$$S=(13+2.2+0.85)\times5.4+13\times1.8+(13+2.2)\times5.8$$

$$=198.03(m^2)$$

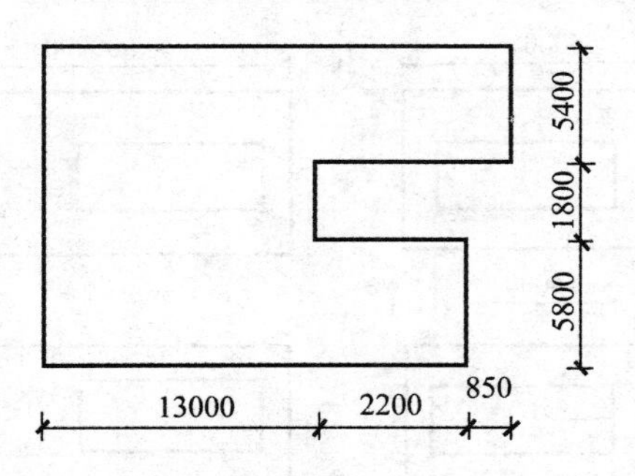

图 5-19　某屋顶花园示意图（单位：mm）

清单工程量计算表见表 5-14。

表 5-14　清单工程量计算表

序号	项目编码	项目名称	项目特征描述	工程量合计	计量单位
1	050101012001	屋顶花园基底处理	1. 找平层厚 170mm 2. 防水层厚 160mm 3. 过滤层厚 60mm 4. 需填轻质土壤 160mm	198.03	m^2

（2）定额工程量

1）找平层：198.03m^2

① 找平层抹防水砂浆平面套用定额 1-33。

② 找平层抹防水砂浆立面套用定额 1-34。

2）防水层：198.03m^2

① SBS 弹性沥青防水层平面套用定额 1-36。

② SBS 弹性沥青防水层立面套用定额 1-37。

③ SBS 改性沥青油毡防水层平面套用定额 1-38。

④ SBS 改性沥青油毡防水层立面套用定额 1-39。

3）过滤层：198.03m^2

① 滤水层回填级配卵石套用定额 1-40。

② 滤水层回填陶粒套用定额 1-41。

③ 滤水层土工布过滤层套用定额 1-42。

4）轻质土壤：198.03×0.16＝31.68（m^3）

套用定额 1-49。

【例 5-3】　如图 5-20 所示为某局部绿化示意图，共有 4 个入口，有 4 个一样大小的花坛，请计算铺种草皮、喷播植草（灌木）籽清单工程量（养护期为两年）。

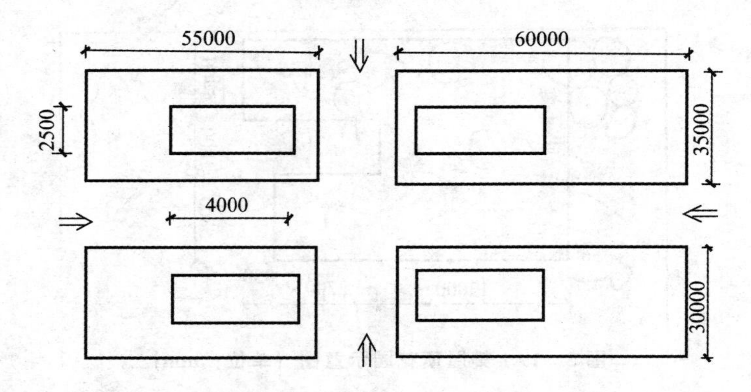

图 5-20　某局部绿化示意图（单位：mm）

【解】

(1) 清单工程量

1) 铺种草皮：

$$S=55\times35+60\times35+60\times30+55\times30-4\times2.5\times4=7435\ (\mathrm{m}^2)$$

2) 模纹种植：

$$S=4\times2.5\times4=40\ (\mathrm{m}^2)$$

清单工程量计算见表 5-15。

表 5-15　清单工程量计算表

序号	项目编码	项目名称	项目特征描述	工程量合计	计量单位
1	050102012001	铺种草皮	养护两年	7435.00	m^2
2	050102013001	喷播植草（灌木）籽	养护两年	40.00	m^2

(2) 定额工程量同清单工程量

【例 5-4】　如图 5-21 所示为绿地整理的一部分，包括树、树根、灌木丛、竹根、芦苇根、草皮的清理，其中，芦苇面积约 18m^2，草皮面积约 90m^2。请计算清单工程量。

【解】

(1) 清单工程量

1) 砍伐乔木 15 株（按估算数量计算，树干胸径 10cm）。

2) 挖树根 15 株（按估算数量计算，树干胸径 10cm）。

3) 砍挖灌木丛 4 株（按估算数量计算，丛高 1.5m）。

4) 挖竹根 1 株丛（按估算数量计算，根盘直径 5cm）。

5) 挖芦苇根 18.00m^2（按估算数量计算，丛高 1.6m）。

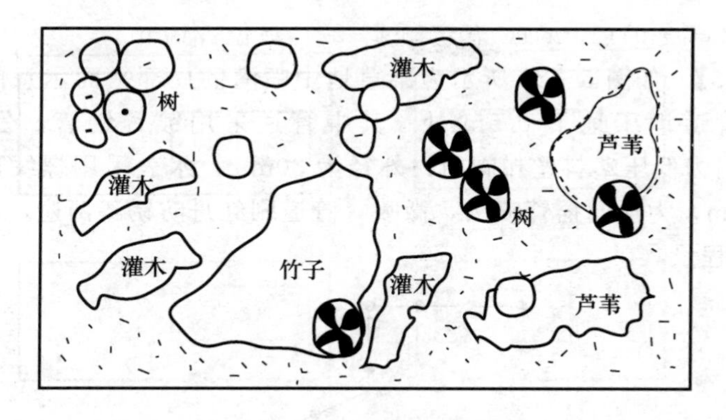

图 5-21 绿地整理局部示意图

6）清除草皮 90.00m^2（按估算数量计算，丛高 25cm）。

清单工程量计算见表 5-16。

表 5-16 清单工程量计算表

序号	项目编码	项目名称	项目特征描述	工程量合计	计量单位
1	050101001001	砍伐乔木	树干胸径 10cm	15	株
2	050101002001	挖树根（蔸）	地径 10cm 以内	15	株
3	050101003001	砍挖灌木丛及根	丛高 1.5m	4	株
4	050101004001	砍挖竹及根	根盘直径 5cm	1	株（丛）
5	050101005001	砍挖芦苇（或其他水生植物）及根	丛高 1.6m	18.00	m^2
6	050101006001	清除草皮	丛高 25cm	90.00	m^2

（2）定额工程量

1）伐树、挖树根：

① 伐树 15 株，离地面 20cm 处树干直径 30cm 以内套定额 1-12，40cm 以内套定额 1-13，50cm 以内套定额 1-14，50cm 以外套定额 1-15。

② 挖树根 15 株，离地面 20cm 处树干直径 30cm 以内套定额 1-16，40cm 以内套定额 1-17，50cm 以内套定额 1-18，50cm 以外套定额 1-19。

2）砍挖灌木丛 $2.1\times10m^2=21m^2$（数据由设计图纸得出），砍挖灌木林，胸径 10cm 以下，套定额 1-20，10cm 以外套定额 1-21，单位：m^2。

3）挖竹根 0.3（$10m^3$），$25\times0.12m^3=3m^3$（数据由设计尺寸得出），套定额 1-23，单位：$10m^3$。

4）挖芦苇根 $18m^2$，套定额 1-1-补$_1$，单位：m^2。

5）清除草皮 9（$10m^2$），套定额 1－22，单位：$10m^2$。

【例 5－5】 如图 5－22 所示为某草地中喷灌的局部平面示意图，管道长为 150m，管道埋于地下 0.5m 处。其中管道采用镀锌钢管，公称直径为 85mm，阀门为低压塑料丝扣阀门，外径为 30mm，水表采用螺纹连接，公称直径为 35mm，为换向摇臂喷头，微喷，管道刷红丹防锈漆两遍，试计算喷灌管线安装工程量。

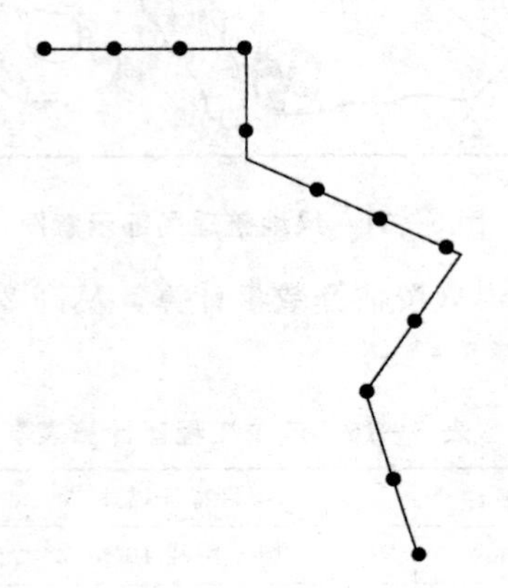

图 5－22 喷灌局部平面示意图

【解】

（1）清单工程量

1）喷灌管线安装：150m

2）喷灌配件安装：12 个

清单工程量计算表见表 5－17。

表 5－17 清单工程量计算表

序号	项目编码	项目名称	项目特征描述	工程量合计	计量单位
1	050103001001	喷灌管线安装	管道长为 150m，管道埋于地下 500mm 处	150	m
2	050103002001	喷灌配件安装	镀锌钢管，公称直径 85mm，阀门为低压塑料丝扣阀门，管道刷红丹防锈漆两遍	12	个

（2）定额工程量

1）挖土石方：

$V=0.085\times150\times0.5=6.38$（$m^3$）

套用定额 1－4。

2）素土夯实：

$V=0.085\times150\times0.15=1.91$（$m^3$）

3）管道安装 150m（单位：m）（镀锌钢管）

由于管道公称直径为 85mm，在 100mm 之内，套用定额 5－9。

4）阀门安装 5 个（由设计图决定，单位：个）

低压塑料丝扣阀门，外径在 32mm 以内，套用定额 5－65。

5）水表安装 2 组（由设计图决定，单位：组）

水表采用螺纹连接，公称直径在 40mm 以内，套用定额 5－77。

6）喷灌喷头安装 12 个（由设计图决定，单位：个）

喷灌喷头为换向摇臂喷头，套用定额 5－83，微喷套用定额 5－87。

7）刷红丹防锈漆两道 15（10m）（单位：10m）

公称直径在 100mm 以内，套用定额 5－98。

【例 5－6】 某公园绿地，共栽植广玉兰 38 株（胸径 7～8cm），旱柳 83 株（胸径 9～10cm）。试计算工程量，并填写分部分项工程量清单与计价表和工程量清单综合单价分析表。

【解】

根据施工图计算可知：

广玉兰（胸径 7～8cm），38 株，旱柳（胸径 9～10cm），83 株，共 121 株

（1）广玉兰（胸径 7～8cm），38 株

1）普坚土种植（胸径 7～8cm）：

① 人工费：14.37×38＝546.06（元）

② 材料费：5.99×38＝227.62（元）

③ 机械费：0.34×38＝12.92（元）

④ 合计：786.6 元

2）普坚土掘苗，胸径 10cm 以内：

① 人工费：8.47×38＝321.86（元）

② 材料费：0.17×38＝6.46（元）

③ 机械费：0.20×38＝7.6（元）

④ 合计：335.92 元

3）裸根乔木客土（100×70）胸径 7～10cm：

① 人工费：3.76×38＝142.88（元）

② 材料费：0.55×38×5＝104.5（元）

③ 机械费：0.07×38＝2.66（元）

④ 合计：250.04 元

4）场外运苗，胸径 10cm 以内，38 株：

① 人工费：5.15×38＝195.7（元）

② 材料费：0.24×38＝9.12（元）

③ 机械费：7.00×38＝266（元）

④ 合计：470.82 元

5）广玉兰，（胸径 7～8cm）：

① 材料费：76.5×38＝2907（元）

② 合计：2907 元

6）综合：

① 直接费小计：4750.38 元，其中人工费：1206.5（元）

② 管理费：4750.38×34%＝1615.13（元）

③ 利润：4750.38×8%＝380.03（元）

④ 小计：4750.38＋1615.13＋380.03＝6745.54（元）

⑤ 综合单价：6745.54÷38＝177.51（元/株）

(2) 旱柳（胸径 9～10cm），83 株

1）普坚土种植（胸径 7～8cm）：

① 人工费：14.37×83＝1192.71（元）

② 材料费：5.99×83＝497.17（元）

③ 机械费：0.34×83＝28.22（元）

④ 合计：1718.1 元

2）普坚土掘苗，胸径 10cm 以内：

① 人工费：8.47×83＝703.01（元）

② 材料费：0.17×83＝14.11（元）

③ 机械费：0.20×83＝16.6（元）

④ 合计：733.72 元

3）裸根乔木客土（100×70）胸径 7～10cm：

① 人工费：3.76×83＝312.08（元）

② 材料费：0.55×83×5＝228.25（元）

③ 机械费：0.07×83＝5.81（元）

④ 合计：546.14 元

4）场外运苗，胸径 10cm 以内，38 株：

① 人工费：5.15×83＝427.45（元）

② 材料费：0.24×83＝19.92（元）

③ 机械费：7.00×83＝581（元）

④ 合计：1028.37 元

5）旱柳（胸径 9～10cm）：

① 材料费：28.8×83＝2390.4（元）

② 合计：2390.4 元

6）综合：

① 直接费小计：6416.73 元，其中人工费：2635.25 元

② 管理费：6416.73×34%＝2181.69（元）

③ 利润：6416.73×8%＝513.34（元）

④ 小计：6416.73＋2181.69＋513.34＝9111.76（元）

⑤ 综合单价：9111.76÷83＝109.78（元/株）

分部分项工程和单价措施项目清单与计价表及综合单价分析表，见表 5－18～表5－20。

表 5－18　分部分项工程和单价措施项目清单与计价表

工程名称：公园绿地种植工程　　　　标段：　　　　第　页　共　页

序号	项目编号	项目名称	项目特征描述	计算单位	工程量	金额/元		
						综合单价	合价	其中
								暂估价
1	050102001001	栽植乔木	广玉兰，胸径 7～8cm	株	38	177.51	6745.54	
2	050102001002	栽植乔木	旱柳，胸径 9～10cm	株	83	109.78	9111.76	
合计							15857.3	

表 5－19　综合单价分析表

工程名称：公园绿地种植工程　　　　标段：　　　　第　页　共　页

项目编码	050102001001	项目名称	栽植乔木	计量单位	m	工程量	38

综合单价组成明细

定额编号	定额名称	定额单位	数量	单价/元				合价/元			
				人工费	材料费	机械费	管理费和利润	人工费	材料费	机械费	管理费和利润
2—3	普坚土种植，胸径 10cm 以内	株	1	14.37	5.99	0.34	8.69	14.37	5.99	0.34	8.69
3—1	普坚土掘苗，胸径 10cm 以内	株	1	8.47	0.17	0.20	3.71	8.47	0.17	0.20	3.71
4—3	裸根乔木客土（100×70）胸径 10cm 以内	株	1	3.76	—	0.07	1.61	3.76	—	0.07	1.61

续表

定额编号	定额名称	定额单位	数量	单价/元				合价/元			
				人工费	材料费	机械费	管理费和利润	人工费	材料费	机械费	管理费和利润
3—25	场外运苗，胸径 10cm 以内	株	1	5.15	0.24	7.00	5.21	5.15	0.24	7.00	5.21
—	广玉兰，胸径 10cm 以内	株	1	—	76.5	—	32.13	—	76.5	—	32.13
人工单价		小计						31.75	82.9	7.61	51.35
30.81元/工日		未计价材料费						3.9			
清单项目综合单价								177.51			
材料费明细	名称、规格、型号					单位	数量	单价/元	合价/元	暂估单价/元	暂估合价/元
	土					m^3	0.78	5	3.9		
	其他材料费							—		—	
	材料费小计							—	3.9	—	

表 5-20　综合单价分析表

工程名称：公园绿地种植工程　　　　标段：　　　　第　页共　页

项目编码	050102001001	项目名称	栽植乔木	计量单位	m	工程量	83

综合单价组成明细

定额编号	定额名称	定额单位	数量	单价/元				合价/元			
				人工费	材料费	机械费	管理费和利润	人工费	材料费	机械费	管理费和利润
2—3	普坚土种植，胸径 10cm 以内	株	1	14.37	5.99	0.34	8.69	14.37	5.99	0.34	8.69
3—1	普坚土掘苗，胸径 10cm 以内	株	1	8.47	0.17	0.20	3.71	8.47	0.17	0.20	3.71
4—3	裸根乔木客土（100×70）胸径 10cm 以内	株	1	3.76	—	0.07	1.61	3.76	—	0.07	1.61

续表

定额编号	定额名称	定额单位	数量	单价/元				合价/元			
				人工费	材料费	机械费	管理费和利润	人工费	材料费	机械费	管理费和利润
3—25	场外运苗，胸径 10cm 以内	株	1	5.15	0.24	7.00	5.21	5.15	0.24	7.00	5.21
—	旱柳，胸径 9～10cm	株	1	—	28.8	—	12.10	—	28.8	—	12.10
人工单价		小计						31.75	35.2	7.61	31.32
30.81 元/工日		未计价材料费						3.9			
清单项目综合单价								109.78			
材料费明细	名称、规格、型号					单位	数量	单价/元	合价/元	暂估单价/元	暂估合价/元
	土					m^3	0.78	5	3.9		
	其他材料费							—		—	
	材料费小计							—	3.9	—	

第三节　园路、园桥工程读图识图与工程量计算

一、园路工程施工图识读读图识图

1. 园路的构造

（1）园路的构造形式　园路一般有街道式和公路式两种构造形式，街道式结构如图 5 - 23（a）所示，公路式结构如图 5 - 23（b）所示。

（2）园路的结构组成　园路的路面结构是多种多样的，一般由路面、路基和附属工程三部分组成。

1）路面。园路路面由面层、基层、结合层和垫层共四层构成，比城市道

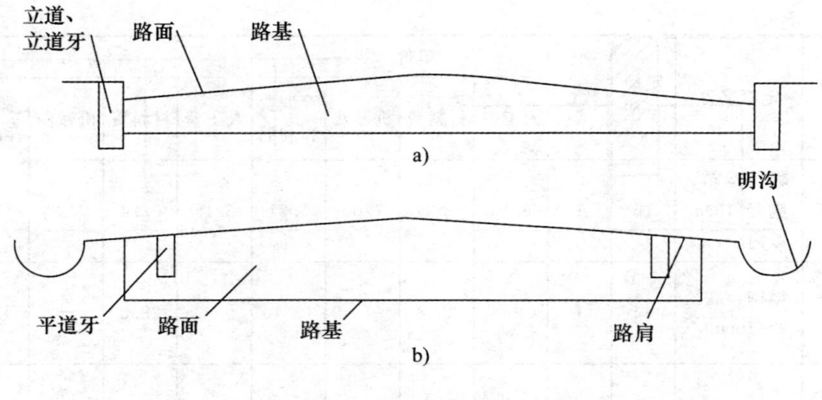

图 5 - 23　园路构造

a）街道式；b）公路式

路简单，其典型的路面图式如图 5 - 24 所示。

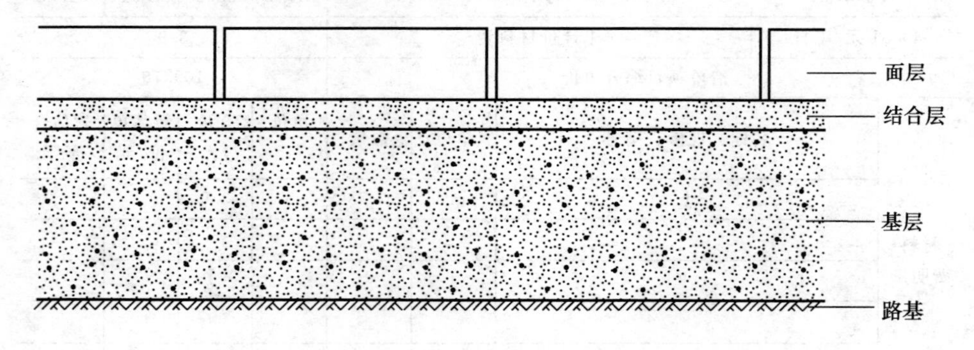

图 5 - 24　路面层结构图

2）路基。路基是处于路面基层以下的基础，其主要作用是为路面提供一个平整的基面，承受路面传下来的荷载，保证路面强度和稳定性，以及路面的使用寿命。

3）附属工程。

① 道牙。道牙是安置在园路两侧的园路附属工程。其作用主要是保护路面、便于排水、使路面与路肩在高程上起衔接作用等。

道牙一般分为立道牙和平道牙两种形式，立道牙是指道牙高于路面，如图 5 - 25（a）所示；平道牙是指道牙表面和路面平齐，如图 5 - 25（b）所示。

② 明沟和雨水井。明沟和雨水井是收集路面雨水而建的构筑物，在园林中常用砖块砌成。明沟一般多用于平道道牙的路两侧，而雨水井则主要用于立道牙的路面道牙内侧，如图 5 - 26 所示。

③ 台阶。当路面坡度大于 12°时，为了便于行走，且不需要通行车辆的

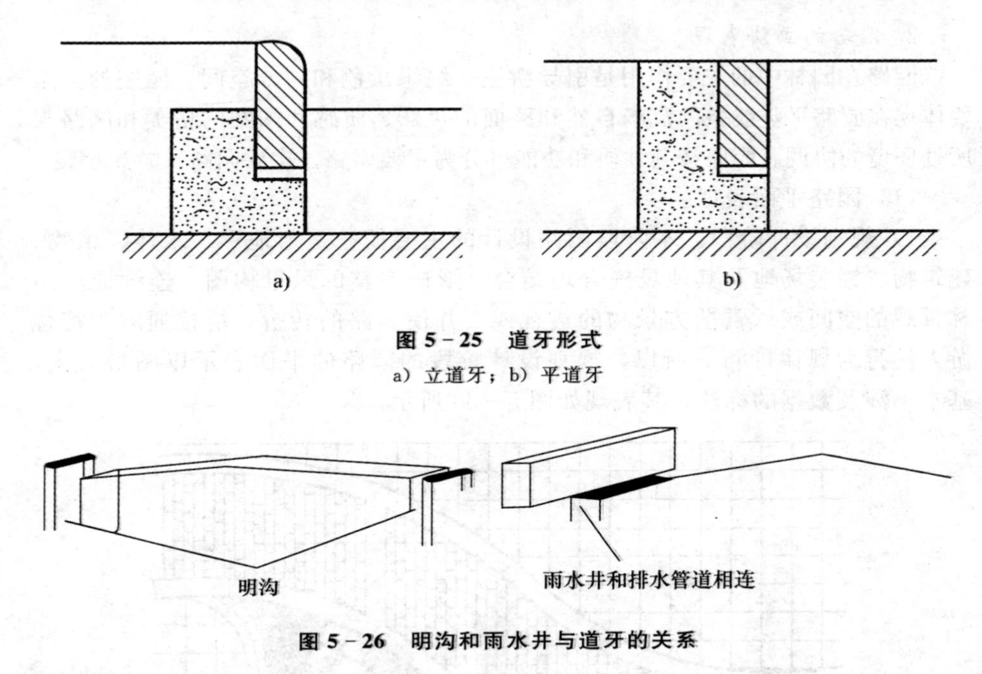

图 5-25　道牙形式

a）立道牙；b）平道牙

图 5-26　明沟和雨水井与道牙的关系

路段，就应设计台阶。

④ 礓礤。在坡度较大的地段上，一般纵坡超过 15%时，本应设台阶，但为了能通行车辆，将斜面作成锯齿形坡道，称为礓礤。其形式和尺寸，如图 5-27 所示。

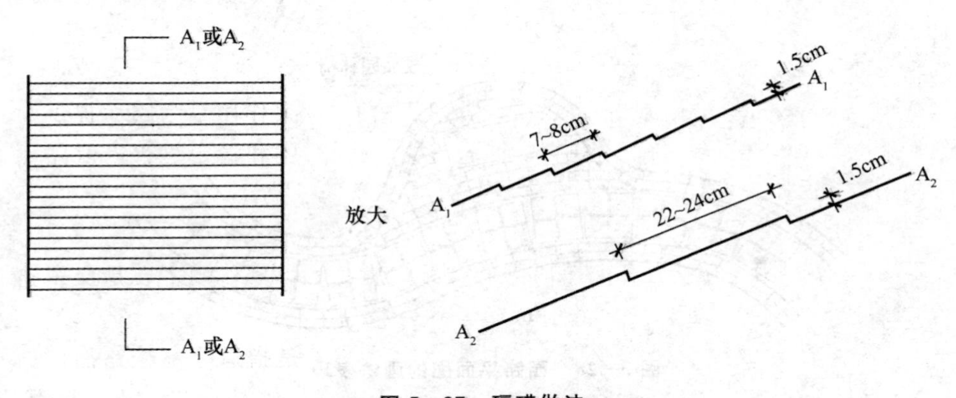

图 5-27　礓礤做法

⑤ 磴道。在地形陡峭的地段，可结合地形或利用露岩设置磴道。当其纵坡大于 60%时，应做防滑处理，并设扶手栏杆等。

⑥ 种植池。在路边或广场上栽种植物，一般应留种植池，种植池的大小应由所栽植物的要求而定，在栽种高大乔木的种植池上应设保护栅。

2. 园路的画法表现

园路在园林中的主要作用是引导游览、组织景色和划分空间。园路的美主要体现在园路平竖线条的流畅自然和路面的色彩、质感和图案的精美和园路与所处环境的协调。园路按其性质和功能可分为主要园路、次要园路及游憩小路。

(1) 园路平面表现

1) 规划设计阶段。本阶段园路设计的主要任务是与地形、水体、植物、建筑物、铺装场地及其他设施合理结合，形成完整的风景构图；连续展示园林景观的空间或欣赏前方景物的透视线，并使园路的转折、衔接通顺，符合游人的行为规律即可。所以，规划设计阶段的园路的平面表示以图形为主，基本不涉及数据的标注，其表现如图 5 - 28 所示。

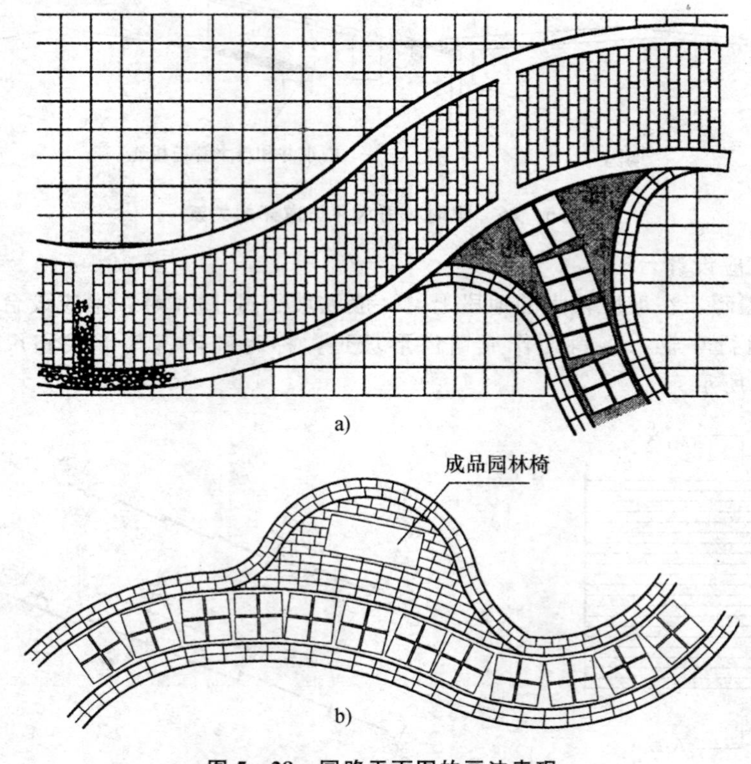

图 5 - 28 园路平面图的画法表现

a) 曲路相交表示方法；b) 曲路加宽表示方法

2) 施工设计阶段。本阶段园路的平面表现主要是路面的纹样设计，如图 5 - 29 所示。

(2) 园路的断面表现

1) 横断面表示法。主要表现园路的横断面形式和设计横坡。这种做法主

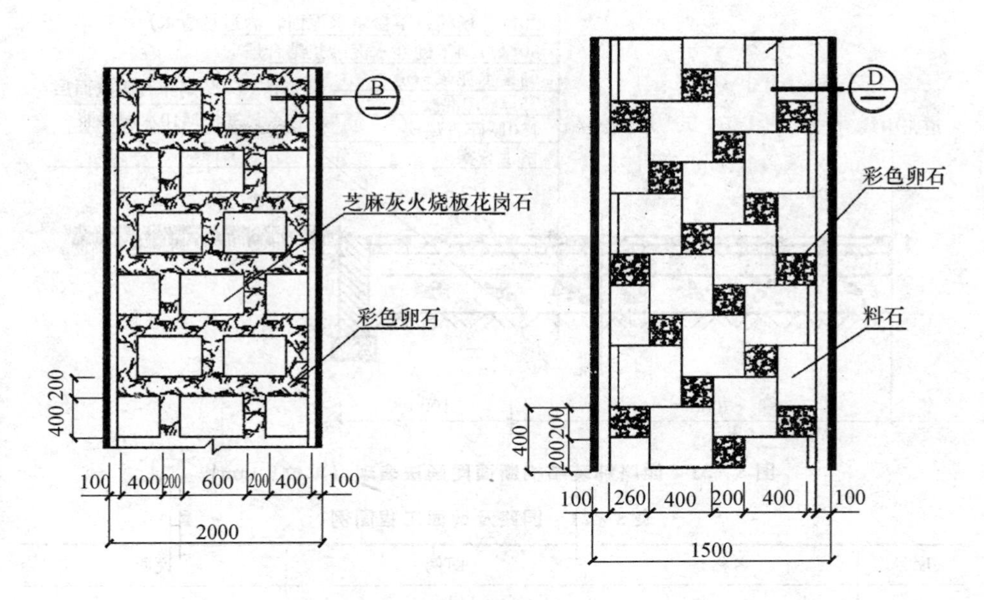

图 5－29　园路平面大样

要应用在道路绿化设计中，如图 5－30 所示。

2）园路结构断面表示法。主要表现园路各构造层的厚度与材料，通常通过图例和文字标注两部分表示，如图 5－31 所示。

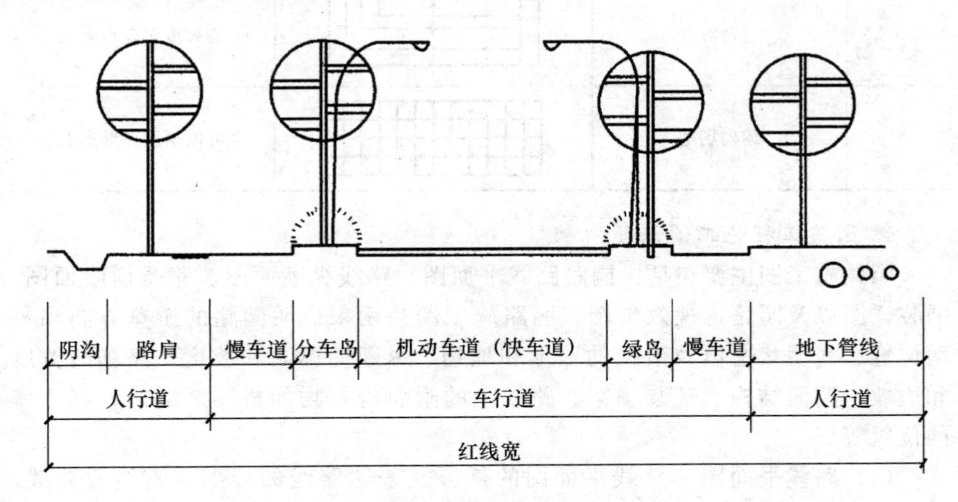

图 5－30　园路标准横断面图画法表现

3. 园路及地面工程图例

园路及地面工程图例见表 5－21。

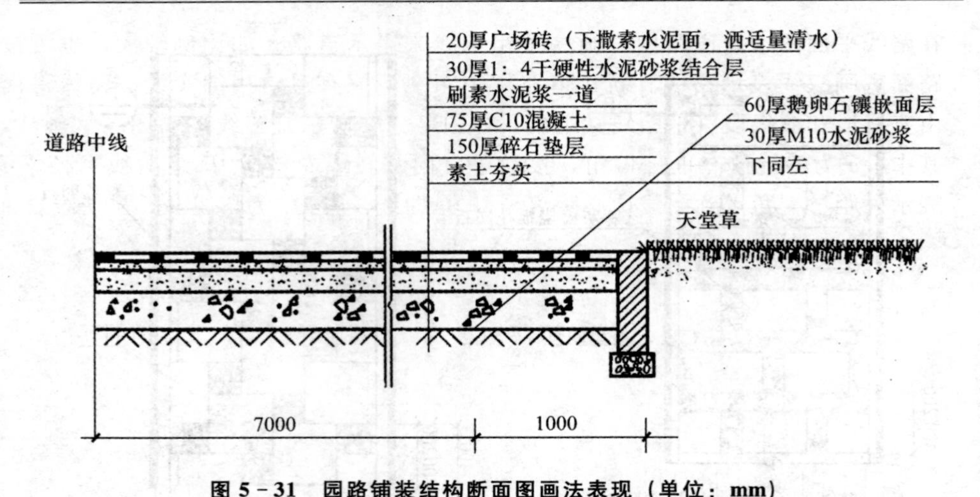

图 5－31　园路铺装结构断面图画法表现（单位：mm）

表 5－21　园路及地面工程图例

序号	名称	图例	说明
1	道路		—
2	铺装路面		—
3	台阶		箭头指向表示向上
4	铺砌场地		也可依据设计形态表示

4. 园路工程施工图识读

园路施工图主要包括：园路路线平面图、路线纵断面图、路基横断面图、铺装详图以及园路透视效果图。园路施工图是用来说明园路的游览方向和平面位置、线型状况以及沿线的地形和地物、纵断面标高和坡度、路基的宽度和边坡、路面结构、铺装图案、路线上的附属构筑物如桥梁、涵洞、挡土墙的位置等。

（1）路线平面图　路线平面图的任务是表达路线的线型（直线或曲线）状况和方向以及沿线两侧一定范围内的地形和地物等，地形和地物一般用等高线和图例表示，图例画法应符合《总图制图标准》GB/T 50103—2010 的规定。

路线平面图使用的比例较小，通常采用 1∶500～1∶2000 的比例。因此，在路线平面图中依道路中心画一条粗实线来表示道路。如比例较大，也可按路面宽画双线表示路线。新建道路用中粗线，原有道路用细实线。路线平面由直线段和曲线段（平曲线）组成，如图 5－32 所示是路线平面图图例画法，其中，a 为转折角（也称偏角，按前进方向右转或左转），R 是曲线半径，E 表示外距（交角点到曲线中心距离），L 是曲线长，EC 为切线，T 为切线长。

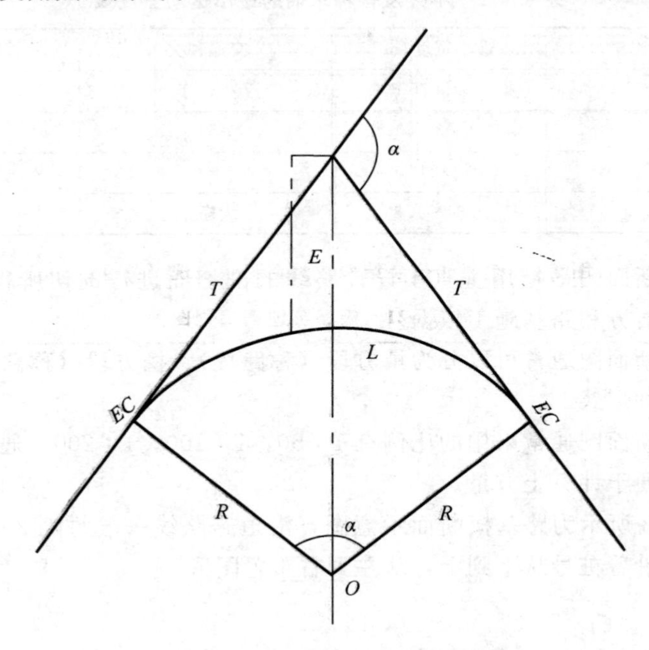

图 5－32　平曲线图

在图纸的适当位置画路线平曲线表，按交角点编号表列平曲线要素，包括交角点里程桩、转折角 a（按前进方向右转或左转）、曲线半径 R、切线长 T、曲线长 L、外距 E（交角点到曲线中心距离）。

除此之外，还需注意若路线狭长需要画在几张图纸上时，应分段绘制。路线分段应在整数里程桩断开。断开的两端应画出垂直于路线的接线图（点画线）。接图时应以两图的路线“中心线”为准，并将接图线重合在一起，指北针同向。每张图纸右上角应绘出角标，注明图纸序号和图纸总张数。

（2）路基横断面图　道路的横断面形式依据车行道的条数通常可分为“一块板”（机动与非机动车辆在一条车行道上混合行驶，上行下行不分隔）、“二块板”（机动与非机动车辆混驶，但上下行由道路中央分隔带分开）等几种形式。公园中常见的路多为“一块板”。通常在总体规划阶段会初步定出园路的分级、宽度及断面形式等，但在进行园路技术设计时仍需结合现场情况重新进行深入设计，选择并最终确定适宜的园路宽度和横断面形式。

园路宽度的确定依据其分级而定，应充分考虑所承载的内容（表 5－22），园路的横断形式最常见的为“一块板”形式，在面积较大的公园主路中偶尔也会出现“二块板”的形式。园林中的道路不像城市中的道路那样具有一定的程式化，有时道路的绿化带会被路侧的绿化所取代，变化形式较为灵活。

表 5－22　游人及各种车辆的最小运动宽度表

交通种类	最小宽度/m	交通种类	最小宽度/m
单人	≥0.75	小轿车	2.00
自行车	0.6	消防车	2.06
三轮车	1.24	卡车	2.50
手扶拖拉机	0.84～1.5	大轿车	2.66

路基横断面图是指用垂直于设计路线的剖切面进行剖切所得到的图形，作为计算土石方和路基施工依据。

路基横断面图通常可以分为填方段（称路堤）、挖方段（称路堑）和半填半挖路基三种形式。

路基横断面图通常采用的比例有 1：50，1：100，1：200。通常画在透明方格纸上，便于计算土方量。

图 5－33 所示为路基横断面示意图，沿道路路线一般每隔 20m 画一路基横断面图，沿着桩号从下到上，从左到右布置图形。

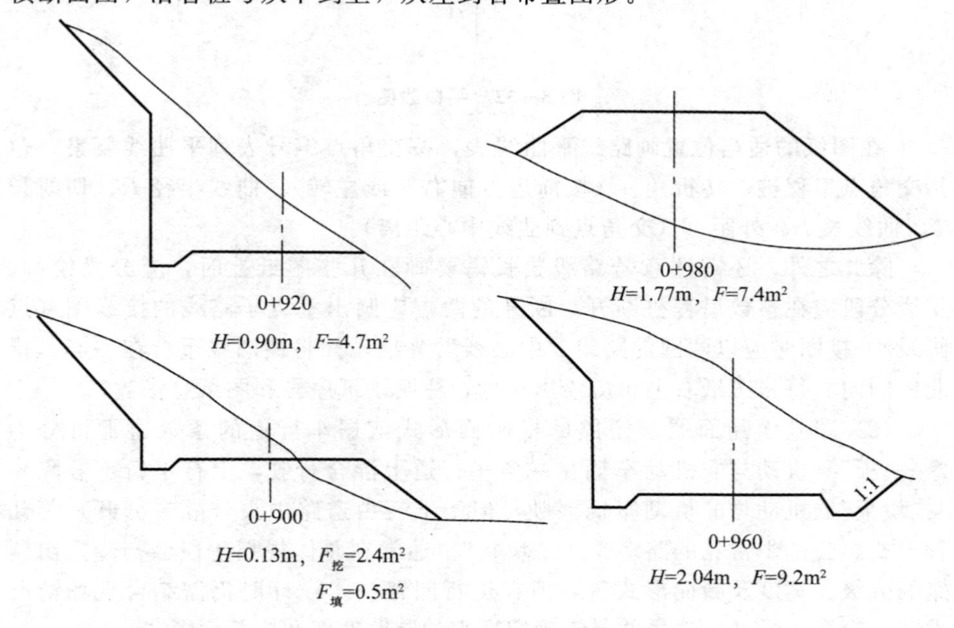

图 5－33　路基横断面图

（3）铺装详图　铺装详图用于表达园路面层的结构和铺装图案。常见的园路路面有：花街路面（用砖、石板、卵石组成各种图案）、卵石路面、混凝土板路面、嵌草路面、雕刻路面等。

（4）园路工程施工图阅读　阅读园路工程施工图时，主要应注意以下几点：

1）图名、比例。

2）了解道路宽度，广场外轮廓具体尺寸，放线基准点、基准线坐标。

3）了解广场中心部位和四周标高，回转中心标高、高处标高。

4）了解园路、广场的铺装情况，包括：根据不同功能所确定的结构、材料、形状（线型）、大小、花纹、色彩、铺装形式、相对位置、做法处理和要求。

5）了解排水方向及雨水口位置。

二、园桥工程施工图识读读图识图

1．园桥的构造

园林工程中常见的拱桥有钢筋混凝土拱桥、石拱桥、双曲拱桥、单孔平桥等，在此处主要介绍石拱桥与单孔平桥。

（1）小石拱桥　石拱桥可修筑成单孔或多孔的，如图5－34所示为小石拱桥构造示意图。

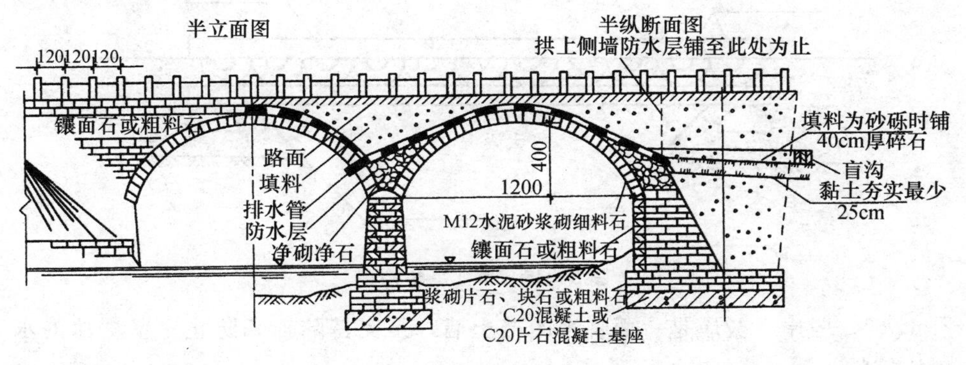

图5－34　小石拱桥构造

单孔拱桥主要由拱圈、拱上构造和两个桥台组成。拱圈是拱桥主要的承重结构。拱圈的跨中截面称为拱顶，拱圈与桥台（墩）连接处称为拱脚或起拱面。拱圈各幅向截面的形心连线称为拱轴线。当跨径小于20m时，采用圆弧线，为林区石拱桥所多见；当跨径大于或等于20m时，则采用悬链线形。拱圈的上曲面称为拱背，下曲面称为拱腹。起拱面与拱腹的交线称为起拱线。在同一拱圈中，两起拱线间的水平距离称为拱圈的净跨径（L_0），拱顶下缘至两起拱线连线的垂直距离称为拱圈的净矢高（f_0），矢高与跨径之比（f_0/L_0）称为矢跨比（又称拱矢度），是影响拱圈形状的重要参数。

拱圈以上的构造部分叫做拱上构造，由侧墙、护拱、拱腔填料、排水设施、桥面、檐石、人行道、栏杆、伸缩缝等结构组成。

（2）单孔平桥　如图 5－35 所示为单孔平桥构造示意图。

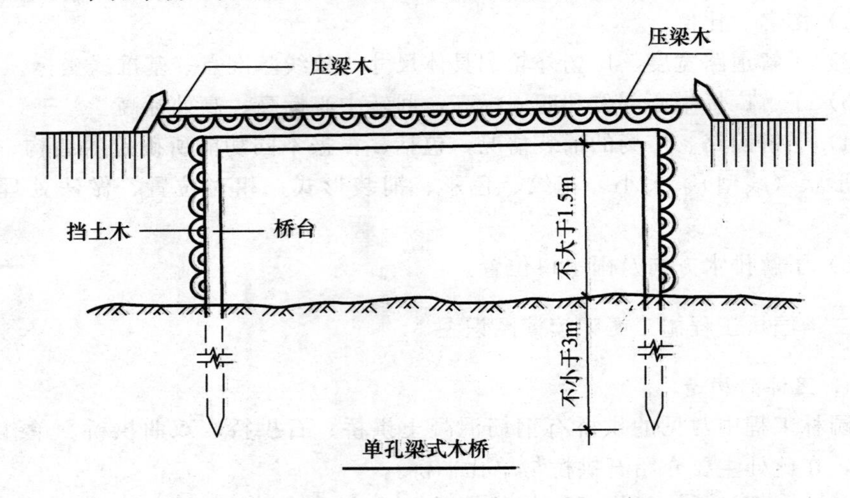

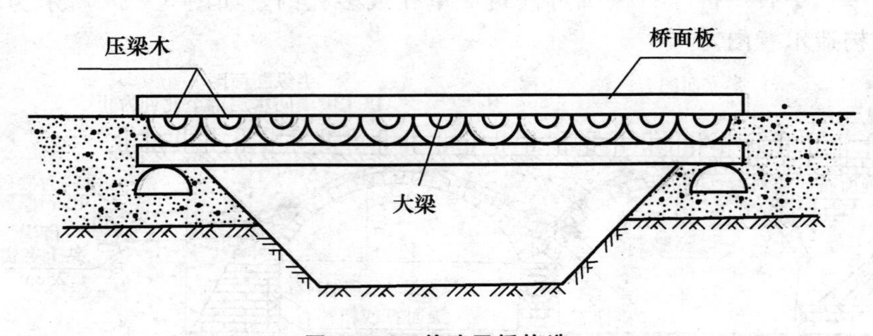

图 5－35　单孔平桥构造

（3）驳岸　驳岸是一面临水的挡土墙，是支持陆地和防止岸壁坍塌的水工构筑物。

由图 5－36 可见，驳岸可分为湖底以下部分，常水位至低水位部分、常水位与高水位之间部分和高水位以上部分。

高水位以上部分是不淹没部分，主要受风浪撞击和淘刷、日晒风化或超重荷载，致使下部坍塌，造成岸坡损坏。

常水位至高水位部分（$B\sim A$）属周期性淹没部分，多受风浪拍击和周期性冲刷，使水岸土壤遭冲刷而淤积水中，损坏岸线，影响景观。

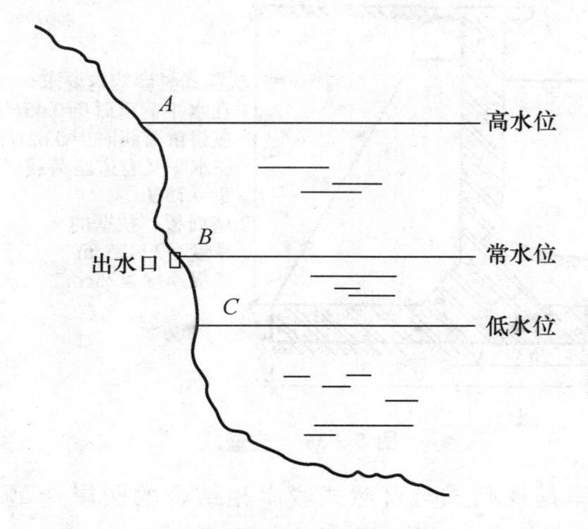

图 5－36　驳岸的水位关系

常水位到低水位部分（$B \sim C$）是常年被淹部分，其主要是湖水浸渗冻胀，剪力破坏，风浪淘刷。我国北方地区因冬季结冻，常造成岸壁断裂或移位。有时因波浪淘刷，土壤被淘空后导致坍塌。

C 以下部分是驳岸基础，主要影响地基的强度。

1）驳岸的造型。驳岸造型分类见图 5－37 所示。

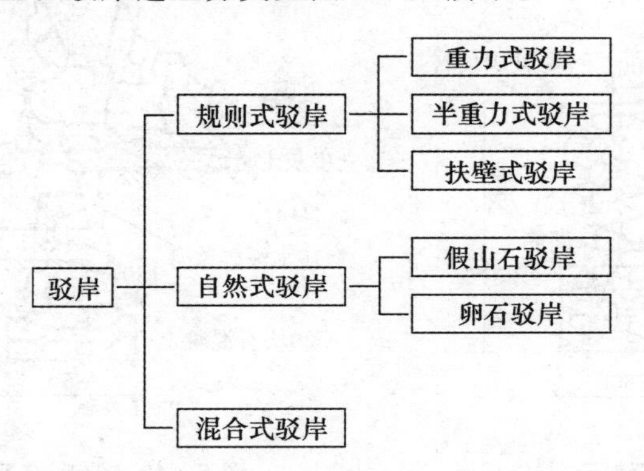

图 5－37　驳岸造型分类

① 规则式驳岸是用块石、砖、混凝土砌筑的几何形式的岸壁，如常见的重力式驳岸、半重力式驳岸、扶壁式驳岸等（图 5－38 和图 5－39）。规则式驳岸多属永久性的，要求较好的砌筑材料和较高的施工技术。其特点是简洁、规整，但是缺少变化。

② 自然式驳岸是外观无固定形状或规格的岸坡处理，如常用的假山石驳岸、卵石驳岸。这种驳岸自然堆砌，景观效果好。

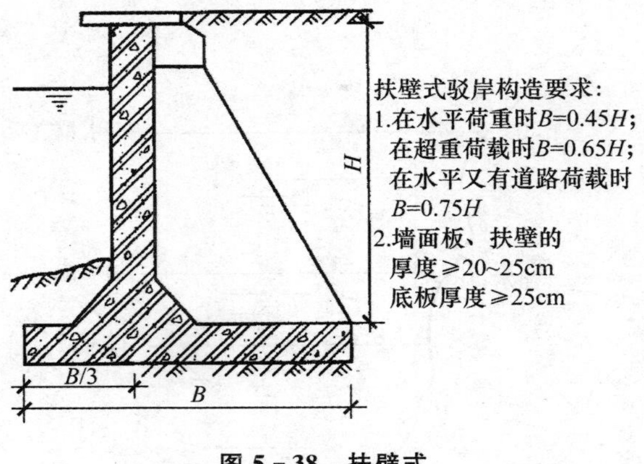

图 5－38　扶壁式

③ 混合式驳岸是规则式与自然式驳岸相结合的驳岸造型（图 5－40）。一般为毛石岸墙，自然山石岸顶。混合式驳岸易于施工，具有一定装饰性，适用于地形许可并且有一定装饰要求的湖岸。

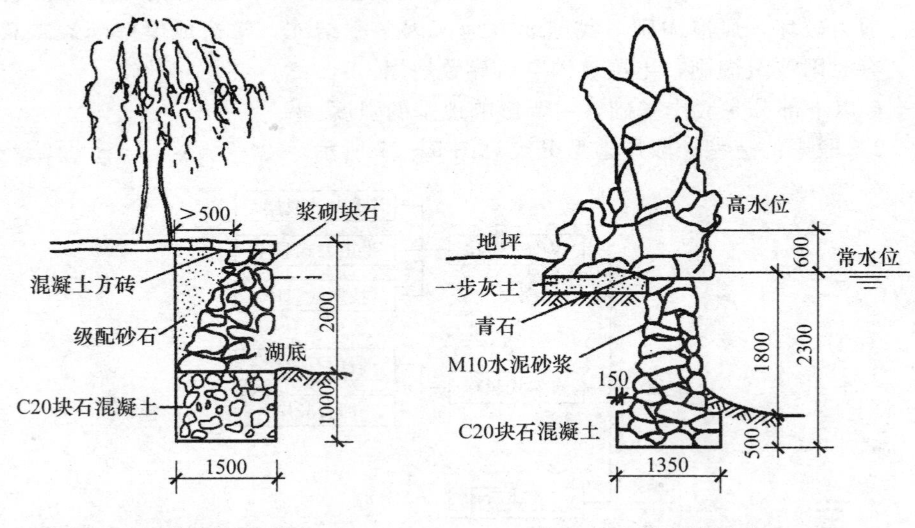

图 5－39　浆砌块石式（一）　　　　图 5－40　浆砌块石式（二）

2）桩基类驳岸。桩基是我国古老的水工基础做法，在园林建设中得到广泛应用，至今仍是常用的一种水工地基处理手法。当地基表面为松土层且下层为坚实土层或基岩时最宜用桩基。

如图 5－41 所示是桩基驳岸结构示意，它由桩基、卡裆石、盖桩石、混凝土基础、墙身和压顶等几部分组成。卡裆石是桩间填充的石块，起保持木桩稳定作用。盖桩石为桩顶浆砌的条石，作用是找平桩顶以便浇灌混凝土基础。基础以上部分与砌石类驳岸相同。

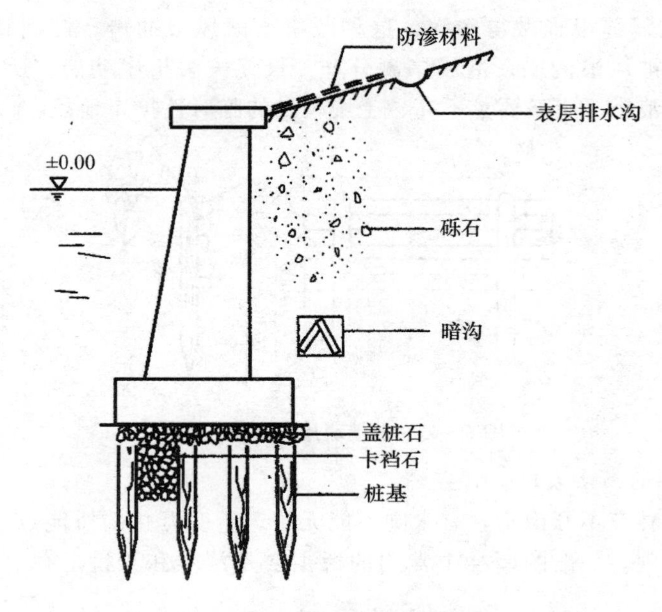

图 5－41　桩基驳岸结构示意图

3）竹篱驳岸、板墙驳岸。竹桩、板桩驳岸是另一种类型的桩基驳岸。驳岸打桩后，基础上部临水面墙身由竹篱（片）或板片镶嵌而成，适于临时性驳岸。竹篱驳岸造价低廉、取材容易，施工简单，工期短，能使用一定年限，凡盛产竹子，如毛竹、大头竹、勤竹、撑篙竹的地方均可采用。施工时，竹桩、竹篱要涂上一层柏油，目的是防腐。竹桩顶端由竹节处截断以防雨水积聚，竹片镶嵌紧密牢固，如图 5－42 和图 5－43 所示。

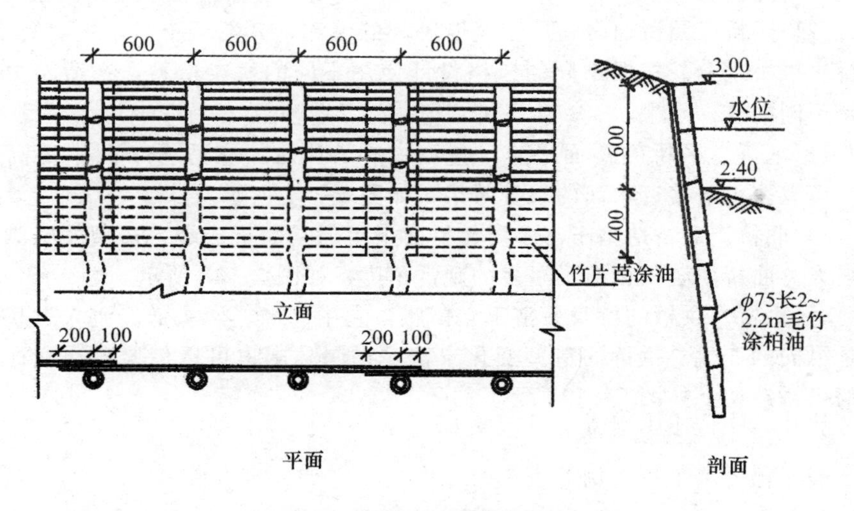

图 5－42　竹篱驳岸（单位：mm）

由于竹篱缝很难做得密实，这种驳岸不耐风浪冲击、淘刷和游船撞击，岸土很容易被风浪淘刷，造成岸篱分开，最终失去护岸功能。所以，此类驳岸适用于风浪小、岸壁要求不高、土壤较黏的临时性护岸地段。

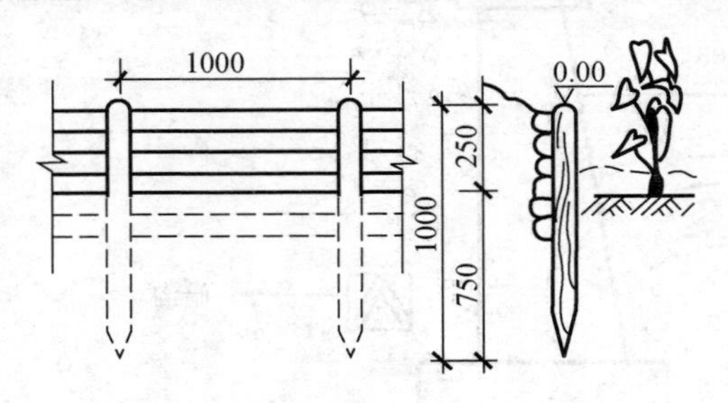

图 5－43　板墙驳岸（单位：mm）

2. 园桥的画法表现

中国园林离不开山水，有水则不能无桥。千变万化的桥能点缀水面景色，丰富园林景观。一般的园林中常用的桥主要是汀步和梁桥，有的大型景观中也使用亭桥。

（1）汀步　汀步也叫跳桥，它是一种原始的过水形式。在园林中采用情趣化的汀步，能丰富视觉，加强艺术感染力。汀步以各种形式的石墩或木桩最为常用，此外还有仿生的莲叶或其他水生植物样的造型物。

汀步按平面形状可分为规则、自然及仿生三种形式。

1）规则式汀步（图 5－44）。

2）自然式汀步（图 5－45）。

3）仿生式汀步（图 5－46）。

（2）园桥　园桥通常适用于宽度不大的溪流，其造型丰富，主要有平桥、曲桥、拱桥之分。根据不同的风格设计使用不同的桥梁造型，在造园中可以取得不同的艺术效果。

1）平桥。平桥的桥面平直，造型古朴、典雅。它适合于两岸等高的地形，可以获得最接近水面的观赏效果，如图 5－47 所示。

2）曲桥。曲桥造型丰富多姿，桥面平坦但是曲折成趣，造型的感染力更为强大。曲桥为游人创造了更多的观赏角度，如图 5－48 所示。

3）拱桥。拱桥的桥身最富于立体感，它中间高、两头低。游人过桥的路线是纵向的变化。拱桥的造型变化丰富，在园林中也可以借鉴普通交通桥梁中的拱桥造型，如图 5－49 所示。

3. 驳岸挡土墙工程图例

驳岸挡土墙工程图例见表 5－23。

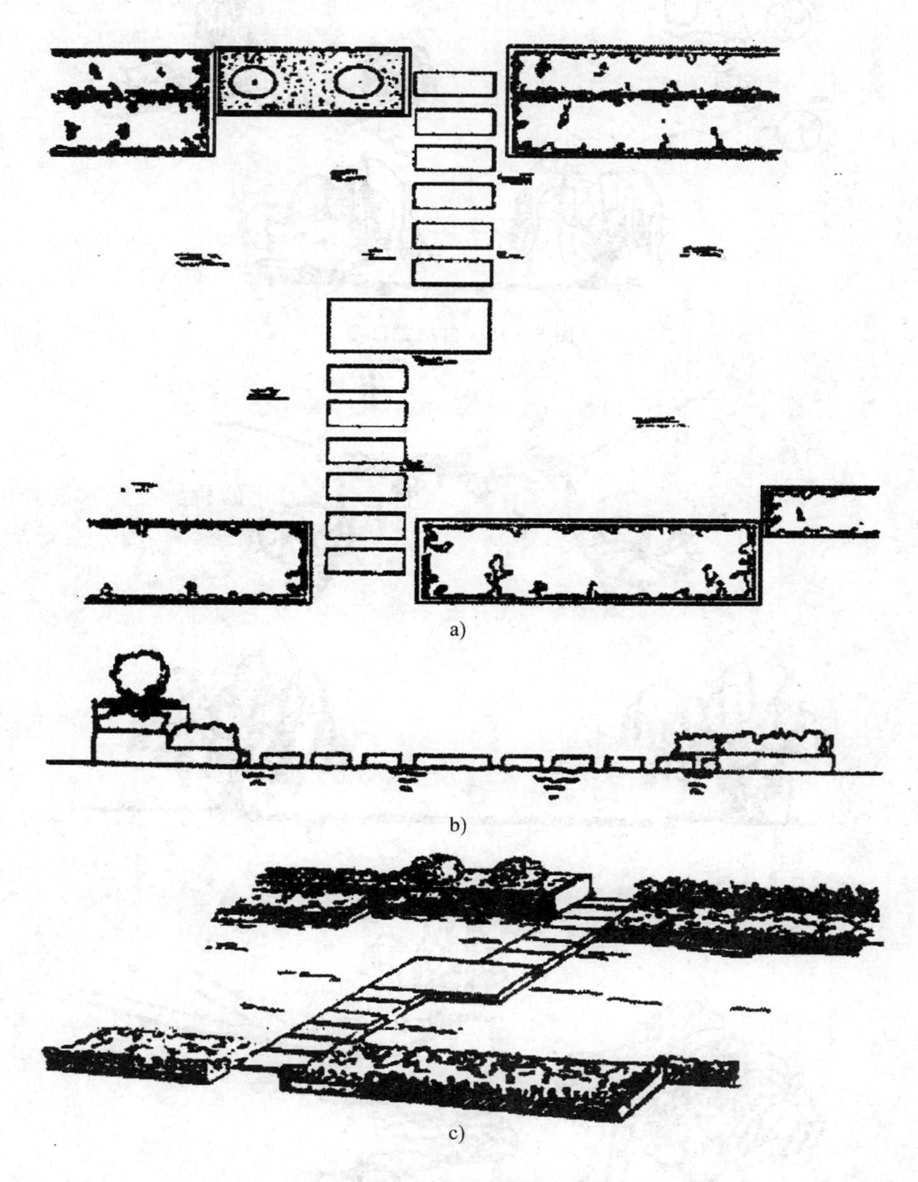

a)

b)

c)

图 5-44　规则式汀步的画法表现

a）平面；b）立面；c）效果

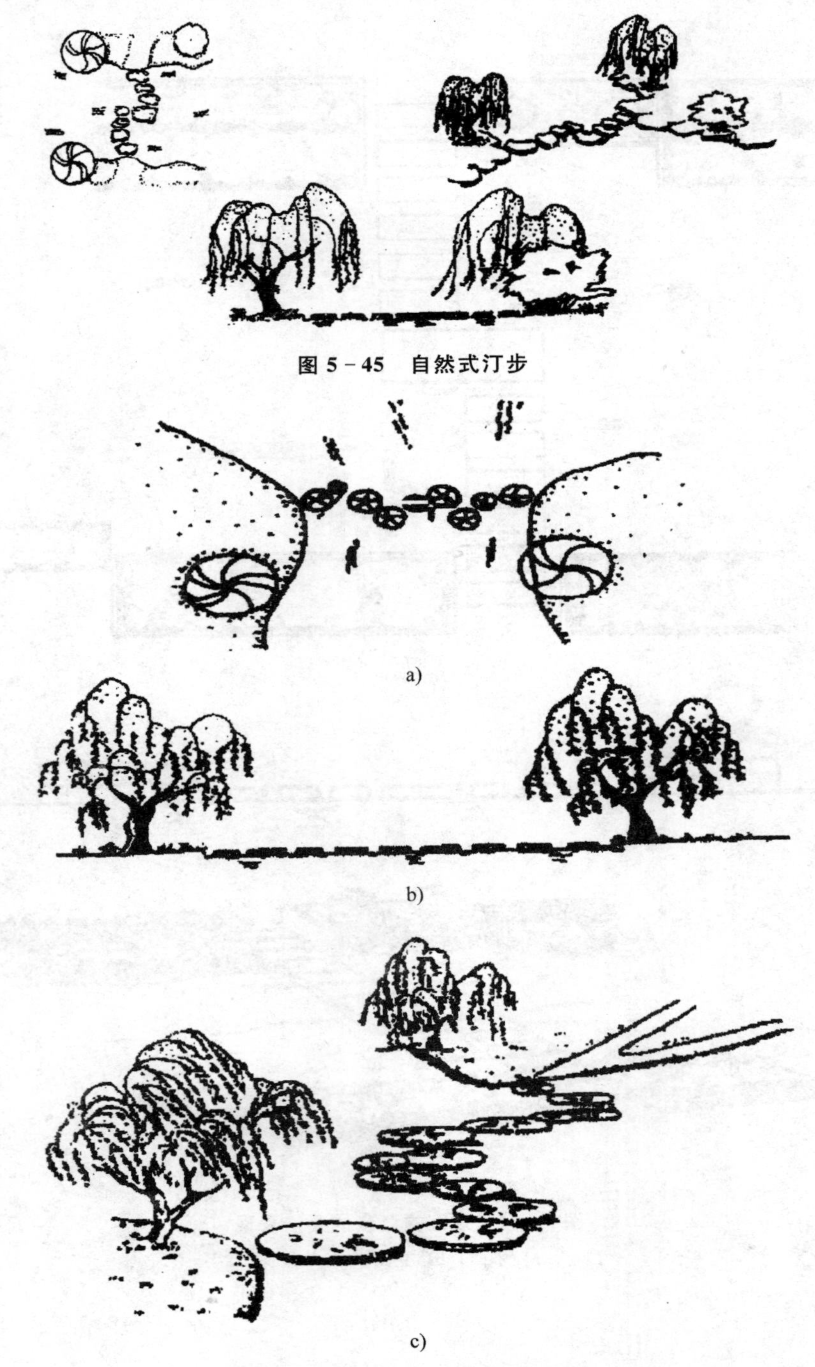

图 5-45　自然式汀步

a)

b)

c)

图 5-46　仿生式汀步的画法表现

a）平面；b）立面；c）效果

图 5－47　平桥的表现

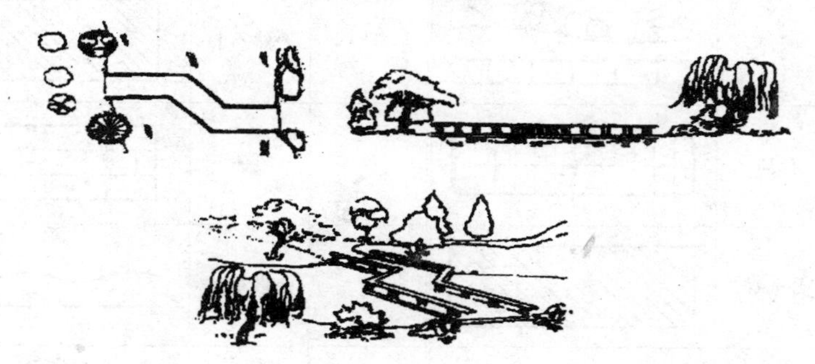

图 5－48　曲桥的表现

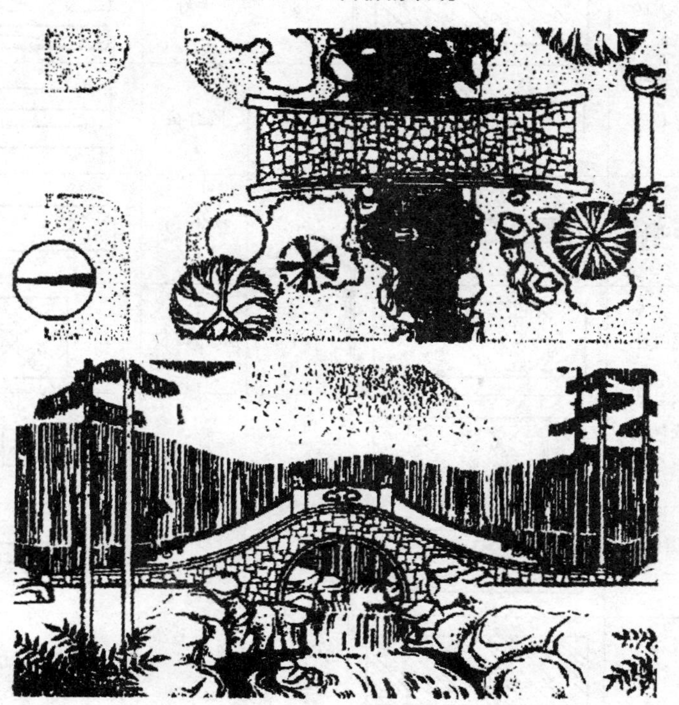

图 5－49　拱桥的表现

表 5-23　驳岸挡土墙工程图例

序号	名称	图例	序号	名称	图例
1	护坡	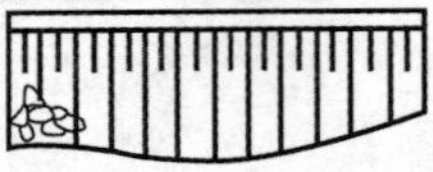	13	排水明沟	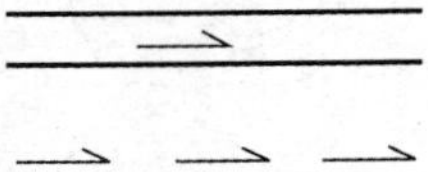
2	挡土墙	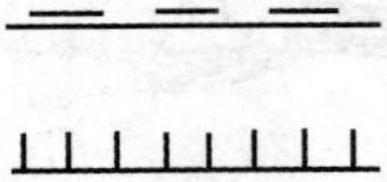	14	有盖的排水沟	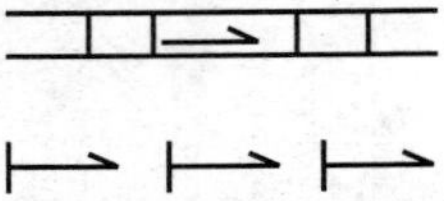
3	驳岸	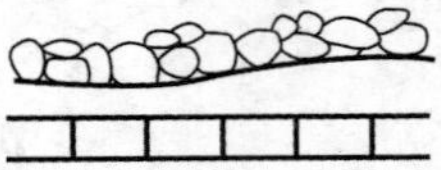	15	天然石材	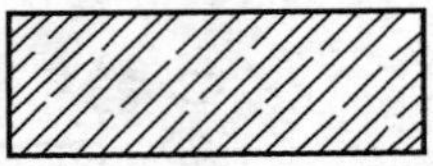
4	台阶	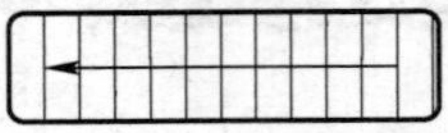	16	毛石	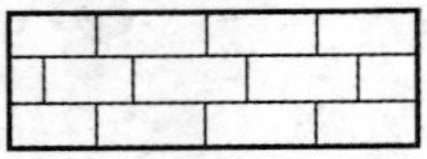
5	普通砖	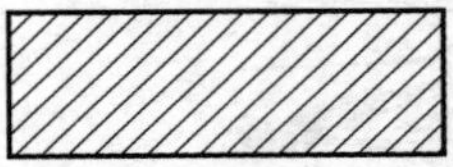	17	松散材料	
6	耐火砖	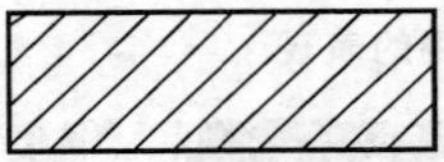	18	木材	
7	空心砖	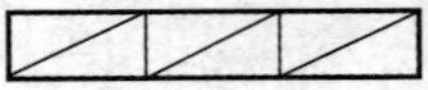	19	胶合板	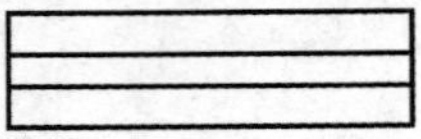
8	饰面砖		20	石膏板	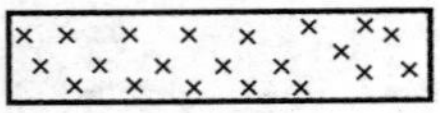
9	混凝土	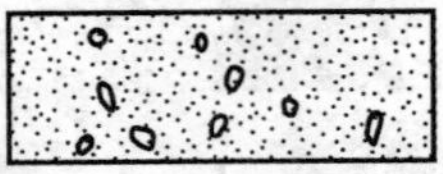	21	多孔材料	
10	钢筋混凝土	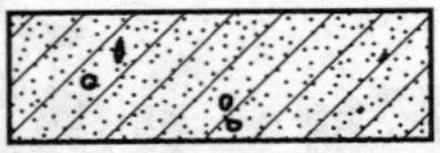	22	玻璃	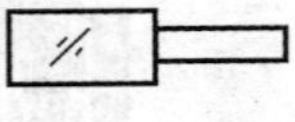
11	焦砟、矿渣	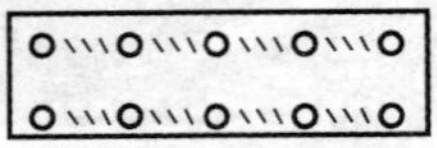	23	纤维材料或人造板	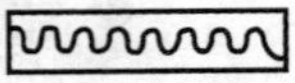
12	金属	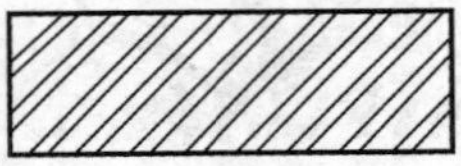			

4. 园桥工程施工图识读

(1) 总体布置图　如图 5－50 所示是一座单孔实腹式钢筋混凝土和块石结构的拱桥总体布置图。

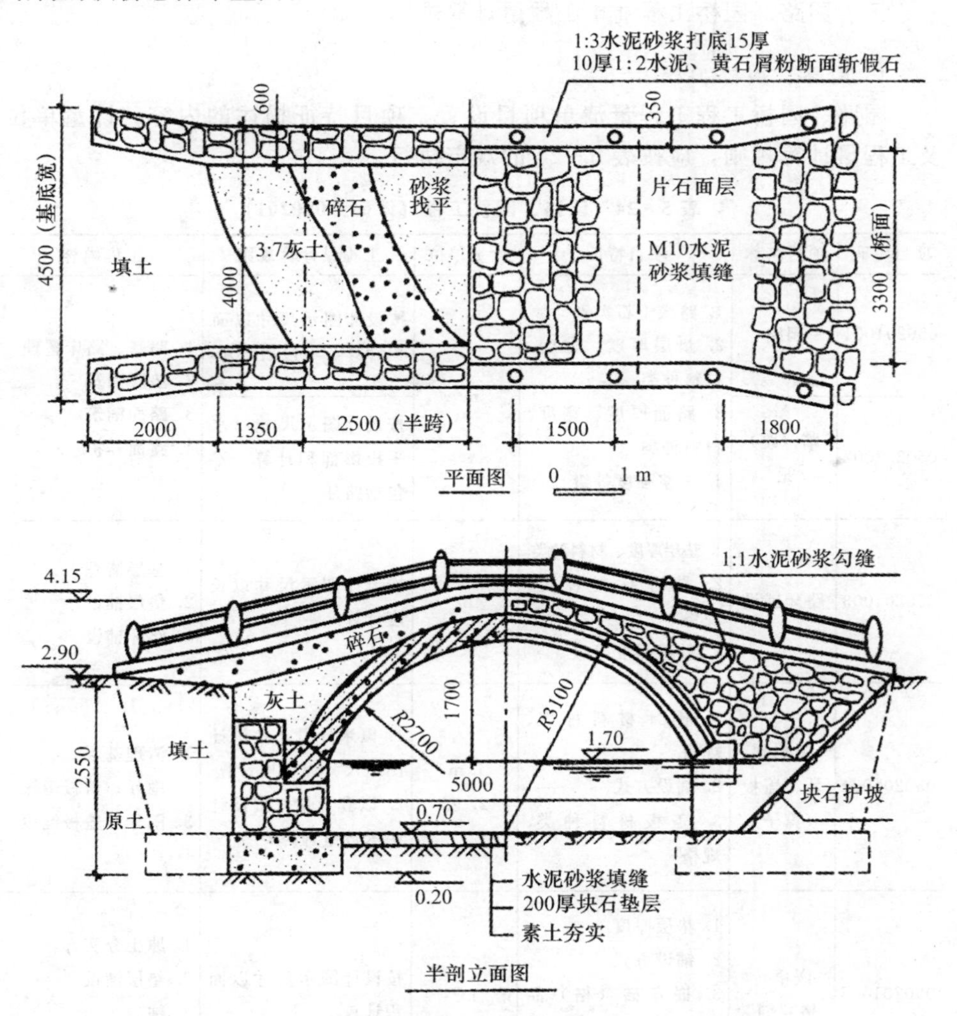

图 5－50　拱桥总体布置图（单位：mm）

1) 平面图。平面图一半表达外形，一半采用分层局部剖面表达桥面各层构造。平面图还表达了栏杆的布置和檐石的表面装修要求。

2) 立面图。立面图采用半剖，主要表达拱桥的外形、内部构造、材料要求和主要尺寸。

(2) 构件详图与说明　在拱桥工程图中，栏杆望柱、抱鼓石、桥心石等都应画大样图表达它们的样式。

用文字注写桥位所在河床的工程地质情况，也可绘制地质断面图，还应注写设计标高、矢跨比、限载吨位以及各部分的用料要求和施工要求等。

三、园路、园桥工程清单工程量计算规则

1. 园路、园桥工程

园路、园桥工程工程量清单项目设置、项目特征描述的内容、计量单位及工程量计算规则，应按表5-24的规定执行。

表5-24　园路、园桥工程（编码：050201）

项目编码	项目名称	项目特征	计量单位	工程量计算规则	工程内容
050201001	园路	1. 路床土石类别 2. 垫层厚度、宽度、材料种类 3. 路面厚度、宽度、材料种类 4. 砂浆强度等级	m^2	按设计图示尺寸以面积计算，不包括路牙	1. 路基、路床整理 2. 垫层铺筑 3. 路面铺筑 4. 路面养护
050201002	踏（蹬）道			按设计图示尺寸以水平投影面积计算，不包括路牙	
050201003	路牙铺设	1. 垫层厚度、材料种类 2. 路牙材料种类、规格 3. 砂浆强度等级	m	按设计图示尺寸以长度计算	1. 基层清理 2. 垫层铺设 3. 路牙铺设
050201004	树池围牙、盖板（箅子）	1. 围牙材料种类、规格 2. 铺设方式 3. 盖板材料种类、规格	1. m 2. 套	1. 以米计量，按设计图示尺寸以长度计算 2. 以套计量，按设计图示数量计算	1. 清理基层 2. 围牙、盖板运输 3. 围牙、盖板铺设
050201005	嵌草砖（格）铺装	1. 垫层厚度 2. 铺设方式 3. 嵌草砖（格）品种、规格、颜色 4. 漏空部分填土要求	m^2	按设计图示尺寸以面积计算	1. 原土夯实 2. 垫层铺设 3. 铺砖 4. 填土
050201006	桥基础	1. 基础类型 2. 垫层及基础材料种类、规格 3. 砂浆强度等级	m^3	按设计图示尺寸以体积计算	1. 垫层铺筑 2. 起重架搭、拆 3. 基础砌筑 4. 砌石

续表

项目编码	项目名称	项目特征	计量单位	工程量计算规则	工程内容
050201007	石桥墩、石桥台	1. 石料种类、规格 2. 勾缝要求 3. 砂浆强度等级、配合比	m^3	按设计图示尺寸以体积计算	1. 石料加工 2. 起重架搭、拆 3. 墩、台、券石、脸砌筑 4. 勾缝
050201008	拱券石	1. 石料种类、规格 2. 券脸雕刻要求 3. 勾缝要求 4. 砂浆强度等级、配合比			
050201009	石券脸		m^2	按设计图示尺寸以面积计算	
050201010	金刚墙砌筑		m^3	按设计图示尺寸以体积计算	1. 石料加工 2. 起重架搭、拆 3. 砌石 4. 填土夯实
050201011	石桥面铺筑	1. 石料种类、规格 2. 找平层厚度、材料种类 3. 勾缝要求 4. 混凝土强度等级 5. 砂浆强度等级	m^2	按设计图示尺寸以面积计算	1. 石材加工 2. 抹找平层 3. 起重架搭、拆 4. 桥面、桥面踏步铺设 5. 勾缝
050201012	石桥面檐板	1. 石料种类、规格 2. 勾缝要求 3. 砂浆强度等级、配合比			1. 石材加工 2. 檐板铺设 3. 铁锔、银锭安装 4. 勾缝
050201013	石汀步（步石、飞石）	1. 石料种类、规格 2. 砂浆强度等级、配合比	m^3	按设计图示尺寸以体积计算	1. 基层整理 2. 石材加工 3. 砂浆调运 4. 砌石
050201014	木制步桥	1. 桥宽度 2. 桥长度 3. 木材种类 4. 各部位截面长度 5. 防护材料种类	m^2	按桥面板设计图示尺寸以面积计算	1. 木桩加工 2. 打木桩基础 3. 木梁、木桥板、木桥栏杆、木扶手制作、安装 4. 连接铁件、螺栓安装 5. 刷防护材料

续表

项目编码	项目名称	项目特征	计量单位	工程量计算规则	工程内容
050201015	栈道	1. 栈道宽度 2. 支架材料种类 3. 面层木材种类 4. 防护材料种类	m^2	按栈道面板设计图示尺寸以面积计算	1. 凿洞 2. 安装支架 3. 铺设面板 4. 刷防护材料

注：1. 园路、园桥工程的挖土方、开凿石方、回填等应按现行国家标准《市政工程工程量计算规范》GB 50857—2013 相关项目编码列项。

2. 如遇某些构配件使用钢筋混凝土或金属构件时，应按现行国家标准《房屋建筑与装饰工程工程计量计算规范》GB 50854—2013 或《市政工程工程计量计算规范》GB 50857—2013 相关项目编码列项。

3. 地伏石、石望柱、石栏杆、石栏板、扶手、撑鼓等应按现行国家标准《仿古建筑工程工程计量规范》GB 50855—2013 相关项目编码列项。

4. 亲水（小）码头各分部分项项目按照园桥相应项目编码列项。

5. 台阶项目按现行国家标准《房屋建筑与装饰工程工程计量计算规范》GB 50854—2013 相关项目编码列项。

6. 混合类构件园桥按现行国家标准《房屋建筑与装饰工程工程计量计算规范》GB 50854—2013 或《通用安装工程工程计量计算规范》GB 50856—2013 相关项目编码列项。

2. 驳岸、护岸

驳岸、护岸工程量清单项目设置、项目特征描述的内容、计量单位及工程量计算规则，应按表 5 - 25 的规定执行。

表 5 - 25　驳岸、护岸（编码：050202）

项目编码	项目名称	项目特征	计量单位	工程量计算规则	工程内容
050202001	石（卵石）砌驳岸	1. 石料种类、规格 2. 驳岸截面、长度 3. 勾缝要求 4. 砂浆强度等级、配合比	1. m^3 2. t	1. 以立方米计量，按设计图示尺寸以体积计算 2. 以吨计量，按质量计算	1. 石料加工 2. 砌石（卵石） 3. 勾缝
050202002	原木桩驳岸	1. 木材种类 2. 桩直径 3. 桩单根长度 4. 防护材料种类	1. m 2. 根	1. 以米计量，按设计图示桩长（包括桩尖）计算 2. 以根计量，按设计图示数量计算	1. 木桩加工 2. 打木桩 3. 刷防护材料
050202003	满（散）铺砂卵石护岸（自然护岸）	1. 护岸平均宽度 2. 粗细砂比例 3. 卵石粒径	1. m^2 2. t	1. 以平方米计量，按设计图示尺寸以护岸展开面积计算 2. 以吨计量，按卵石使用质量计算	1. 修边坡 2. 铺卵石

续表

项目编码	项目名称	项目特征	计量单位	工程量计算规则	工程内容
050202004	点（散）布大卵石	1. 大卵石粒径 2. 数量	1. 块（个） 2. t	1. 以块（个）计量，按设计图数量计算 2. 以吨计算，按卵石使用质量计算	1. 布石 2. 安砌 3. 成形
050202005	框格花木护岸	1. 展开宽度 2. 护坡材质 3. 框格种类与规格	m^2	按设计图示尺寸展开宽度乘以长度以面积计算	1. 修边坡 2. 安放框格

注：1. 驳岸工程的挖土方、开凿石方、回填等应按现行国家标准《房屋建筑与装饰工程工程计量计算规范》GB 50854—2013 相关项目编码列项。

2. 木桩钎（梅花桩）按原木桩驳岸项目单独编码列项。

3. 钢筋混凝土仿木桩驳岸，其钢筋混凝土及表面装饰按现行国家标准《房屋建筑与装饰工程工程计量计算规范》GB 50854—2013 相关项目编码列项，若表面"塑松皮"按"园林景观工程"相关项目编码列项。

4. 框格花木护岸的铺草皮、撒草籽等应按"绿化工程"相关项目编码列项。

四、园路、园桥工程定额工程量计算规则

1. 园路工程工程量计算

(1) 整理路床

1）工作内容：厚度在 30cm 以挖、填、找平、夯实、整修，弃土于 2m 以外。

2）工程量：园路整理路床的工程量按路床的面积计算，以"$10m^2$"计算。

(2) 垫层

1）工作内容：筛土、浇水、拌和、铺设、找平、灌浆、捣实、养护。

2）工程量：园路垫层的工程量按不同垫层材料，以垫层的体积计算，计量单位为"m^3"。垫层计算宽度应比设计宽度大 10cm，即两边各放宽 5cm。

(3) 面层

1）工作内容：放线、整修路槽、夯实、修平垫层、调浆、铺面层、嵌缝、清扫。

2）工程量：按不同面层材料、厚度，以园路面层的面积计算。计量单位为"$10m^2$"。

① 卵石面层：按拼花、彩边素色分别列项，以"$10m^2$"计算。

② 混凝土面层：按纹形、水刷纹形、预制方格、预制异形、预制混凝土大块面层、预制混凝土假冰片面层、水刷混凝土路面分别列项，以"$10m^2$"

计算。

③ 八五砖面层：按平铺、侧铺分别列项，以“$10m^2$”计算。

④ 石板面层：按方整石板面层、乱铺冰片石面层、瓦片、碎缸片、弹石片、小方碎石、六角板分别列项，以“$10m^2$”计算。

（4）甬路

1）工作内容：园林建筑及公园绿地内的小型甬路、路牙、侧石等工程。定额中不包括刨槽、垫层及运土，可按相应项目定额执行。砌侧石、路缘石、砖、石及树穴是按 1∶3 白灰砂浆铺底、1∶3 水泥砂浆勾缝考虑的。

2）工程量：

① 侧石、路缘、路牙按实铺尺寸以“延长米”计算。

② 庭园工程中的园路垫层按图示尺寸以“m^3”计算。带路牙者，园路垫层宽度按路面宽度加 20cm 计算；无路牙者，园路垫层宽度按路面宽度加 10cm 计算；蹬道带山石挡土墙者，园路垫层宽度按蹬道宽度加 120cm 计算；蹬道无山石挡土墙者，园路垫层宽度按蹬道宽度加 40cm 计算。

③ 庭园工程中的园路定额是指庭院内的行人甬路、蹬道和带有部分踏步的坡道，不适用于厂、院及住宅小区内的道路，由垫层、路面、地面、路牙、台阶等组成。

④ 山丘坡道所包括的垫层、路面、路牙等项目，分别按相应定额子目的人工费乘以系数 1.4 计算，材料费不变。

⑤ 室外道路宽度在 14m 以内的混凝土路、停车场（厂、院）及住宅小区内的道路套用“建筑工程”预算定额；室外道路宽度在 14m 以外的混凝土路、停车场套用“市政道路工程”预算定额，沥青所有路面套用“市政道路工程”预算定额；庭院内的行人甬路、蹬道和带有部分踏步的坡道套用“庭院工程”预算定额。

⑥ 绿化工程中的住宅小区、公园中的园路套用“建筑工程”预算定额，园路路面面层以“m^2”计算，垫层以“m^3”计算；别墅中的园路大部分套用“庭园工程”预算定额。

2. 园桥工程工程量计算

1）工作内容：选石、修石、运石，调、运、铺砂浆，砌石，安装桥面。

2）工程量：

① 桥的毛石基础、条石桥墩的工程量按其体积计算，计量单位为“m^3”。

② 园桥的桥台、护坡的工程量按不同石料（毛石或条石），以其体积计算，计量单位为“m^3”。

③ 园桥的石桥面的工程量按其面积计算，计量单位为“$10m^2$”。

④ 石桥桥身的砖石背里和毛石金刚墙，分别执行砖石工程的砖石挡土墙

和毛石墙相应定额子目。其工程量均按图示尺寸以“m^3”计算。

⑤ 河底海墁、桥面石安装，按设计图示面积、不同厚度以“m^2”计算；石栏板（含抱鼓）安装，按设计底边（斜栏板按斜长）长度，以“块”计算；石望柱按设计高度，以“根”计算。

⑥ 定额中规定，ϕ10mm 以内的钢筋按手工绑扎编制，ϕ10mm 以外的钢筋按焊接编制，钢筋加工、制作按不同规格和不同的混凝土制作方法分别按设计长度乘以理论重量以“t”计算。

⑦ 石桥的金刚墙细石安装项目中，已综合了桥身的各部位金刚墙的因素。雁翅金刚墙、分水金刚墙和两边的金刚墙，均套用相应的定额。

定额中的细石安装是按青白石和花岗石两种石料编制的，如实际使用砖碴石、汉白玉石料时，执行青白石相应定额子目；使用其他石料时，应另行计算。

五、园路、园桥工程工程量计算实例

【例 5－7】 如图 5－51 所示为嵌草砖铺装局部示意图，各尺寸如图 5－51 所示，求工程量。

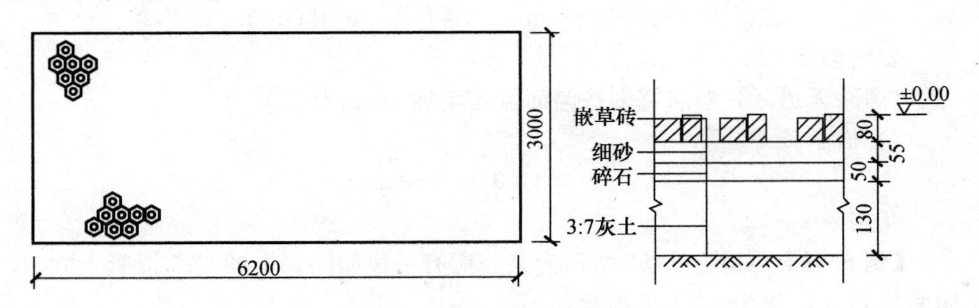

图 5－51 嵌草砖铺装示意图（单位：mm）

a）平面图；b）局部断面图

【解】

（1）清单工程量

$S=6.2\times3=18.6$（m^2）

清单工程量计算表见表 5－26。

表 5－26 清单工程量计算表

序号	项目编码	项目名称	项目特征描述	工程量合计	计量单位
1	050201005001	嵌草砖（格）铺装	3∶7 灰土垫层厚 130mm，碎石垫层厚 50mm，细砂垫层厚 55mm	18.60	m^2

（2）定额工程量

1）平整草地：

$$S=6.2\times3\times1.4=26.24\ (m^2)$$

路面整理按路面面积乘以系数1.4，以“m^2”计算，套定额1-1。

2）挖土方：

$$V=6.2\times3\times(0.13+0.05+0.055)=3.37(m^3)$$

套定额1-4。

3）原土夯实：

$$S=6.2\times(3+0.1)=19.22(m^2)$$

4）3∶7灰土垫层：

$$V=6.2\times(3+0.1)\times0.13=2.50(m^3)$$

套定额2-1。

5）碎石层：

$$V=6.2\times(3+0.1)\times0.05=0.96(m^3)$$

套定额2-8。

6）细砂层：

$$V=6.2\times(3+0.1)\times0.055=1.06(m^3)$$

套定额2-3。

（园路无道牙，垫层宽度按路面宽度增加10cm计算）

7）嵌草砖：

$$S=6.2\times3=18.6(m^2)$$

套定额2-32。

【例5-8】 如图5-52所示为某公园有一段园路，上铺C15混凝土方砖，园路长50m，宽5m，求工程量。

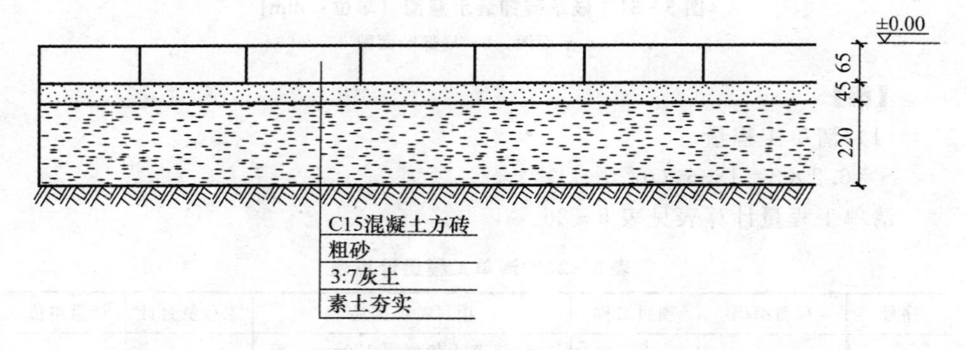

图5-52 某公园方砖路局部示意图

【解】

(1) 清单工程量

C15 混凝土方砖园路面积：

$$S=长\times宽=50\times5m^2=250m^2$$

清单工程量计算见表 5-27。

表 5-27 清单工程量计算表

序号	项目编码	项目名称	项目特征描述	工程量合计	计量单位
1	050201001001	园路	3∶7 灰土垫层宽 5.1m，厚 0.22m，粗砂垫层宽 5.1m，厚 0.45m，C15 混凝土方砖路面宽 5m，厚 0.065m	250	m^2

(2) 定额工程量

1) 整理路床

$$S=长\times宽（无路牙时加 10cm，有路牙时加 20cm）$$
$$=50\times(5+0.1)m^2=255m^2=25.5（10m^2）$$

2) 素土夯实

$$S=长\times宽=50\times(5+0.1)m^2=255（m^2）$$

3) 挖土方

$$V=长\times宽\times厚=50\times(5+0.1)\times(0.22+0.045+0.065)m^3=84.15（m^3）$$

4) 3∶7 灰土垫层（套定额 2-1）

$$V=长\times宽\times厚=50\times(5+0.1)\times0.22m^3=56.10（m^3）$$

5) 粗砂垫层（套定额 2-3）

$$V=长\times宽\times厚=50\times(5+0.1)\times0.045m^3=11.48（m^3）$$

6) C15 混凝土方砖路面（套定额 2-14）

$$S=长\times宽=50\times5m^2=250（m^2）$$

【例 5-9】 某园路长 10m、宽 2.5m，路两边均铺有路牙，如图 5-53 所示是路一边的剖面图，求工程量。

【解】

(1) 清单工程量

路牙铺设：

路的长度×2=10m×2=20（m）

清单工程量计算见表 5-28。

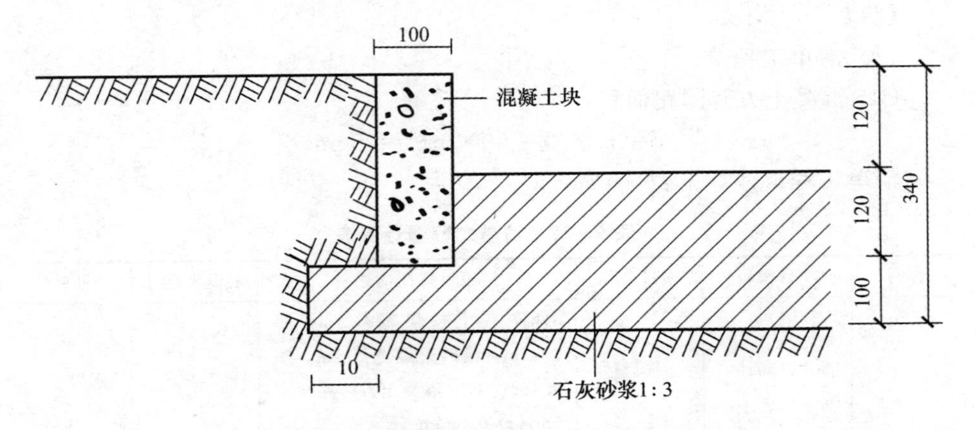

图 5－53　某园路局部剖面图（单位：mm）

表 5－28　清单工程量计算表

序号	项目编码	项目名称	项目特征描述	工程量合计	计量单位
1	050201003001	路牙铺设	石灰砂浆 1∶3	20	m

（2）定额工程量

1）平整场地

S=(长×宽)×2=(10×0.1)×2m^2=2m^2=0.2（10m^2）

2）挖土方

V=(长×宽×厚)×2=(10×0.1×0.12)×2m^3=0.24（m^3）

3）石灰砂浆 1∶3（套定额 2－35）

V=(长×宽×厚)=[10×(0.1+0.01)×0.1]×2m^3=0.22（m^3）

4）路牙铺设（套定额 2－35）

按图示尺寸以长度计算，因两边均铺，所以路牙铺设为 10×2m=20（m）。

【例 5－10】 有一拱桥，采用花岗石制作安装拱券石，石券脸的制作、安装采用青白石，桥洞底板为钢筋混凝土处理，桥基细石安装用金刚墙青白石，厚 20cm，具体拱桥的构造如图 5－54 所示。试求其清单工程量。

【解】

（1）桥基础

混凝土石桥基础工程量=8.5×3×0.5=12.75（m^3）

钢筋混凝土桥洞底板工程量=4.5×3×0.5=6.75（m^3）

（2）拱券石

拱券石层的厚度，应取桥拱半径的 1/12～1/6，加工成上宽下窄的楔形石块，石块一侧做有榫头另一侧做有榫眼，拱券时相互扣合。

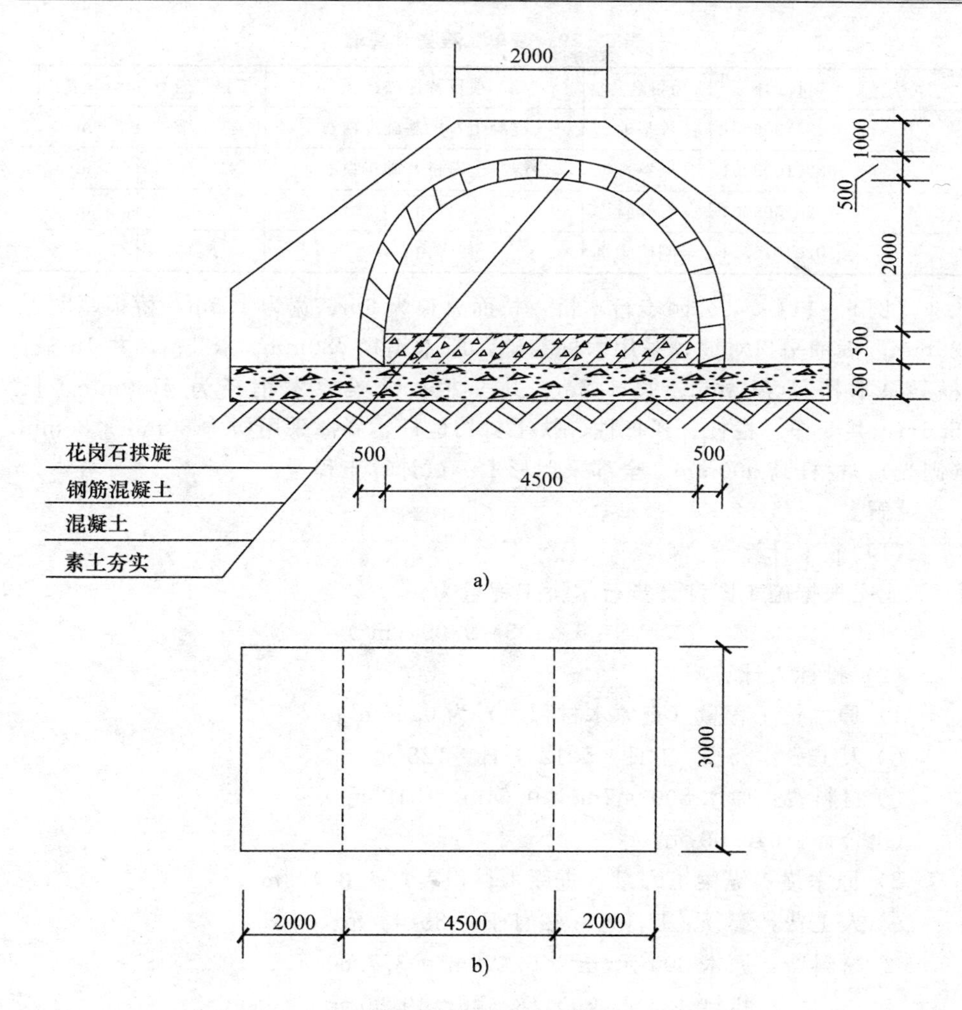

图 5－54　拱桥构造示意图（单位：mm）

a）剖面图；b）平面图

$$拱券石工程量=\frac{1}{2}\times3.14\times(2.5^2-2.0^2)\times3=10.60(m^3)$$

（3）石券脸

$$石券脸的工程量=\frac{1}{2}\times3.14\times(2.5^2-2.0^2)\times2=7.07(m^2)$$

石券脸计算时要注意桥的两面工程量都要计算，所以要乘以 2。

（4）金刚墙砌筑

金刚墙采用青白石处理，其工程量＝8.5×3×0.2＝5.1（m^3）

清单工程量计算见表 5－29。

表 5-29　清单工程量计算表

序号	项目编码	项目名称	项目特征描述	工程量合计	计量单位
1	050201006001	桥基础	混凝土石桥基础青白石	12.75	m^3
2	050201008001	拱券石	混凝土石桥基础青白石	10.60	m^3
3	050201009001	石券脸	青白石	7.07	m^2
4	050201010001	金刚墙砌筑	青白石	5.1	m^3

【例 5-11】 某公园步行木桥，桥面总长为 6m、宽为 1.5m，桥板厚度为 25mm，满铺平口对缝，采用木桩基础，原木梢径 ϕ80mm、长 5m，共 16 根；横梁原木梢径 ϕ80mm、长 1.8m、共 9 根；纵梁原木梢径为 ϕ100mm、长 5.6m，共 5 根。栏杆、栏杆柱、扶手、扫地杆、斜撑采用枋木 80mm×80mm（刨光），栏杆高 900mm。全部采用杉木。试计算工程量。

【解】

（1）业主计算

业主根据施工图计算步行木桥工程量为：

$$S=6\times1.5=9.00\ (m^2)$$

（2）投标人计算

1）原木桩工程量（查原木材积表）为 0.64m^3。

① 人工费：25 元/工日×5.12 工日＝128 元

② 材料费：原木 800 元/m^3×0.64m^3＝512 元

③ 合计：640.00 元。

2）原木横、纵梁工程量（查原木材积表）为 0.472m^3。

① 人工费：25 元/工日×3.42 工日＝85.44 元

② 材料费：原木 800 元/m^3×0.472m^3＝377.60 元

扒钉 3.2 元/kg×15.5kg＝49.60 元

小计：427.20 元。

③ 合计：512.64 元。

3）桥板工程量 3.142m^3。

① 人工费：25 元/工日×22.94 工日＝573.44 元

② 材料费：板材 1200 元/m^3×3.142m^3＝3770.4 元

铁钉 2.5 元/kg×21kg＝52.5 元

小计：3822.90 元。

③ 合计：4396.34 元。

4）栏杆、扶手、扫地杆、斜撑工程量 0.24m^3。

① 人工费：25 元/工日×3.08 工日＝77.12 元

② 材料费：枋材 1200 元/m^3×0.24m^3＝288.00 元

铁材：3.2 元/kg×6.4kg＝20.48 元

小计：308.48 元。

③ 合计：385.60 元。

5）综合。

① 直接费用合计：5934.58 元。

② 管理费：直接费×25％＝5934.58 元×25％＝1483.65 元

③ 利润：直接费×8％＝5934.58 元×8％＝474.77 元

④ 总计：7893.09 元。

⑤ 综合单价：877.01 元。

分部分项工程和单价措施项目清单与计价表、综合单价分析表见表 5－30、表 5－31。

表 5－30　分部分项工程和单价措施项目清单与计价表

工程名称：某公园步行木桥施工工程　　　　标段：　　　　第　页　共　页

序号	项目编号	项目名称	项目特征描述	计量单位	工程数量	金额/元		
						综合单价	合价	其中：暂估价
1	050201014001	木制步桥	桥面长 6m、宽 1.5m、桥板厚 0.025m；原木桩基础、梢径 ϕ80、长 5m、16 根；原木横梁，梢径 ϕ80、长 1.8m、9 根；原木纵梁，梢径 ϕ100、长 5.6m、5 根；栏杆、扶手、扫地杆、斜撑枋木 80mm×80mm（刨光），栏高 900mm；全部采用杉木	m^2	9	877.01	7893.09	
			合计				7893.09	

表 5－31　综合单价分析表

工程名称：某公园步行木桥施工工程　　　　　　标段：　　　　　　第　页　共　页

项目编码	050201014001	项目名称	木制步桥	计量单位	m^2	工程量	9

综合单价组成明细

定额编号	定额名称	定额单位	数量	单价/元				合价/元			
				人工费	材料费	机械费	管理费和利润	人工费	材料费	机械费	管理费和利润
—	原木桩基础	m^3	0.071	128	800	—	306.24	9.09	56.8	—	21.74
—	原木梁	m^3	0.052	85.44	800	—	292.20	4.44	41.6	—	15.19
—	桥板	m^3	0.369	57.34	1200	—	414.92	21.16	442.8	—	153.11
—	栏杆、扶手、斜撑	m^3	0.027	77.12	1200	—	421.45	2.08	32.4	—	11.38
人工单价		小计						36.77	573.6	—	201.42
25 元/工日		未计价材料费						65.22			
清单项目综合单价								877.01			

材料费明细	名称、规格、型号	单位	数量	单价/元	合价/元	暂估单价/元	暂估合价/元
	扒钉	kg	1.72	3.2	5.5		
	铁钉	kg	2.33	2.5	5.83		
	铁材	kg	0.71	3.2	2.27		
	其他材料费			—	51.62	—	
	材料费小计			—	65.22	—	

第四节　园林景观工程读图识图与工程量计算

一、园林景观工程读图识图

1. 园林景观的构造及示意图

（1）假山　假山的造型变化万千，一般经过选石、采运、相石、立基、拉底、堆叠中层和结顶等工序叠砌而成。其基本结构与建造房屋有共通之处，可分为以下三大部分：

1）基础。假山的基础如同房屋的根基，是承重的结构。因此，无论是承载能力，还是平面轮廓的设计都非常重要。基础的承载能力是由地基的深浅、用材、施工等方面决定的。地基的土壤种类不同，承载能力也不同。岩石类，50～400t/m²；碎石土，20～30t/m²；砂土类，10～40t/m²；黏性土，8～30t/m²；杂质土承载力不均匀，必须回填好土。根据假山的高度，确定基础的深浅，由设计的山势、山体分布位置等确定基础的大小轮廓。假山的重心不能超出基础之处，重心偏离铅垂线，稍超越基础，山体倾斜时间长了，就会倒塌。

2）中层。假山的中层指底石之上、顶层以下的部分，这部分体量大，占据了假山相当一部分高度，是人们最容易看到的地方。

3）顶层。最顶层的山石部分。外观上，顶层起着画龙点睛的作用，一般有峰、峦和平顶三种类型。

① 峰：分剑立式，上小下大，有竖直而挺拔高耸之感；斧立式上大下小，如斧头倒立，稳重中存在在险意；斜壁式，上小下大，斜插如削，势如山岩倾斜，有明显动势。

② 峦：山头比较圆缓的一种形式，柔美的特征比较突出。

③ 平顶：山顶平坦如盖，或如卷云、流云。这种假山整体上大下小，横向挑出，如青云横空，高低参差。

常见假山的材料如图 5-55 所示。

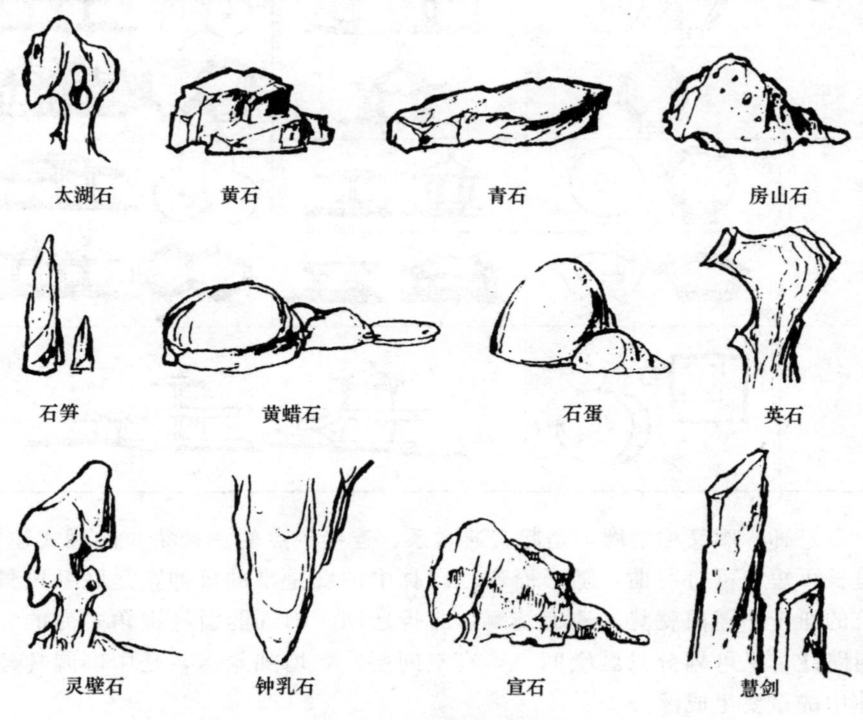

图 5-55　各类假山材料

（2）亭　亭的体形小巧，造型多样。亭的柱身部分，大多开敞、通透，置身其间有良好的视野，便于眺望、观赏。柱间下部分常设半墙、坐凳或鹅颈椅，供游人坐憩。亭的上半部分长悬纤细精巧的挂落，用以装饰。亭的占地面积小，最适合于点缀园林风景，也容易与园林中各种复杂的地形、地貌相结合，与环境融于一体。

亭的各种形式类型，见表5－32。

表5－32　亭的各种形式类型

名称	平面基本形式示意	立面基本形式示意	平面立面组合形式示意
三角亭			
方亭			
长方亭			
六角亭			
八角亭			
圆亭			
扇形亭			
双层亭			

（3）廊　廊又称游廊，是起交通联系、连接景点的一种狭长的棚式建筑，它可长可短，可直可曲，随形而弯。园林中的廊是亭的延伸，是联系风景点建筑的纽带，随山就势，逶迤蜿蜒，曲折迂回。廊既能引导视角多变的导游交通路线，又可划分景区空间，丰富空间层次，增加景深，是中国园林建筑群体中的重要组成部分。

廊的基本形式见表5－33。

表 5－33　廊的基本形式

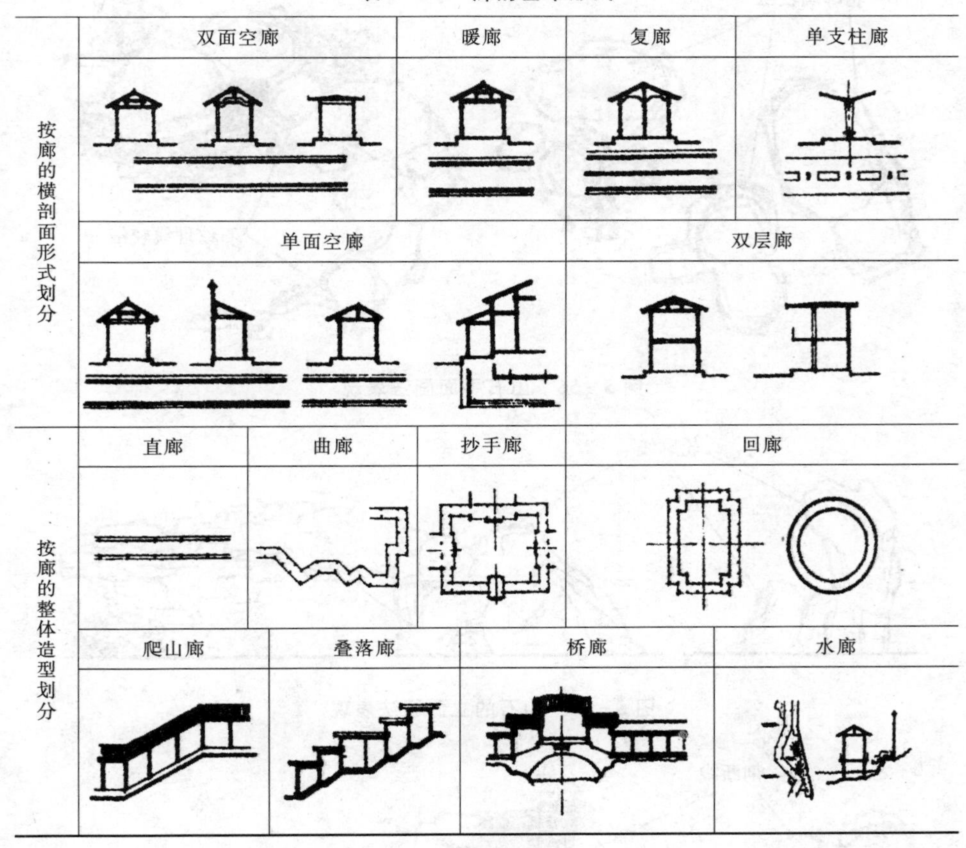

2. 园林景观的画法表现

（1）山石的画法表现

1）山石平面画法。平、立面图中的石块通常只用线条勾勒轮廓即可，很少采用光线、质感的表现方法，以免失之零乱。用线条勾勒时，轮廓线要粗，石块面、纹理可用较细较浅的线条稍加勾绘，以体现石块的体积感。不同的石块，其纹理不同，有的圆浑、有的棱角分明，在表现时应采用不同的笔触和线条，如图 5－56 所示。

2）山石的立面表现。其立面图的表现方法与平面图基本一致。轮廓线要粗，石块面、纹理可用较细较浅的线条稍加勾绘，以体现石块的体积感。不同的石块应采用不同的笔触和线条表现其纹理，如图 5－57 所示。

3）山石的剖面画法。剖面上的石块，轮廓线应用剖断线，石块剖面上还可加上斜纹线，如图 5－58 所示。

4）山石小品和假山的画法。山石小品和假山是以一定数量的大小不等、

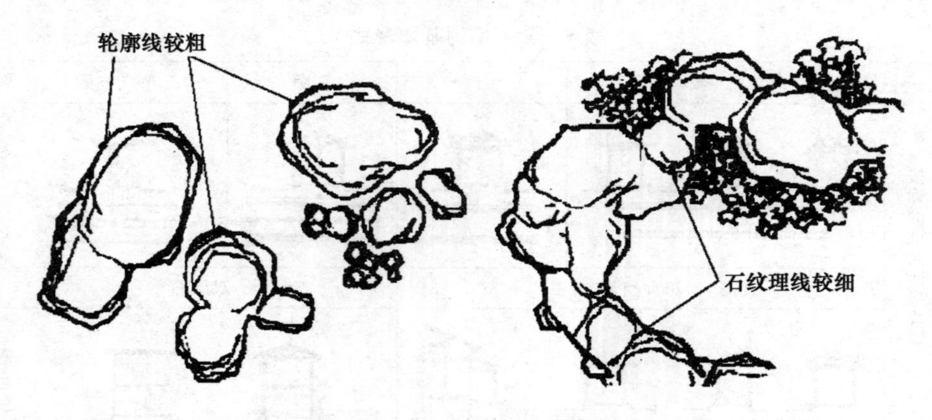

图 5－56　山石平面画法表现

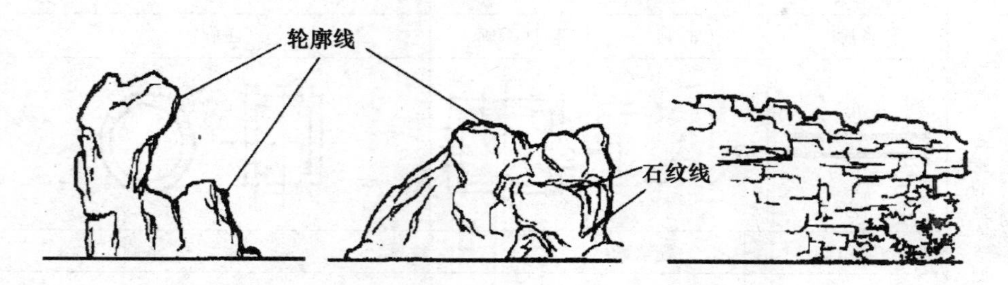

图 5－57　山石的立面画法表现

图 5－58　山石的剖面画法

形体各异的山石作群体布置造型，并与周围的景物（建筑、水景、植物等）相协调，形成生动自然的石景。其平面画法同置石相似，立面画法示例，如图 5－59 所示。

作山石小品和假山的透视图时，应特别注意刻画山石表面的纹理和因凹凸不平而形成的阴影，如图 5－60 所示。

（2）亭的画法表现　亭的造型极为多样，从平面形状可分为圆形、方形、

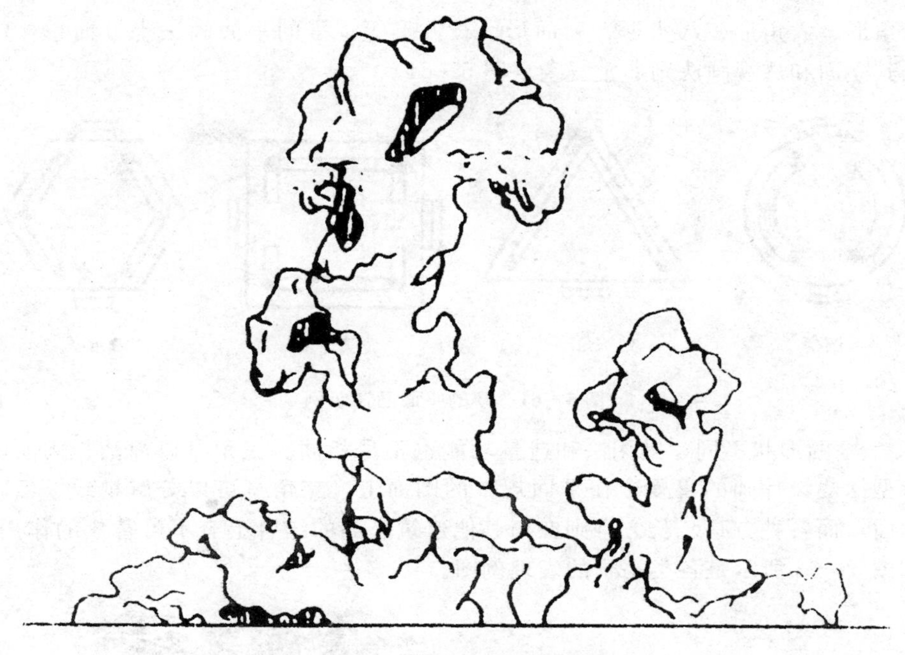

图 5－59　山石小品的立面表现

图 5－60　假山的透视表现

三角形、六角形、八角形、扇面形、长方形等。亭的平面画法十分简单，但是其立面和透视画法则非常复杂（图 5-61）。

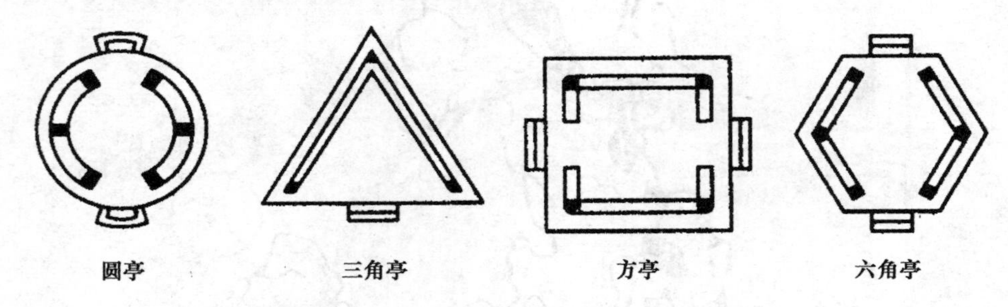

图 5-61 亭的平面画法示例

亭的形状不同，其用法和造景功能也不尽相同。三角亭以简洁、秀丽的造型深受设计师的喜爱。在平面规整的图面上，三角亭可以分解视线、活跃画面，而各种方亭、长方亭则在与其他建筑小品的结合上有不可替代的作用。如图 5-62 所示是各类亭子的表现例图。

图 5-62 各类亭子的画法表现

a）八角亭；b）扇型亭；c）长方亭

（3）廊的画法表现

1）苏州沧浪亭中复廊的平面画法，如图 5－63 所示。

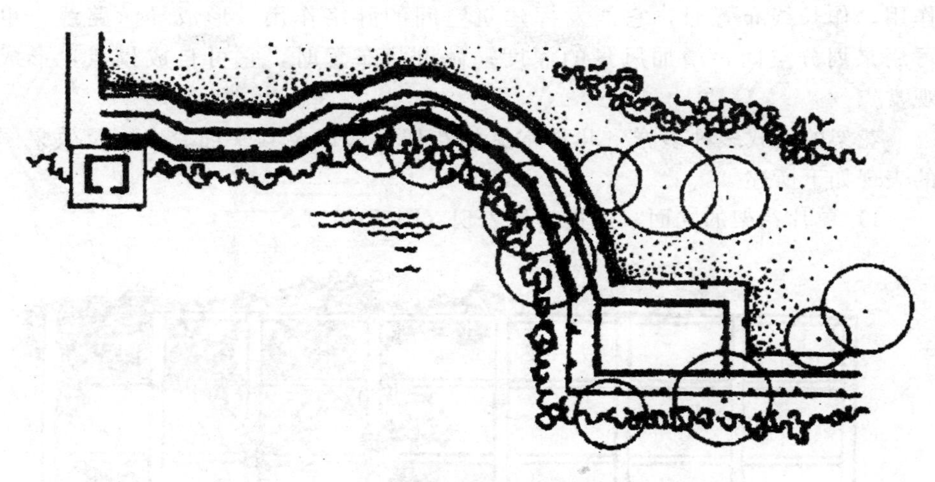

图 5－63　苏州沧浪亭复廊的平面画法表现

2）长沙橘子洲公园河亭廊的画法表现，如图 5－64 所示。

图 5－64　长沙橘子洲公园河亭廊的画法表现

（4）花架的画法表现　花架不仅是供攀缘植物攀爬的棚架，还是人们休息、乘凉、坐赏周围风景的场所。它造型灵活、富于变化，具有亭廊的作用。作长线布置时，它能发挥建筑空间的脉络作用，形成导游路线，也可用来划分空间，增加风景的深度；做点状布置时，它可自成景点，形成观赏点。

花架的形式多种多样，几种常见的花架形式以及其平面、立面及效果图的表现如下所述。

1）单片花架的立面、透视效果表现（图 5－65）。

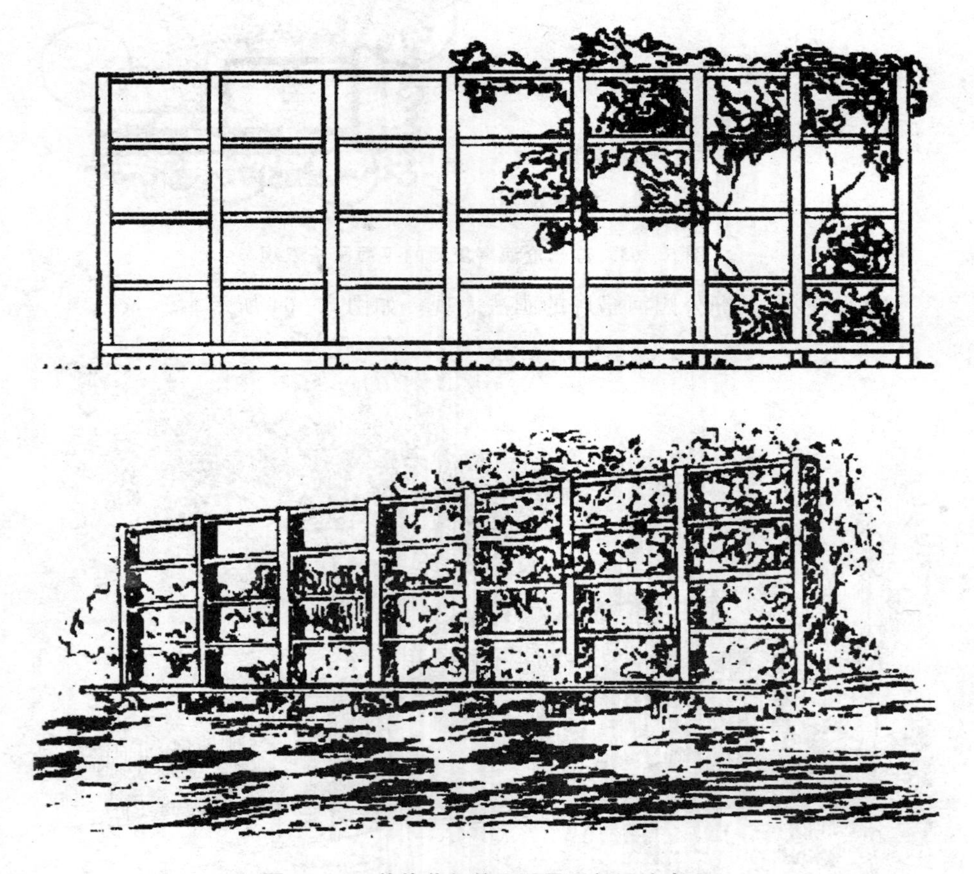

图 5－65　单片花架的立面及透视画法表现

2）直廊式花架的立面、剖面、透视效果表现（图 5－66）。

3）单柱 V 形花架的效果表现（图 5－67）。

4）弧顶直廊式花架的立面与效果（图 5－68）。

5）环形廊式花架的平面与效果（图 5－69）。

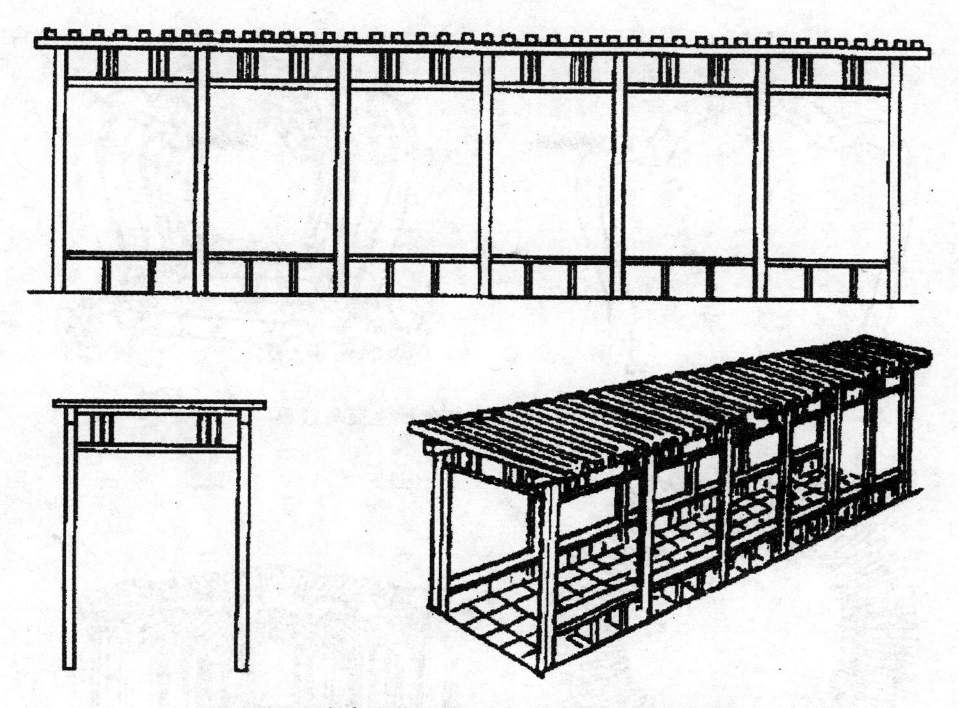

图 5-66　直廊式花架的立面、剖面及透视效果表现

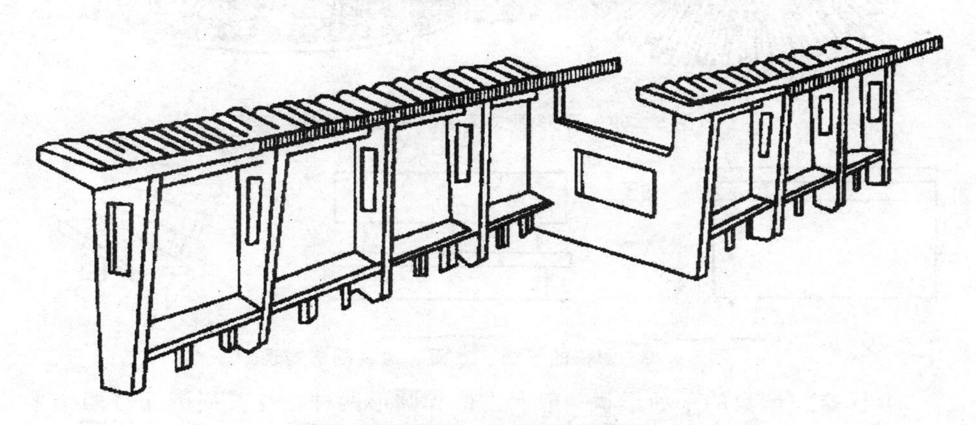

图 5-67　单柱 V 形花架的效果表现

（5）园椅、园凳、园桌的画法表现

1）园椅。园椅的形式可分为直线和曲线两种。

园椅因其体量较小，结构简单。一致规律的园椅透视图表现和环境相得益彰，如图 5-70、图 5-71 所示。

2）园凳。园凳的平面形状通常有圆形、方形、条形和多边形等，圆形、方形常与园桌相匹配，而后两种同园椅一样单独设置。

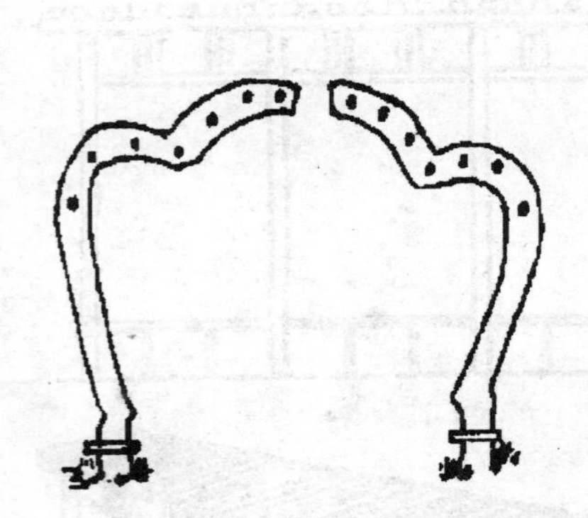

图 5－68　弧顶直廊式花架的立面与效果

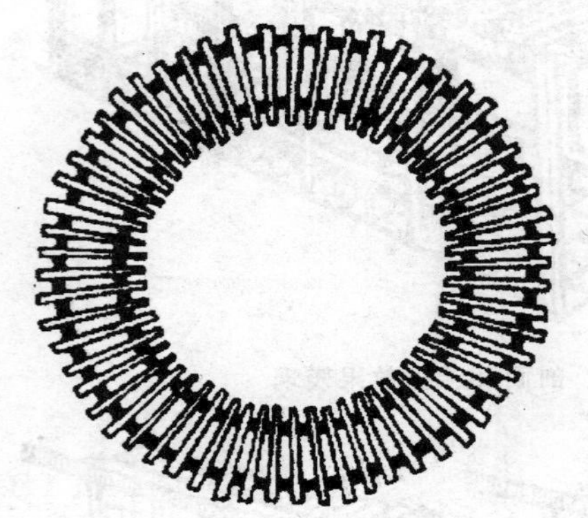

图 5－69　环形廊式花架的平面与效果

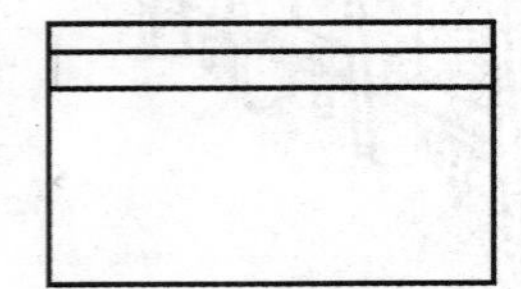
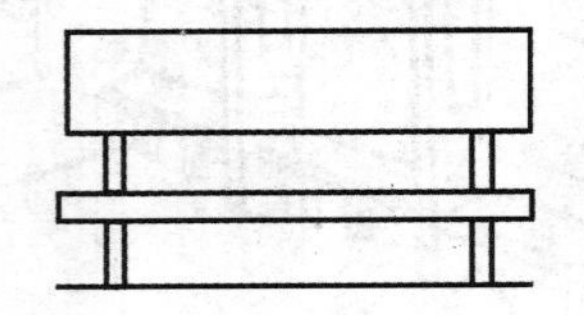
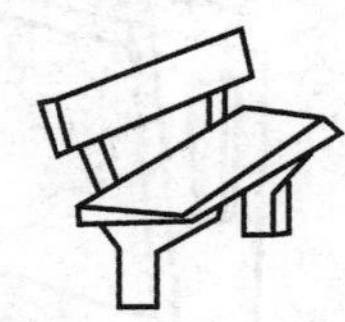

图 5－70　园椅的平面、立面、透视画法表现

3）园桌。园桌的平面形状一般有方形和圆形两种，在其周围配有四个平面形状相似的园凳。图 5－72 所示为方形园桌、园凳的立面表现，图 5－73 所示为圆形园桌、园凳的平、立面及透视表现。

（6）水景的画法表现

1）水面的画法表现：

① 静态水面。为表达静态水，常用拉长的平行线画水，这些水平线在透视上是近水粗而疏、远水变得细而密，平行线可以断续并留以空白表示受光部分，如图 5－74 所示。

图 5－71　园椅的各种造型表现

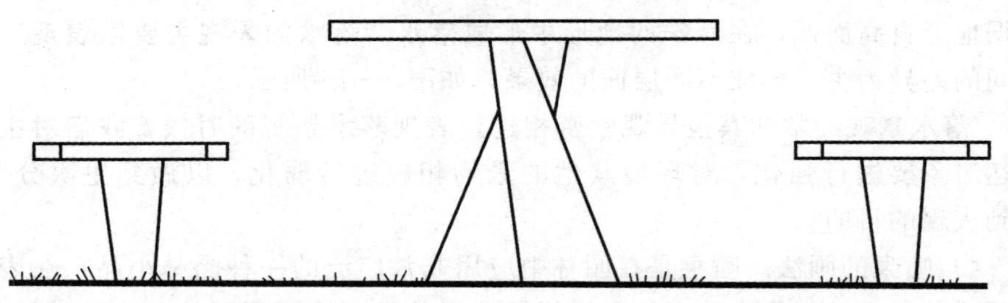

图 5－72　方形园桌、凳的立面表现

在平面图上表示水池，最常用的方法是用粗线画水池轮廓，池内画 2～3 条随水池轮廓的细线（似池底等高线），细线间距不等，线条流畅自然，如图 5－74 所示。

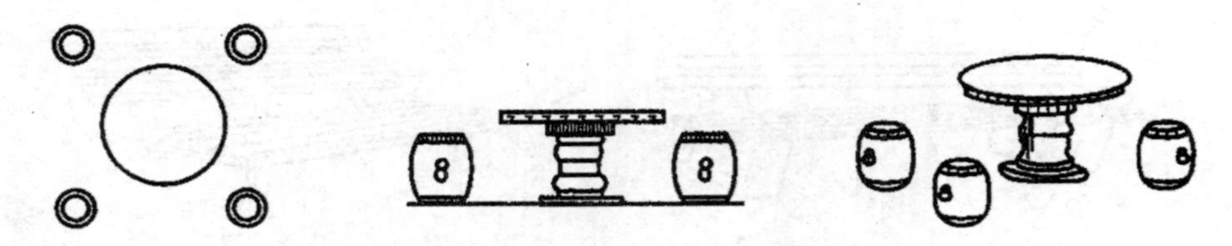

图 5－73　圆形园桌、凳的平、立面及透视表现

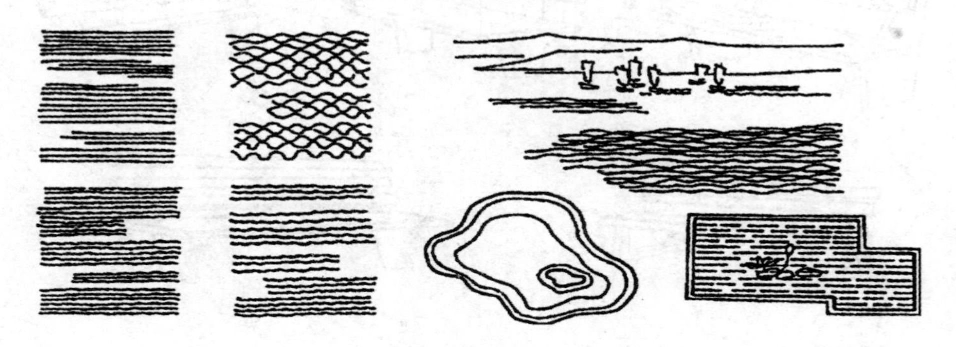

图 5－74　水的画法

② 动态水面。动水常用网巾线表示，运笔时有规则的扭曲，形成网状。也可用波形短线条来表示动水面。

2）流水的画法表现。和静水相同，流水描绘的时候也要注意对彼岸景物的表达，只是在表达流水的时候，设计师需要根据水波的离析和流向产生的对景物投影的分割和颠簸来描绘水的动感。与此同时，还应加强对水面的附着物体的描绘。图 5－75 所示为流水与石的表现。

3）落水的画法表现。落水是园林景观中动水的主要造景形式之一，水流根据地形自高而低，在悬殊的地形中形成落水。落水的表现主要以表现地形之间的差异为主，形成不同层面的效果，如图 5－76 所示。

落水景观经常和其他景观紧密相连。表现落水景观的时候，我们对主要表达对象要进行强化，对环境其他的景物相应进行弱化，以做到主次分明，达到表现的目的。

4）喷泉的画法。喷泉是在园林中应用非常广泛的一种园林小品，在表现时要对其景观特征作充分理解之后根据喷泉的类型采用不同的方法进行处理。具体如图 5－77 所示。

一般来说，在表现喷泉时我们要注意水景交融。对于水压较大的喷射式喷泉，我们要注意描绘水柱的抛物线，强化其轨迹。对于缓流式喷泉，其轮廓结构是描绘的重点。采用墨线条进行的描绘应该注意以下几点：

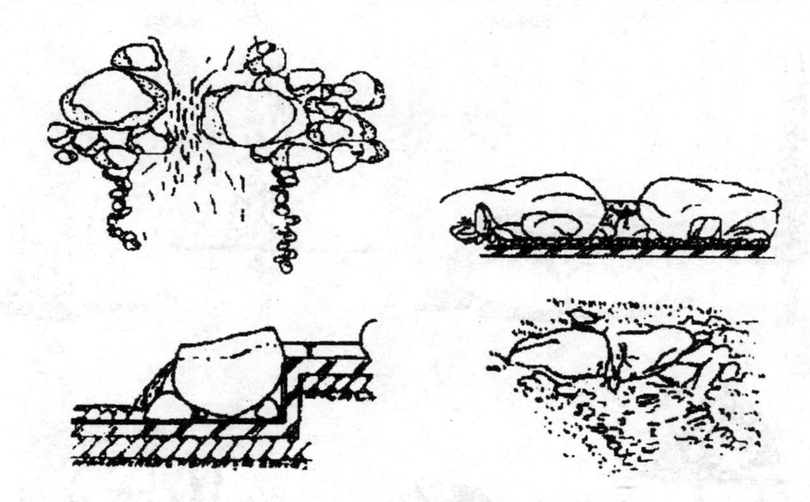

图 5－75　流水与石的表现

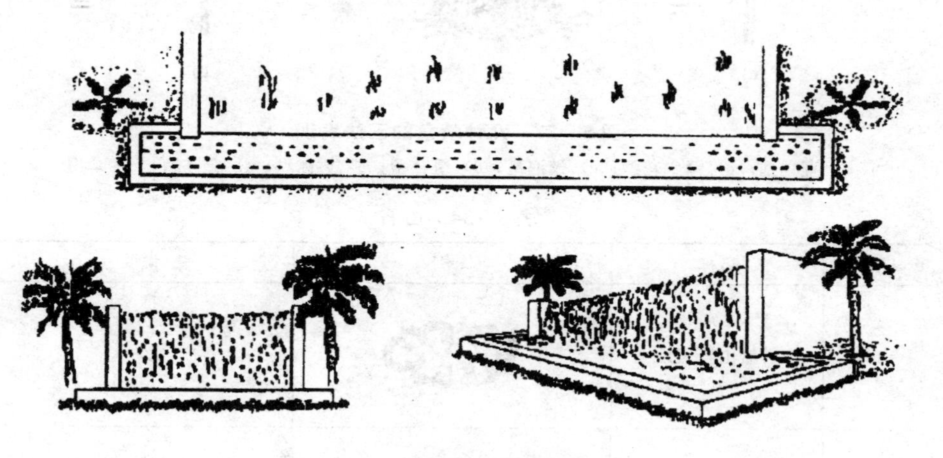

图 5－76　落水的画法表现

① 水流线的描绘应该有力而流畅，表达水流在空中划过的形象。

② 水景的描绘应该努力强调泉水的形象，增强空间立体感觉，使用的线条也应该光滑，但是也要根据泉水的形象使用虚实相间的线条，以表达丰富的轮廓变化。

③ 泉水景观和其他水景共同存在时，应注意相互间的避让关系，以增强表现效果。

④ 水流的表现宜借助于背景效果加以渲染，这样可以增强喷泉的透明感。

3. 园林景观工程常用识图图例

(1) 山石工程图例　山石工程图例见表 5－34。

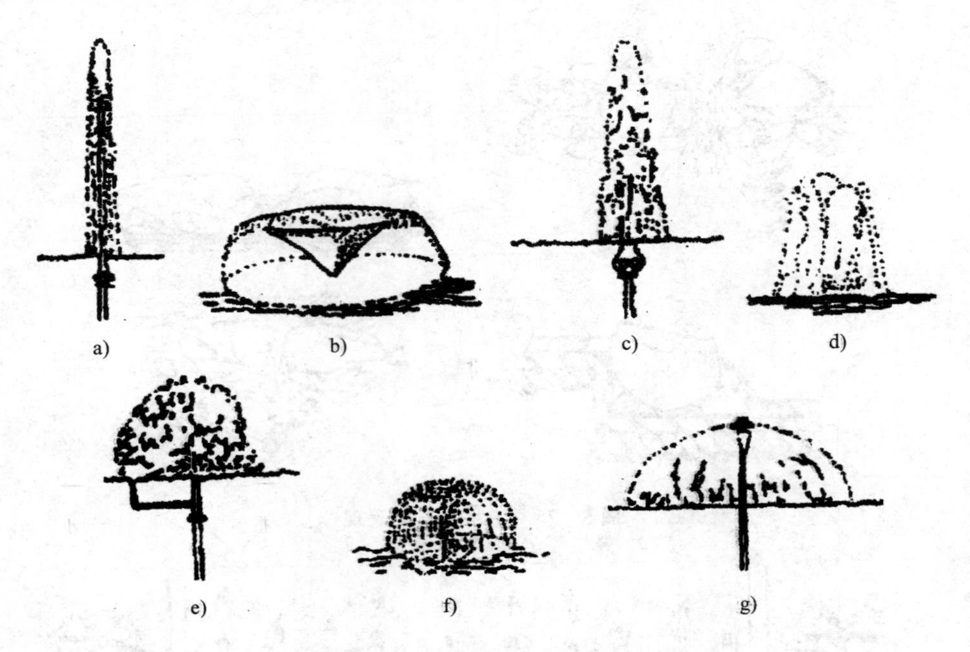

图 5－77　几种喷泉的画法表现

a）直立型；b）牵牛花型；c）鼓泡型；d）组合型；e）树冰型；f）合钵型；g）伞型

表 5－34　山石

序号	名称	图例	说明
62	自然山石假山		—
63	人工塑石假山		—
64	土石假山		包括土包石、石包土及土假山
65	独立景石		由形态奇特、色彩美观的天然块石，如湖石、黄蜡石独置而成的石景

（2）水体工程图例　水体工程图例见表5-35。

表5-35　水体

序号	名称	图例	说明
66	自然形水体		岸线是自然形的水体
67	规则形水体	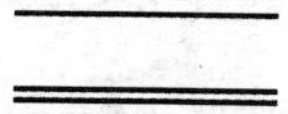	岸线呈规则形的水体
68	跌水、瀑布	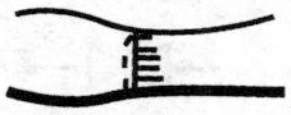	—
69	旱涧	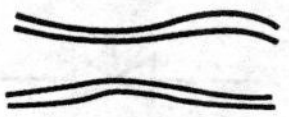	旱季一般无水或断续有水的山涧
70	溪涧	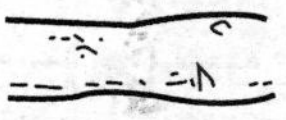	指山间两岸多石滩的小溪

（3）水池、花架及小品工程图例　水池、花架及小品工程图例见表5-36。

表5-36　水池、花架及小品工程图例

序号	名称	图例	说明
1	雕塑		仅表示位置。不表示具体形态，以下同，也可依据设计形态表示
2	花台	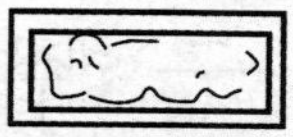	
3	坐凳		
4	花架		
5	围墙	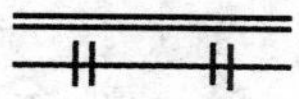	上图为实砌或漏空围墙； 下图为栅栏或篱笆围墙
6	栏杆	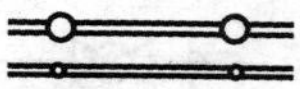	上图为非金属栏杆； 下图为金属栏杆
7	园灯		—
8	饮水台		—
9	指示牌		—

(4) 喷泉工程图例　喷泉工程图例见表5－37。

表5－37　喷泉工程图例

序号	名称	图例	说明
1	喷泉		仅表示位置，不表示具体形态
2	阀门（通用）、截止阀		1. 没有说明时，表示螺纹连接法兰连接时 焊接时 2. 轴测图画法： 阀杆为垂直 阀杆为水平
3	闸阀		
4	手动调节阀		
5	球阀、转心阀		—
6	蝶阀		—
7	角阀	或	—
8	平衡阀		—
9	三通阀	或	—
10	四通阀		—
11	节流阀		—
12	膨胀阀	或	也称"隔膜阀"
13	旋塞		
14	快放阀		也称"快速排污阀"
15	止回阀		左、中为通用画法，流法均由空白三角形至非空白三角形；中也代表升降式止回阀；右代表旋启式止回阀

续表

序号	名称	图例	说明
16	减压阀	或	左图小三角为高压端，右图右侧为高压端。其余同阀门类推
17	安全阀		左图为通用，中为弹簧安全阀，右为重锤安全阀
18	疏水阀		在不致引起误解时，也可用 表示，也称“疏水器”
19	浮球阀	或	—
20	集气罐、排气装置		左图为平面图
21	自动排气阀		—
22	除污器（过滤器）		左为立式除污器，中为卧式除污器，右为Y型过滤器
23	节流孔板、减压孔板		在不致引起误解时，也可用 表示
24	补偿器（通用）		也称“伸缩器”
25	矩形补偿器		—
26	套管补偿器		—
27	波纹管补偿器		—
28	弧形补偿器		—
29	球形补偿器		—
30	变径管、异径管		左图为同心异径管，右图为偏心异径管
31	活接头		—
32	法兰		—
33	法兰盖		—
34	丝堵		也可表示为：

续表

序号	名称	图例	说明
35	可曲挠橡胶软接头		—
36	金属软管		也可表示为： 
37	绝热管		—
38	保护套管		—
39	伴热管	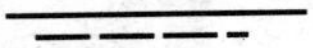	—
40	固定支架	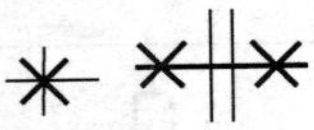	—
41	介质流向	 或 	在管道断开处时，流向符号宜标注在管道中心线上，其余可同管径标注位置
42	坡度及坡向	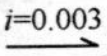 i=0.003 或 i=0.003 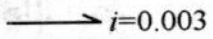	坡度数值不宜与管道起、止点标高同时标注。标注位置同管径标注位置
43	套管伸缩器		—
44	方形伸缩器		—
45	刚性防水套管	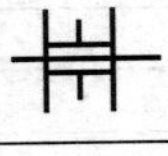	—
46	柔性防水套管	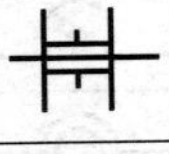	—
47	波纹管		—
48	可曲挠橡胶接头		—
49	管道固定支架		—
50	管道滑动支架		—
51	立管检查口	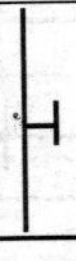	—

续表

序号	名称	图例	说明
52	水泵	平面　系统	—
53	潜水泵		—
54	定量泵		—
55	管道泵		—
56	清扫口	平面　系统	—
57	通气帽	成品　铅丝球	—
58	雨水斗	YD- 平面　YD- 系统	—
59	排水漏斗	平面　系统	—
60	圆形地漏		通用。如为无水封，地漏应加存水弯
61	方形地漏		—
62	自动冲洗水箱		—
63	挡墩		—
64	减压孔板		—
65	除垢器		—
66	水锤消除器		—
67	浮球液位器		—
68	搅拌器	M	—

4. 园林景观工程施工图识读

(1) 假山工程施工图内容

1) 假山施工平面图：

① 假山的平面位置、尺寸。

② 山峰、制高点、山谷、山洞的平面位置、尺寸及各处高程。

③ 假山附近地形及建筑物、地下管线及与山石的距离。

④ 植物及其他设施的位置、尺寸。

⑤ 图纸的比例尺一般为1∶20～1∶50，度量单位为mm。

2) 假山施工立面图。立面图是在与假山立面平行的投影面所作的投影图。立面图是表示假山的造型及气势最好的施工图。

① 假山的层次、配置形式。

② 假山的大小及形状。

③ 假山与植物及其他设备的关系。

3) 假山施工剖面图：

① 假山各山峰的控制高程。

② 假山的基础结构。

③ 管线位置、管径。

④ 植物种植池的做法、尺寸、位置。

(2) 水景工程施工图内容　水景工程施工图主要有总体布置图和构筑物结构图。

1) 总体布置图。总体布置图主要表示整个水景工程各构筑物在平面和立面的布置情况。总体布置图以平面布置图为主，必要时配置立面图。

为了使图形主次分明，结构上的次要轮廓线和细部构造均省略不画，用图例或示意图表示这些构造的位置和作用。图中通常只注写构筑物的外形轮廓尺寸和主要定位尺寸，主要部位的高程和填挖方坡度。总体布置图的绘图比例一般为1∶200～1∶500。总体布置图的主要内容如下：

① 工程设施所在地区的地形现状、河流及流向、水面、地理方位等。

② 各工程构筑物的相互位置、主要外形尺寸、主要高程。

③ 工程构筑物与地面交线、填挖方的边坡线。

2) 构筑物结构图。结构图是以水景工程中某一构筑物为对象的工程图。其主要包括：结构布置图、分部和细部构造图以及钢筋混凝土结构图。构筑物结构图必须把构筑物的结构形状、尺寸大小、材料、内部配筋及相邻结构的连接方式等都表达清楚。结构图主要包括平、立剖面图，详图和配筋图，绘图比例通常为1∶5～1∶100。构筑物结构图主要内容如下：

① 表明工程构筑物的结构布置、形状、尺寸和材料。

② 表明构筑物各分部和细部构造、尺寸和材料。

③ 表明钢筋混凝土结构的配筋情况。

④ 工程地质情况及构筑物与地基的连接方式。

⑤ 相邻构筑物之间的连接方式。

⑥ 附属设备的安装位置。

⑦ 构筑物的工作条件，如常水位和最高水位等。

二、园林景观工程清单工程量计算规则

1. 堆塑假山

堆塑假山工程量清单项目设置、项目特征描述的内容、计量单位及工程量计算规则，应按表 5－38 的规定执行。

表 5－38　堆塑假山（编码：050301）

项目编码	项目名称	项目特征	计量单位	工程量计算规则	工程内容
050301001	堆筑土山丘	1. 土丘高度 2. 土丘坡度要求 3. 土丘底外接矩形面积	m^3	按设计图示山丘水平投影外接矩形面积乘以高度的 1/3 以体积计算	1. 取土、运土 2. 堆砌、夯实 3. 修整
050301002	堆砌石假山	1. 堆砌高度 2. 石料种类、单块重量 3. 混凝土强度等级 4. 砂浆强度等级、配合比	t	按设计图示尺寸以质量计算	1. 选料 2. 起重架搭、拆 3. 堆砌、修整
050301003	塑假山	1. 假山高度 2. 骨架材料种类、规格 3. 山皮料种类 4. 混凝土强度等级 5. 砂浆强度等级、配合比 6. 防护材料种类	m^2	按设计图示尺寸以展开面积计算	1. 骨架制作 2. 假山胎模制作 3. 塑假山 4. 山皮料安装 5. 刷防护材料

续表

项目编码	项目名称	项目特征	计量单位	工程量计算规则	工程内容
050301004	石笋	1. 石笋高度 2. 石笋材料种类 3. 砂浆强度等级、配合比	支	1. 以块（支、个）计量，按设计图示数量计算 2. 以吨计量，按设计图示石料质量计算	1. 选石料 2. 石笋安装
050301005	点风景石	1. 石料种类 2. 石料规格、重量 3. 砂浆配合比	1. 块 2. t		1. 选石料 2. 起重架搭、拆 3. 点石
050301006	池石、盆景山	1. 底盘种类 2. 山石高度 3. 山石种类 4. 混凝土砂浆强度等级 5. 砂浆强度等级、配合比	1. 座 2. 个	1. 以座计量，按设计图示数量计算 2. 以吨计量，按设计图示石料质量计算	1. 底盘制作、安装 2. 池、盆景山石安装、砌筑
050301007	山（卵）石护角	1. 石料种类、规格 2. 砂浆配合比	m^3	按设计图示尺寸以体积计算	1. 石料加工 2. 砌石
050301008	山坡（卵）石台阶	1. 石料种类、规格 2. 台阶坡度 3. 砂浆强度等级	m^2	按设计图示尺寸以水平投影面积计算	1. 选石料 2. 台阶砌筑

注：1. 假山（堆筑土山丘除外）工程的挖土方、开凿石方、回填等应按现行国家标准《房屋建筑与装饰工程工程量计算规范》GB 50854—2013 相关项目编码列项。

2. 如遇某些构配件使用钢筋混凝土或金属构件时，应按现行国家标准《房屋建筑与装饰工程工程计量计算规范》GB 50854—2013 或《市政工程工程计量计算规范》GB 50857—2013 相关项目编码列项。

3. 散铺河滩石按点风景石项目单独编码列项。

4. 堆筑土山丘，适用于夯填、堆筑而成。

2. 原木、竹构件

原木、竹构件工程量清单项目设置、项目特征描述的内容、计量单位及工程量计算规则，应按表 5－39 的规定执行。

表 5－39　原木、竹构件（编码：050302）

项目编码	项目名称	项目特征	计量单位	工程量计算规则	工程内容
050302001	原木（带树皮）柱、梁、檩、椽	1. 原木种类 2. 原木（稍）径（不含树皮厚度） 3. 墙龙骨材料种类、规格 4. 墙底层材料种类、规格 5. 构件联结方式 6. 防护材料种类	m	按设计图示尺寸以长度计算（包括榫长）	1. 构件制作 2. 构件安装 3. 刷防护材料
050302002	原木（带树皮）墙		m^2	按设计图示尺寸以面积计算（不包括柱、梁）	
050302003	树枝吊挂楣子			按设计图示尺寸以框外围面积计算	
050302004	竹柱、梁、檩、椽	1. 竹种类 2. 竹（直）梢径 3. 连接方式 4. 防护材料种类	m	按设计图示尺寸以长度计算	
050302005	竹编墙	1. 竹种类 2. 墙龙骨材料种类、规格 3. 墙底层材料种类、规格 4. 防护材料种类	m^2	按设计图示尺寸以面积计算（不包括柱、梁）	1. 构件制作 2. 构件安装 3. 刷防护材料
050302006	竹吊挂楣子	1. 竹种类 2. 竹梢径 3. 防护材料种类		按设计图示尺寸以框外围面积计算	

注：1. 木构件连接方式应包括：开榫连接、铁件连接、扒钉连接、铁钉连接。

2. 竹构件连接方式应包括：竹钉固定、竹篾绑扎、铁丝连接。

3. 亭廊屋面

亭廊屋面工程量清单项目设置、项目特征描述的内容、计量单位及工程量计算规则，应按表 5－40 的规定执行。

表 5-40　亭廊屋面（编码：050303）

项目编码	项目名称	项目特征	计量单位	工程量计算规则	工程内容
050303001	草屋面	1. 屋面坡度 2. 铺草种类 3. 竹材种类 4. 防护材料种类	m^2	按设计图示尺寸以斜面面积计算	1. 整理、选料 2. 屋面铺设 3. 刷防护材料
050303002	竹屋面			按设计图示尺寸以实铺面积计算（不包括柱、梁）	
050303003	树皮屋面			按设计图示尺寸以屋面结构外围面积计算	
050303004	油毡瓦屋面	1. 冷底子油品种 2. 冷底子油涂刷遍数 3. 油毡瓦颜色规格		按设计图示尺寸以斜面面积计算	1. 清理基层 2. 材料裁接 3. 刷油 4. 铺设
050303005	预制混凝土穹顶	1. 穹顶弧长、直径 2. 肋截面尺寸 3. 板厚 4. 混凝土强度等级 5. 拉杆材质、规格	m^3	按设计图示尺寸以体积计算。混凝土脊和穹顶芽的肋、基梁并入屋面体积	1. 模版制作、运输、安装、拆除、保养 2. 混凝土制作、运输、浇筑、振捣、养护 3. 构建运输、安装 4. 砂浆制作、运输 5. 接头灌缝、养护
050303006	彩色压型钢板（夹芯板）攒尖亭屋面板	1. 屋面坡度 2. 穹顶弧长、直径 3. 彩色压型钢板（夹芯）板品种、规格 4. 拉杆材质、规格 5. 嵌缝材料种类 6. 防护材料种类	m^2	按设计图示尺寸以实铺面积计算	1. 压型板安装 2. 护角、包角、泛水安装 3. 嵌缝 4. 刷防护材料
050303007	彩色压型钢板（夹芯板）穹顶				
050303008	玻璃屋面	1. 屋面坡度 2. 龙骨材质、规格 3. 玻璃材质、规格 4. 防护材料种类			1. 制作 2. 运输 3. 安装
050303009	木（防腐木）屋面	1. 木（防腐木）种类 2. 防护层处理			

注：1. 柱顶石（磉蹬石）、钢筋混凝土屋面板、钢筋混凝土亭屋面板、木柱、木屋架、钢柱、钢屋架、屋面木基层和防水层等，应按现行国家标准《房屋建筑与装饰工程工程计量计算规范》GB 50854—2013 中相关项目编码列项。

2. 膜结构的亭、廊，应按现行国家标准《仿古建筑工程工程量计算规范》GB 50855—2013 及《房屋建筑与装饰工程工程计量计算规范》GB 50854—2013 中相关项目编码列项。

3. 竹构件连接方式应包括：竹钉固定、竹篾绑扎、铁丝连接。

4. 花架

花架工程量清单项目设置、项目特征描述的内容、计量单位及工程量计算规则，应按表5-41的规定执行。

表5-41　花架（编码：050304）

项目编码	项目名称	项目特征	计量单位	工程量计算规则	工程内容
050304001	现浇混凝土花架柱、梁	1. 柱截面、高度、根数 2. 盖梁截面、高度、根数 3. 连系梁截面、高度、根数 4. 混凝土强度等级	m^3	按设计图示尺寸以体积计算	1. 模板制作、运输、安装、拆除、保养 2. 混凝土制作、运输、浇筑、振捣、养护
050304002	预制混凝土花架柱、梁	1. 柱截面、高度、根数 2. 盖梁截面、高度、根数 3. 连系梁截面、高度、根数 4. 混凝土强度等级 5. 砂浆配合比			1. 模板制作、运输、安装、拆除、保养 2. 混凝土制作、运输、浇筑、振捣、养护 3. 构件安装 4. 砂浆制作、运输 5. 接头灌缝、养护
050304003	金属花架柱、梁	1. 钢材品种、规格 2. 柱、梁截面 3. 油漆品种、刷漆遍数	t	按设计图示以质量计算	1. 制作、运输 2. 安装 3. 油漆
050304004	木花架柱、梁	1. 木材种类 2. 柱、梁截面 3. 连接方式 4. 防护材料种类	m^3	按设计图示截面乘长度（包括榫长）以体积计算	1. 构件制作、运输、安装 2. 刷防护材料、油漆
050304005	竹花架柱、梁	1. 竹种类 2. 竹胸径 3. 油漆品种、刷漆遍数	1. m 2. 根	1. 以长度计量，按设计图示花架构件尺寸以延长米计算 2. 以根计量，按设计图示花架柱、梁数量计算	1. 制作 2. 运输 3. 安装 4. 油漆

注：花架基础、玻璃天棚、表面装饰及涂料项目应按现行国家标准《房屋建筑与装饰工程工程计量计算规范》GB 50854—2013中相关项目编码列项。

5. 园林桌椅

园林桌椅工程量清单项目设置、项目特征描述的内容、计量单位及工程量计算规则，应按表 5 - 42 的规定执行。

表 5 - 42　园林桌椅（编码：050305）

<table>
<tr><th>项目编码</th><th>项目名称</th><th>项目特征</th><th>计量单位</th><th>工程量计算规则</th><th>工程内容</th></tr>
<tr><td>050305001</td><td>预制钢筋混凝土飞来椅</td><td>1. 座凳面厚度、宽度
2. 靠背扶手截面
3. 靠背截面
4. 座凳楣子形状、尺寸
5. 混凝土强度等级
6. 砂浆配合比</td><td rowspan="3">m</td><td rowspan="3">按设计图示尺寸以座凳面中心线长度计算</td><td>1. 模板制作、运输、安装、拆除、保养
2. 混凝土制作、运输、浇筑、振捣、养护
3. 构件运输、安装
4. 砂浆制作、运输、抹面、养护
5. 接头灌缝、养护</td></tr>
<tr><td>050305002</td><td>水磨石飞来椅</td><td>1. 座凳面厚度、宽度
2. 靠背扶手截面
3. 靠背截面
4. 座凳楣子形状、尺寸
5. 砂浆配合比</td><td>1. 砂浆制作、运输
2. 制作
3. 运输
4. 安装</td></tr>
<tr><td>050305003</td><td>竹制飞来椅</td><td>1. 竹材种类
2. 座凳面厚度、宽度
3. 靠背扶手截面
4. 靠背截面
5. 座凳楣子形状
6. 铁件尺寸、厚度
7. 防护材料种类</td><td>1. 座凳面、靠背扶手、靠背、楣子制作、安装
2. 铁件安装
3. 刷防护材料</td></tr>
<tr><td>050305004</td><td>现浇混凝土桌凳</td><td>1. 座凳形状
2. 基础尺寸、埋设深度
3. 桌面尺寸、支墩高度
4. 凳面尺寸、支墩高度
5. 混凝土强度等级、砂浆配合比</td><td>个</td><td>按设计图示数量计算</td><td>1. 模板制作、运输、安装、拆除、保养
2. 混凝土制作、运输、浇筑、振捣、养护
3. 砂浆制作、运输</td></tr>
</table>

续表

项目编码	项目名称	项目特征	计量单位	工程量计算规则	工程内容
050305005	预制混凝土桌凳	1. 座凳形状 2. 基础形状、尺寸、埋设深度 3. 桌面形状、尺寸、支墩高度 4. 凳面尺寸、支墩高度 5. 混凝土强度等级 6. 砂浆配合比	个	按设计图示数量计算	1. 模板制作、运输、安装、拆除、保养 2. 混凝土制作、运输、浇筑、振捣、养护 3. 构件运输、安装 4. 砂浆制作、运输 5. 接头灌缝、养护
050305006	石凳、石桌	1. 石材种类 2. 基础形状、尺寸、埋设深度 3. 桌面形状、尺寸、支墩高度 4. 凳面尺寸、支墩高度 5. 混凝土强度等级 6. 砂浆配合比			1. 土方挖运 2. 桌凳制作 3. 桌凳运输 4. 桌凳安装 5. 砂浆制作、运输
050305007	水墨石桌凳	1. 基础形状、尺寸、埋设深度 2. 桌面形状、尺寸、支墩高度 3. 凳面尺寸、支墩高度 4. 混凝土强度等级 5. 砂浆配合比			1. 桌凳制作 2. 桌凳运输 3. 桌凳安装 4. 砂浆制作、运输
050305008	塑树根桌凳	1. 桌凳直径 2. 桌凳高度 3. 砖石种类 4. 砂浆强度等级、配合比 5. 颜料品种、颜色			1. 砂浆制作、运输 2. 砖石砌筑 3. 塑树皮 4. 绘制木纹
050305009	塑树节椅				
050305010	塑料、铁艺、金属椅	1. 木座板面截面 2. 座椅规格、颜色 3. 混凝土强度等级 4. 防护材料种类			1. 制作 2. 安装 3. 刷防护材料

注：木制飞来椅按现行国家标准《仿古建筑工程工程量计算规范》GB 50855—2013 相关项目编码列项。

6. 喷泉安装

喷泉安装工程量清单项目设置、项目特征描述的内容、计量单位及工程量计算规则，应按表 5-43 的规定执行。

表 5-43　喷泉安装（编码：050306）

项目编码	项目名称	项目特征	计量单位	工程量计算规则	工程内容
050306001	喷泉管道	1. 管材、管件、阀门、喷头品种 2. 管道固定方式 3. 防护材料种类	m	按设计图示管道中心线长度以延长米计算	1. 土（石）方挖运 2. 管材、管件、阀门、喷头安装 3. 刷防护材料 4. 回填
050306002	喷泉电缆	1. 保护管品种、规格 2. 电缆品种、规格		按设计图示单根电缆长度以延长米计算	1. 土（石）方挖运 2. 电缆保护管安装 3. 电缆敷设 4. 回填
050306003	水下艺术装饰灯具	1. 灯具品种、规格 2. 灯光颜色	套	按设计图示数量计算	1. 灯具安装 2. 支架制作、运输、安装
050306004	电气控制柜	1. 规格、型号 2. 安装方式	台		1. 电气控制柜（箱）安装 2. 系统调试
050306005	喷泉设备	1. 议备品种 2. 设备规格、型号 3. 防护网品种、规格			1. 设备安装 2. 系统调试 3. 防护网安装

注：1. 喷泉水池应按现行国家标准《房屋建筑与装饰工程工程计量计算规范》GB 50854—2013 中相关项目编码列项。

2. 管架项目按现行国家标准《房屋建筑与装饰工程工程计量计算规范》GB 50854—2013 中“钢支架”项目单独编码列项。

7. 杂项

杂项工程量清单项目设置、项目特征描述的内容、计量单位及工程量计算规则，应按表 5-44 的规定执行。

表 5-44 杂项（编码：050307）

项目编码	项目名称	项目特征	计量单位	工程量计算规则	工程内容
050307001	石灯	1. 石料种类 2. 石灯最大截面 3. 石灯高度 4. 砂浆配合比	个	按设计图示数量计算	1. 制作 2. 安装
050307002	石球	1. 石料种类 2. 球体直径 3. 砂浆配合比	个	按设计图示数量计算	1. 制作 2. 安装
050307003	塑仿石音箱	1. 音箱石内空尺寸 2. 铁丝型号 3. 盼浆配合比 4. 水泥漆颜色			1. 胎模制作、安装 2. 铁丝网制作、安装 3. 砂浆制作、运输 4. 喷水泥漆 5. 埋置仿石音箱
050307004	塑树皮梁、柱	1. 塑树种类 2. 塑竹种类 3. 砂浆配合比 4. 喷字规格、颜色 5. 油漆品种、颜色	1. m^2 2. m	1. 以平方米计量，按设计图示尺寸以梁柱外表面积计算 2. 以米计量，按设计图示尺寸以构件长度计算	1. 灰塑 2. 刷涂颜料
050307005	塑竹梁、柱				
050307006	铁艺栏杆	1. 铁艺栏杆高度 2. 铁艺栏杆单位长度重量 3. 防护材料种类	m	按设计图示尺寸以长度计算	1. 铁艺栏杆安装 2. 刷防护材料
050307007	塑料栏杆	1. 栏杆高度 2. 塑料种类			1. 下料 2. 安装 3. 校正
050307008	钢筋混凝土艺术围栏	1. 围栏高度 2. 混凝土强度等级 3. 表面涂敷材料种类	1. m^2 2. m	1. 以平方米计量，按设计图示尺寸以面积计算 2. 以米计量，按设计图示尺寸以延长米计算	1. 制作 2. 运输 3. 安装 4. 砂浆制作、运输 5. 接头灌缝、养护

续表

项目编码	项目名称	项目特征	计量单位	工程量计算规则	工程内容
050307009	标志牌	1. 材料种类、规格 2. 镌字规格、种类 3. 喷字规格、颜色 4. 油漆品种、颜色	个	按设计图示数量计算	1. 选料 2. 标志牌制作 3. 雕凿 4. 镌字、喷字 5. 运输、安装 6. 刷油漆
050307010	景墙	1. 土质类别 2. 垫层材料种类 3. 基础材料种类、规格 4. 墙体材料种类、规格 5. 墙体厚度 6. 混凝土、砂浆强度等级、配合比 7. 饰面材料种类	1. m^3 2. 段	1. 以立方米计量，按设计图示尺寸以体积计算 2. 以段计量，按设计图示尺寸以数量计算	1. 土（石）方挖运 2. 垫层、基础铺设 3. 墙体砌筑 4. 面层铺贴
050307011	景窗	1. 景窗材料品种、规格 2. 混凝土强度等级 3. 砂浆强度等级、配合比 4. 涂刷材料品种	m^2	按设计图示尺寸以面积计算	1. 制作 2. 运输 3. 砌筑安放 4. 勾缝 5. 表面涂刷
050307012	花饰	1. 花饰材料品种、规格 2. 砂浆配合比 3. 涂刷材料品种			
050307013	博古架	1. 博古架材料品种、规格 2. 混凝土强度等级 3. 砂浆配合比 4. 涂刷材料品种	1. m^2 2. m 3. 个	1. 以平方米计量，按设计图示尺寸以面积计算 2. 以米计量，按设计图示尺寸以延长米计算 3. 以个计量，按设计图示数量计算	
050307014	花盆（坛、箱）	1. 花盆（坛）的材质及类型 2. 规格尺寸 3. 混凝土强度等级 4. 砂浆配合比	个	按设计图示尺寸以数量计算	1. 制作 2. 运输 3. 安放

续表

项目编码	项目名称	项目特征	计量单位	工程量计算规则	工程内容
050307015	摆花	1. 花盆（钵）的材质及类型 2. 花卉品种与规格	1. m^2 2. 个	1. 以平方米计量，按设计图示尺寸以水平投影面积计算 2. 以个计量，按设计图示数量计算	1. 搬运 2. 安放 3. 养护 4. 撤收
050307016	花池	1. 土质类别 2. 池壁材料种类、规格 3. 混凝土、砂浆强度等级、配合比 4. 饰面材料种类	1. m^3 2. m 3. 个	1. 以立方米计量，按设计图示尺寸以体积计算 2. 以米计量，按设计图示尺寸以池壁中心线处延长米计算 3. 以个计量，按设计图示数量计算	1. 垫层铺设 2. 基础砌（浇）筑 3. 墙体砌（浇）筑 4. 面层铺贴
050307017	垃圾箱	1. 垃圾箱材质 2. 规格尺寸 3. 混凝土强度等级 4. 砂浆配合比	个	按设计图示尺寸以数量计算	1. 制作 2. 运输 3. 安放
050307018	砖石砌小摆设	1. 砖种类、规格 2. 石种类、规格 3. 砂浆强度等级、配合比 4. 石表面加工要求 5. 勾缝要求	1. m^3 2. 个	1. 以立方米计量，按设计图示尺寸以体积计算 2. 以个计量，按设计图示尺寸以数量计算	1. 砂浆制作、运输 2. 砌砖、石 3. 抹面、养护 4. 勾缝 5. 石表面加工
050307019	其他景观小摆设	1. 名称及材质 2. 规格尺寸	个	按设计图示尺寸以数量计算	1. 制作 2. 运输 3. 安装
050307020	柔性水池	1. 水池深度 2. 防水（漏）材料	m^2	按设计图示尺寸以水平投影面积计算	1. 清理基层 2. 材料裁接 3. 铺设

注：砌筑果皮箱，放置盆景的须弥座等，应按砖石砌小摆设项目编码列项。

8. 园林景观工程清单相关问题及说明

1）混凝土构件中的钢筋项目应按现行国家标准《房屋建筑与装饰工程工程量计算规范》GB 50854—2013 中相应项目编码。

2）石浮雕、石镌字应按现行国家标准《仿古建筑工程工程量计算规范》

GB 50855—2013 附录 B 中的相应项目编码列项。

三、园林景观工程定额工程量计算规则

1. 假山工程工程量计算

（1）假山工程

1）工作内容：假山工程量一般以设计的山石实际吨位数为基数来推算，并以工日数表示。假山采用的山石种类不同、假山造型不同、假山砌筑方式不同都会影响工程量。由于假山工程的变化因素太多，每工日的施工定额也不容易统一，因此准确计算工程量有一定难度。根据十几项假山工程施工资料统计的结果，包括放样、选石、配制水泥砂浆及混凝土、吊装山石、堆砌、刹垫、搭拆脚手架、抹缝、清理、养护等全部施工工作在内的山石施工平均工日定额，在精细施工条件下，应为 0.1～0.2t/工日；在大批量粗放施工情况下，则应为 0.3～0.4t/工日。

2）工程量计算公式为：

$$W=AHRK_n \tag{5-5}$$

式中 W——石料质量，t；

A——假山平面轮廓的水平投影面积，m^2；

H——假山着地点至最高顶点的垂直距离，m；

R——石料密度，黄（杂）石为 $2.6t/m^3$，湖石为 $2.2t/m^3$；

K_n——折算系数，高度在 2m 以内，$K_n=0.65$；高度在 4m 以内，$K_n=0.54$。

假山顶部凸出的石块，不得执行人造独立峰定额。人造独立峰（仿孤块峰石）是指人工叠造的独立峰石。

（2）景石、散点石工程

1）工作内容：景石是指不具备山形但以奇特的形状为审美特征的石质观赏品；散点石是指无呼应联系的一些自然山石分散布置在草坪、山坡等处，主要起点缀环境、烘托野地氛围的作用。

2）工程量计算公式为：

$$W_{单}=L_{均}\ B_{均}\ H_{均}\ R \tag{5-6}$$

式中 $W_{单}$——山石单体质量，t；

$L_{均}$——长度方向的平均值，m；

$B_{均}$——宽度方向的平均值，m；

$H_{均}$——高度方向的平均值，m；

R——石料密度，t/m^3。

（3）堆砌假山工程

1）工作内容：放样、选石、运石、调制及运送混凝土（砂浆）、堆砌、搭拆脚手架、塞垫嵌缝、清理、养护。

2）工程量：堆砌湖石假山、黄石假山、整块湖石峰、人造湖石峰、人造黄石峰以及石笋安装、土山点石的工程量均按不同山、峰高度，以堆砌石料的质量计算。计量单位为“t”。

布置景石的工程量按不同单块景石，以布置景石的质量计算，计量单位为“t”。

自然式护岸的工程量按护岸石料质量计算，计量单位为“t”。

堆砌假山石料质量＝进场石料验收质量－剩余石料质量　　(5-7)

(4) 塑假石山工程

1）工作内容：放样、挖土方、浇捣混凝土垫层、砌骨架或焊接骨架、挂钢网、堆筑成形。

2）工程量：砖骨架塑假石山的工程量按不同高度，以塑假石山的外围表面积计算，计量单位为“$10m^2$”。

钢骨架、钢网塑假石山的工程量按其外围表面积计算，计量单位为“$10m^2$”。

2. 土方工程量计算

(1) 工作内容　工作内容主要包括平整场地，挖地槽、挖地坑、挖土方、回填土、运土等。

(2) 工程量计算

1）工程量除注明者外，均按图示尺寸以体积计算。

2）挖土方凡平整场地厚度在 30cm 以上，槽底宽度在 3m 以上和坑底面积在 $20m^2$ 以上的挖土，均按挖土方计算。

3）挖地槽凡槽宽在 3m 以内，槽长为槽宽 3 倍以上的挖土，均按挖地槽计算。外墙地槽长度按其中心线长度计算，内墙地槽长度按内墙地槽的净长计算；宽度按图示宽度计算；凸出部分挖土量应予以增加。

4）挖地坑凡挖土底面积在 $20m^2$ 以内，槽宽在 3m 以内，槽长小于槽宽 3 倍者按挖地坑计算。

5）挖土方、地槽、地坑的高度，按室外自然地坪至槽底的距离计算。

6）挖管沟槽，宽度按规定尺寸计算，如无规定可按表 5-45 计算。沟槽长度不扣除检查井，检查井的凸出管道部分的土方也不增加。

表 5-45　沟槽底宽度　　（单位：m）

管径/mm	铸铁管、钢管、石棉水泥管	混凝土管、钢筋混凝土管	缸瓦管	附注
50～75	0.6	0.8	0.7	(1) 本表为埋深在 1.5m 以内沟槽底宽度，单位为“m”； (2) 当深度在 2m 以内，有支撑时，表中数值适当增加 0.1m； (3) 当深度在 3m 以内，有支撑时，表中数值适当增加 0.2m
100～200	0.7	0.9	0.8	
250～350	0.8	1.0	0.9	
400～450	1.0	1.3	1.1	
500～600	1.3	1.5	1.4	

7）平整场地是指厚度在±30cm 以内的就地挖、填、找平工程，其工程量按建筑物的首层建筑面积计算。

8）回填土、场地填土，分松填和夯填，以“m^3”计算。挖地槽原土回填的工程量，可按地槽挖土工程量乘以系数 0.6 计算。

① 满堂红挖土方，其设计室外地坪以下部分如采用原土者，此部分不计取原土价值的措施费和各项间接费用。

② 大开槽四周的填土，按回填土定额执行。

③ 地槽、地坑回填土的工程量，可按地槽地坑的挖土工程量乘以系数 0.6 计算。

④ 管道回填土按挖土体积减去垫层和直径大于 500mm（包括 500mm）的管道体积计算。管道直径小于 500mm 的可不扣除其所占体积，管道在 500mm 以上的应减除管道体积。每米管道应减土方量可按表 5-46 计算。

表 5-46　每米管道应减土方量

管道种类	减土方量/m^3					
	直径/mm					
	500～600	700～800	900～1000	1100～1200	1300～1400	1500～1600
钢管	0.24	0.44	0.71	—	—	—
铸铁管	0.27	0.49	0.77	—	—	—
钢筋混凝土管及缸瓦管	0.33	0.60	0.92	1.15	1.35	1.55

⑤ 用挖槽余土做填土时，应套用相应的填土定额，结算时应减去其利用部分土的价值，但措施费和各项间接费不予扣除。

3. 砖石工程量计算

(1) 工作内容　工作内容包括砖基础与砌体，其他砌体，毛石基础及护坡等。

(2) 工程量计算

1) 一般规定:

① 砌体砂浆强度等级为综合强度等级，编排预算时不得调整。

② 砌墙综合了墙的厚度，划分为外墙和内墙。

③ 砌体内采用钢筋加固者，按设计规定的质量，套用“砖砌体加固钢筋”定额。

④ 檐高是指由设计室外地坪至前后檐口滴水的高度。

2) 工程量计算规则:

① 标准砖墙体计算厚度，按表 5-47 计算。

表 5-47　标准砖墙体计算厚度

墙体	1/4 砖	1/2 砖	3/4 砖	1 砖	$1\frac{1}{2}$砖	2 砖	$2\frac{1}{2}$砖	3 砖
计算厚度/mm	53	115	180	240	365	490	615	740

② 基础与墙身的划分：砖基础与砖墙以设计室内地坪为界，设计室内地坪以下为基础、以上为墙身，如墙身与基础为两种不同材料时以材料为分界线。砖围墙以设计室外地坪为分界线。

③ 外墙基础长度，按外墙中心线计算，内墙基础长度，按内墙净长计算。墙基大放脚处重叠因素已综合在定额内，凸出墙外的墙垛的基础大放脚宽出部分不增加，嵌入基础的钢筋、铁杆、管件等所占的体积不予扣除。

④ 砖基础工程量不扣除 $0.3m^2$ 以内的孔洞，基础内混凝土的体积应扣除，但砖过梁应另列项目计算。

⑤ 基础抹隔潮层按实抹面积计算。

⑥ 外墙长度按外墙中心线长度计算，内墙长度按内墙净长计算。女儿墙工程量并入外墙计算。

⑦ 计算实砌砖墙身时，应扣除门窗洞口（门窗框外围面积），过人洞空圈，嵌入墙身的钢筋砖柱、梁、过梁、圈梁的体积，但不扣除每个面积在 0.3m 以内的孔洞梁头、梁垫、檩头、垫木、木砖、砌墙内的加固钢筋、墙基抹隔潮层等及内墙板头压 1/2 墙者所占的体积。凸出墙面的窗台虎头砖、压顶线、门窗套、三皮砖以下的腰线、挑檐等体积也不增加。嵌入外墙的钢筋混凝土板头已在定额中考虑，计算工程量时不再扣除。

⑧ 墙身高度从首层设计室内地坪算至设计要求高度。

⑨ 砖垛，三皮砖以上的檐槽，砖砌腰线的体积，并入所附的墙身体积内计算。

⑩ 附墙烟囱（包括附墙通风道、垃圾道）按其外形体积计算，并入所依

附的墙体积内。不扣除横断面积在0.1m^{2}以内的孔洞的体积，但孔洞内的抹灰工料不增加。如每一孔洞横断面积超过0.1m^2，应扣除孔洞所占体积，孔洞内的抹灰应另列项计算。如砂浆强度等级不同，可按相应墙体定额执行。附墙烟囱如带缸瓦管、除灰门或垃圾道带有垃圾道门、垃圾斗、通风百叶窗、铁箅子以及钢筋混凝土预制盖等，均应另列项目计算。

⑪ 框架结构间砌墙，分为内、外墙，以框架间的净空面积乘以墙厚度按相应的砖墙定额计算。框架外表面镶包砖部分也并入框架结构间砌墙的工程量内一并计算。

⑫ 围墙以“m^3”计算，按相应外墙定额执行，砖垛和压顶等工程量应并入墙身内计算。

⑬ 暖气沟及其他砖砌沟道不分墙身和墙基，其工程量合并计算。

⑭ 砖砌地下室内外墙身工程量与砌砖计算方法相同，但基础与墙身的工程量合并计算，按相应内外墙定额执行。

⑮ 砖柱不分柱身和柱基，其工程量合并计算，按砖柱定额执行。

⑯ 空花墙按带有空花部分的局部外形体积以“m^3”计算，空花所占体积不扣除，实砌部分另按相应定额计算。

⑰ 半圆旋按图示尺寸以“m^3”计算，执行相应定额。

⑱ 零星砌体定额适用于厕所蹲台、小便槽、水池腿、煤箱、台阶、台阶挡墙、花台、花池、房上烟囱、阳台隔断墙、小型池槽、楼梯基础、垃圾箱等，以“m^3”计算。

⑲ 炉灶按外形体积以“m^3”计算，不扣除各种空洞的体积。定额中只考虑了一般的铁件及炉灶台面抹灰，如炉灶面镶贴块料面层则应另列项计算。

⑳ 毛石砌体按图示尺寸以“m^3”计算。

㉑ 砌体内通风铁箅的用量按设计规定计算，但安装工已包括在相应定额内，不另计算。

4. 混凝土及钢筋混凝土工程量计算

（1）工作内容　工作内容主要包括现浇、预制、接头灌缝混凝土及混凝土安装、运输等。

（2）工程量计算

1）一般规定：

① 混凝土及钢筋混凝土工程预算定额是综合定额，包括：模板、钢筋和混凝土各工序的工料及施工机械的耗用量。模板、钢筋不需单独计算。如与施工图规定的用量另加损耗后的数量不同时，可按实际情况调整。

② 定额中模板是按木模板、工具式钢模板、定型钢模板等综合考虑的，实际采用模板不同时，不得换算。

③ 钢筋定额是按手工绑扎、部分焊接及点焊编制的，实际施工与定额不同时，不得换算。

④ 混凝土设计强度等级与定额不同时，应以定额中选定的石子粒径，按相应的混凝土配合比换算，但混凝土搅拌用水不换算。

2）工程量计算规则：

① 混凝土和钢筋混凝土：以“m^3”为计算单位的各种构件，均根据图示尺寸为构件的体积计算，不扣除其中的钢筋、铁件、螺栓和预留螺栓孔洞所占的体积。

② 基础垫层：混凝土的厚度在12cm以内者为垫层，执行基础定额。

③ 基础：

a. 带形基础。带形基础是指凡在墙下的基础或柱与柱之间与单独基础相连接的带形结构。与带形基础相连的杯形基础，执行杯形基础定额。

b. 独立基础。包括各种形式的独立柱和柱墩，独立基础的高度按图示尺寸计算。

c. 满堂基础。底板定额适用于无梁式和有梁式满堂基础的底板。有梁式满堂基础中的梁、柱另按相应的基础梁或柱定额执行。梁只计算凸出基础的部分；伸入基础底板的部分，并入满堂基础底板工程量内。

④ 柱：

a. 柱高为柱基上表面至柱顶面的高度。

b. 依附于柱上的云头、梁垫的体积另列项目计算。

c. 多边形柱，按相应的圆柱定额执行，其规格按断面对角线长套用定额。

d. 依附于柱上的牛腿的体积，并入柱身体积计算。

⑤ 梁：

a. 梁的长度。梁与柱交接时，梁长应按柱与柱之间的净距计算；次梁与主梁或柱交接时，次梁的长度算至柱侧面或主梁侧面；梁与墙交接时，伸入墙内的梁头应包括在梁的长度内计算。

b. 梁头处如有浇制垫块者，其体积并入梁内一起计算。

c. 凡加固墙身的梁均按圈梁计算。

d. 戗梁按设计图示尺寸以“m^3”计算。

⑥ 板：

a. 有梁板是指带有梁的板，按其形式可分为梁式楼板、井式楼板和密肋形楼板。梁与板的体积合并计算，应扣除面积大于$0.3m^2$的孔洞所占的体积。

b. 平板是指无柱、无梁，直接由墙承重的板。

c. 亭屋面板（曲形）是指古典建筑中亭面板，为曲形状。其工程量按设计图示尺寸以体积计算。

d. 凡不同类型的楼板交接时，均以墙的中心线为分界。

e. 伸入墙内的板头，其体积应并入板内计算。

f. 现浇混凝土挑檐，天沟与现浇屋面板连接时，以外墙皮为分界线；与圈梁连接时，以圈梁外皮为分界线。

g. 戗翼板是指古建筑中的翘角部位，并连有飞椽的翼角板。椽望板是指古建筑中的飞沿部位，并连有飞椽和出沿椽重叠之板。其工程量按设计图示尺寸以体积计算。

h. 中式屋架是指古典建筑中立贴式屋架。其工程量（包括童柱、立柱、大梁）按设计图示尺寸以体积计算。

⑦ 枋、桁：

a. 枋子、桁条、梁垫、梓桁、云头、斗拱、椽子等构件，均按设计图示尺寸以体积计算。

b. 枋与柱交接时，枋的长度应按柱与柱间的净距计算。

⑧ 其他：

a. 整体楼梯。应分层按其水平投影面积计算。楼梯井宽度超过50cm时其面积应扣除。伸入墙内部分的体积已包括在定额内，不另计算，但楼梯基础、栏板、栏杆、扶手应另列项目套用相应定额计算。

楼梯的水平投影面积包括踏步、斜梁、休息平台、平台梁以及楼梯与楼板连接的梁。

楼梯与楼板的划分以楼梯梁的外侧面为分界。

b. 阳台、雨篷。均按伸出墙外的水平投影面积计算，伸出墙外的牛腿已包括在定额内不再计算，但嵌入墙内的梁应按相应定额另列项目计算。阳台上的栏板、栏杆及扶手均应另列项目计算，楼梯、阳台的栏板、栏杆、吴王靠（美人靠）、挂落均按“延长米“计算，其中包括楼梯伸入墙内的部分。楼梯斜长部分的栏板长度，可按其水平长度乘以系数1.15计算。

c. 小型构件。指单位体积小于0.1m^3的未列入项目的构件。

d. 古式零件。指梁垫、云头、插角、宝顶、莲花头子、花饰块等以及单件体积小于0.05m^3的未列入项目的古式小构件。

e. 池槽。按体积计算。

⑨ 装配式构件制作、安装、运输：

a. 装配式构件一律按施工图示尺寸以体积计算，空腹构件应扣除空腹体积。

b. 预制混凝土板或补现浇板缝时，按平板定额执行。

c. 预制混凝土花漏窗按其外围面积以“m^2”计算，边框线抹灰另按抹灰工程规定计算。

5. 木结构工程量计算

(1) 工作内容　工作内容主要包括门窗制作及安装、木装修、间壁墙、顶棚、地板、屋架等。

(2) 工程量计算

1) 一般规定：

① 定额中凡包括玻璃安装项目的，其玻璃品种及厚度均为参考规格。如实际使用的玻璃品种及厚度与定额不同，玻璃厚度及单价应按实际情况调整，但定额中的玻璃用量不变。

② 凡综合刷油者，定额中除了在项目中已注明者外，均为底油一遍，调和漆两遍，木门窗的底油包括在制作定额中。

③ 一玻一纱窗，不分纱扇所占的面积大小，均按定额执行。

④ 木墙裙项目中已包括制作安装踢脚板，其不另计算。

2) 工程量计算规则：

① 定额中的普通窗适用于：平开式，上、中、下悬式，中转式及推拉式。均按框外围面积计算。

② 定额中的门框料是按无下坎计算的。如设计有下坎，应按相应门下坎定额执行，其工程量按门框外围宽度以“延长米”计算。

③ 各种门如亮子或门扇安纱扇时，纱门扇或纱亮子按框外围面积另列项目计算，纱门扇与纱亮子以门框中坎的上皮为界。

④ 木窗台板按“m^2”计算。如图纸未注明窗台板长度和宽度时，可按窗框的外围宽度两边共加 10cm 计算，凸出墙面的宽度按抹灰面增加 3cm 计算。

⑤ 木楼梯（包括休息平台和靠墙踢脚板）按水平投影面积以“m^2”计算（不计伸入墙内部分的面积）。

⑥ 挂镜线按“延长米”计算，如与窗帘盒相连接，应扣除窗帘盒长度。

⑦ 门窗贴脸的长度，按门窗框的外围尺寸以“延长米”计算。

⑧ 暖气罩、玻璃黑板按边框外围尺寸以垂直投影面积计算。

⑨ 木隔板按图示尺寸以“m^2”计算。定额内按一般固定考虑，如用角钢托架，角钢应另行计算。

⑩ 间壁墙的高度按图示尺寸计算，长度按净长计算，应扣除门窗洞口，但不扣除面积在 0.3m^2 以内的孔洞。

⑪ 厕所浴室木隔断，其高度自下横枋底面算至上横坊顶面，以“m^2”计算，门扇面积并入隔断面积内计算。

⑫ 预制钢筋混凝土厕浴隔断上的门扇，按扇外围面积计算，套用厕所浴室隔断门定额。

⑬ 半截玻璃间壁，其上部为玻璃间壁、下部为半砖墙或其他间壁，分别

计算工程量，套用相应定额。

⑭ 顶棚面积以主墙实际面积计算，不扣除间壁墙、检查洞、穿过顶棚的柱、垛、附墙烟囱及水平投影面积在 $1m^2$ 以内的柱帽等所占的面积。

⑮ 木地板以主墙间的净面积计算，不扣除间壁墙、穿过木地板的柱、垛和附墙烟囱等所占的面积，但门和空圈的开口部分不增加。

⑯ 木地板定额中，木踢脚板数量不同时，均按定额执行。当设计不用木踢脚板时，可扣除其数量，但人工不变。

⑰ 栏杆的扶手均以“延长米”计算。楼梯踏步部分的栏杆、扶手的长度可按全部水平投影长度乘以系数 1.15 计算。

⑱ 屋架分不同跨度，按“架”计算，屋架跨度按墙、柱中心线长度计算。

⑲ 楼梯底钉顶棚的工程量均以楼梯水平投影面积乘以系数 1.10，按顶棚面层定额计算。

6. 地面工程量计算

（1）工作内容　工作内容主要包括垫层、防潮层、整体面层、块料面层等。

（2）工程量计算

1）一般规定：

① 混凝土强度等级及灰土、白灰焦渣、水泥焦渣的配合比与设计要求不同时，允许换算。但整体面层与块料面层的结合层或底层砂层的砂浆厚度，除定额注明允许换算外一律不得换算。

② 散水、斜坡、台阶、明沟均已包括了土方、垫层、面层及沟壁。如垫层、面层的材料品种、含量与设计不同时，可以换算，但土方量和人工、机械费一律不得调整。

③ 随打随抹地面只适用于设计中无厚度要求的随打随抹面层，如设计中有厚度要求时，应按水泥砂浆抹地面定额执行。

2）工程量计算规则：

① 楼地面层。

a. 水泥砂浆随打随抹、砖地面及混凝土面层，按主墙间的净空面积计算，应扣除凸出地面的构筑物，设备基础所占的面积（不需做面层的沟盖板所占的面积也应扣除），不扣除柱、垛、间壁墙、附墙烟囱以及 $0.3m^2$ 以内孔洞所占的面积，但门洞、空圈不增加。

b. 水磨石面层及块料面层均按图示尺寸以“m^2”计算。

② 防潮层。

a. 平面。地面防潮层同地面面层，与墙面连接处的高在 50cm 以内时其展开面积的工程量，按平面定额计算；超过 50cm 者，其立面部分的全部工程量按立面定额计算。墙基防潮层，外墙长以外墙中心线长度，内墙按内墙净长乘宽度计算。

b. 立面。墙身防潮层按图示尺寸以“m^2”计算，不扣除面积在 0.3m^2 以内的孔洞。

③ 伸缩缝：各类伸缩缝，按不同用料以“延长米”计算。外墙伸缩缝如内外双面填缝者，工程量加倍计算。伸缩缝项目，适用于屋面、墙面及地面等部位。

④ 踢脚板。

a. 水泥砂浆踢脚板以“延长米”计算，不扣除门洞及空圈的长度，但门洞、空圈和垛的侧壁不增加。

b. 水磨石踢脚板、预制水磨石及其他块料面层踢脚板，均按图示尺寸以净长计算。

⑤ 水泥砂浆及水磨石楼梯面层：以水平投影面积计算，定额内已包括踢脚板及底面抹灰、刷浆工料。楼梯井在 50cm 以内者不予扣除。

⑥ 散水：按外墙外边线的长度乘以宽度以“m^2”计算（台阶、坡道所占的长度不扣除，四角延伸部分不增加）。

⑦ 坡道：以水平投影面积计算。

⑧ 各类台阶：均以水平投影面积计算，定额内已包括面层及面层下的砌砖或混凝土的工料。

7. 屋面工程量计算

（1）工作内容　工作内容主要包括保温层、找平层、卷材屋面及屋面排水等。

（2）工程量计算

1）一般规定：

① 水泥瓦、黏土瓦的规格与定额不同时，除瓦的数量可以换算外，其他工料均不得调整。

② 铁皮屋面及铁皮排水项目，铁皮咬口和搭接的工料包括在定额内不另计算。铁皮厚度如与定额规定不同时允许换算，其他工料不变。刷冷底子油一遍已综合在定额内，不另计算。

2）工程量计算规则：

① 保温层：按图示尺寸的面积乘平均厚度以“m^3”计算，不扣除烟囱、风帽及水斗斜沟所占面积。

② 瓦屋面：按图示尺寸的屋面投影面积乘屋面坡度延尺系数以“m^2”计算，不扣除房上烟囱、风帽底座、风道、屋面小气窗和斜沟等所占面积，屋面小气窗出檐与屋面重叠部分的面积不增加，但天窗出檐部分重叠的面积应

计入相应屋面工程量内。瓦屋面的出线、披水、梢头抹灰、脊瓦等工料均已综合在定额内，不另计算。

③ 卷材屋面：按图示尺寸的水平投影面积乘屋面坡度延尺系数以“m^2”计算，不扣除房上烟囱、风帽底座、风道斜沟等所占面积，其根部弯起部分不另计算。天窗出沿部分重叠的面积应按图示尺寸以“m^2”计算，并入卷材屋面工程量内。如图纸未注明尺寸，伸缩缝、女儿墙可按25cm计算，天窗处可按50cm计算，局部增加层数时，另计增加部分。

④ 水落管长度：按图示尺寸以展开长度计算。如无图示尺寸，由沿口下皮算至设计室外地坪以上15cm为止，上端与铸铁弯头连接者，算至接头处。

⑤ 屋面抹水泥砂浆找平层：屋面抹水泥砂浆找平层的工程量与卷材屋面相同。

8. 装饰工程量计算

（1）工作内容　工作内容主要包括抹白灰砂浆、抹水泥砂浆等。

（2）工程量计算

1）一般规定：

① 抹灰厚度及砂浆种类，一般不得换算。

② 抹灰不分等级，定额水平是根据园林建筑质量要求较高的情况综合考虑的。

③ 阳台、雨篷抹灰定额内已包括底面抹灰及刷浆，不另行计算。

④ 凡室内净高超过3.6m的内檐装饰，其所需脚手架可另行计算。

⑤ 内檐墙面抹灰综合考虑了抹水泥窗台板，如设计要求做法与定额不同时可以换算。

⑥ 设计要求抹灰厚度与定额不同时，定额内砂浆体积应按比例调整，人工、机械不得调整。

2）工程量计算规则：

① 工程量均按设计图示尺寸计算。

② 顶棚抹灰。

a. 顶棚抹灰面积。以主墙内的净空面积计算，不扣除间壁墙、垛、柱所占的面积，带有钢筋混凝土梁的顶棚，梁的两侧抹灰面积应并入顶棚抹灰工程量内计算。

b. 密肋梁和井字梁顶棚抹灰面积。以展开面积计算。

c. 檐口顶棚的抹灰。并入相同的顶棚抹灰工程量内计算。

d. 有坡度及拱顶的顶棚抹灰面积。按展开面积以“m^2”计算。

③ 内墙面抹灰。

a. 内墙面抹灰面积。应扣除门、窗洞口和空圈所占的面积，不扣除踢脚板、挂镜线以及面积在0.3m^2以内的孔洞和墙与构件交接处的面积。洞口侧壁和顶面不增加，但垛的侧面抹灰应与内墙面抹灰的工程量合并计算。

内墙面抹灰的长度以主墙间的图示净长尺寸计算，其高度确定如下：

无墙裙有踢脚板，其高度由地或楼面算至板或顶棚下皮。

有墙裙无踢脚板，其高度按墙裙顶点至顶棚底面另增加10cm计算。

b. 内墙裙抹灰面积。以长度乘高度计算，应扣除门窗洞口和空圈所占面积，并增加窗洞口和空圈的侧壁和顶面的面积。垛的侧壁面积并入墙裙内计算。

c. 吊顶顶棚的内墙面抹灰。其高度按楼地面顶面至顶棚底面另加10cm计算。

d. 墙中的梁、柱等的抹灰。按墙面抹灰定额计算，其凸出墙面的梁、柱抹灰工程量按展开面积计算。

④ 外墙面抹灰。

a. 外墙抹灰。应扣除门、窗洞口和空圈所占的面积，不扣除面积在0.3m^2以内的孔洞面积。门窗洞口及空圈的侧壁、垛的侧面抹灰，并入相应的墙面抹灰中计算。

b. 外墙窗间墙抹灰。以展开面积按外墙抹灰相应定额计算。

c. 独立柱及单梁等抹灰。应另列项目，其工程量按结构设计尺寸断面计算。

d. 外墙裙抹灰。按展开面积计算，门口和空圈所占面积应扣除，侧壁并入相应定额计算。

e. 阳台、雨篷抹灰。按水平投影面积计算，其中定额包括底面、上面、侧面及牛腿的全部抹灰面积。阳台的栏杆、栏板抹灰应另列项目，按相应定额计算。

f. 挑檐、天沟、腰线、栏杆扶手、门窗套、窗台线压顶等结构设计尺寸断面。以展开面积按相应定额以“m^2”计算。窗台线与腰线连接时，并入腰线内计算。

外窗台抹灰长度，如设计图纸无规定，可按窗外围宽度两边加20cm计算，窗台展开宽度按36cm计算。

g. 水泥字。水泥字按“个”计算。

h. 栏板、遮阳板抹灰。以展开面积计算。

i. 水泥黑板，布告栏。按框外围面积计算，黑板边框抹灰及粉笔灰槽已考虑在定额内，不得另行计算。

j. 镶贴各种块料面层。均按设计图示尺寸以展开面积计算。

k. 池槽等。按图示尺寸以展开面积计算。

⑤ 刷浆、水质涂料工程。

a. 墙面。按垂直投影面积计算，应扣除墙裙的抹灰面积，不扣除门窗洞口面积，但垛侧壁、门窗洞口侧壁、顶面不增加。

b. 顶棚。按水平投影面积计算，不扣除间壁墙、垛、柱、附墙烟囱、检查洞所占面积。

⑥ 勾缝：按墙面垂直投影面积计算，应扣除墙面和墙裙抹灰面积，不扣除门窗套和腰线等零星抹灰及门窗洞口所占面积，但垛和门窗洞口侧壁和顶面的勾缝面积不增加。独立柱、房上烟囱勾缝按图示外形尺寸以“m^2”计算。

⑦ 墙面贴壁纸：按图示尺寸以实铺面积计算。

9. 金属结构工程量计算

(1) 工作内容　工作内容主要包括柱、梁、屋架等。

(2) 工程量计算

1) 一般规定：

① 构件制作是按焊接为主考虑的。构件局部采用螺栓连接的情况，已考虑在定额内不再换算，如果构件以铆接为主，应另行补充定额。

② 刷油定额中一般均综合考虑了金属面调和漆两遍。如设计要求与定额不同时，按装饰分部油漆定额换算。

③ 定额中的钢材价格是按各种构件的常用材料规格和型号综合测算取定的，编制预算时不得调整。如设计采用低合金钢，允许换算定额中的钢材价格。

2) 工程量计算规则：

① 构件制作、安装、运输工程量：均按设计图纸的钢材质量计算，所需的螺栓、电焊条等的质量已包括在定额内，不另增加。

② 钢材质量计算：按设计图纸的主材几何尺寸以“t”计算，均不扣除孔眼、切肢、切边的质量，多边形按矩形计算。

③ 钢柱工程量：计算钢柱工程量时，依附于柱上的牛腿及悬臂梁的主材质量，应并入柱身主材质量计算，套用钢柱定额。

10. 园林小品工程量计算

(1) 工作内容

1) 园林景观小品是指园林建设中的工艺点缀品，艺术性较强，它包括堆塑装饰和小型钢筋混凝土、金属构件等小型设施。

2) 园林小摆设是指各种仿匾额、花瓶、花盆、石鼓、坐凳、小型水盆、花坛池、花架等。

(2) 工程量计算

1) 堆塑装饰工程分别按展开面积以“m^2”计算。

2）小型设施工程量预制或现制水磨石景窗、平板凳、花檐、角花、博古架、飞来椅、木纹板的工作内容包括：制作、安装及拆除模板，制作及绑扎钢筋，制作及浇捣混凝土，砂浆抹平，构件养护，面层磨光及现场安装。

① 预制或现制水磨石景窗、平板凳、花檐、角花、博古架的工程量均按不同水磨石断面面积、预制或现制，以其长度计算，计量单位为“10m”。

② 水磨木纹板的工程量按不同水磨程度，以其面积计算。制作工程量计量单位为“m^2”，安装工程量计量单位为“$10m^2$”。

四、园林景观工程工程量计算实例

【例 5-12】 现有一单体点风景石，其平面和断面示意图如图 5-78 所示，试求其工程量。

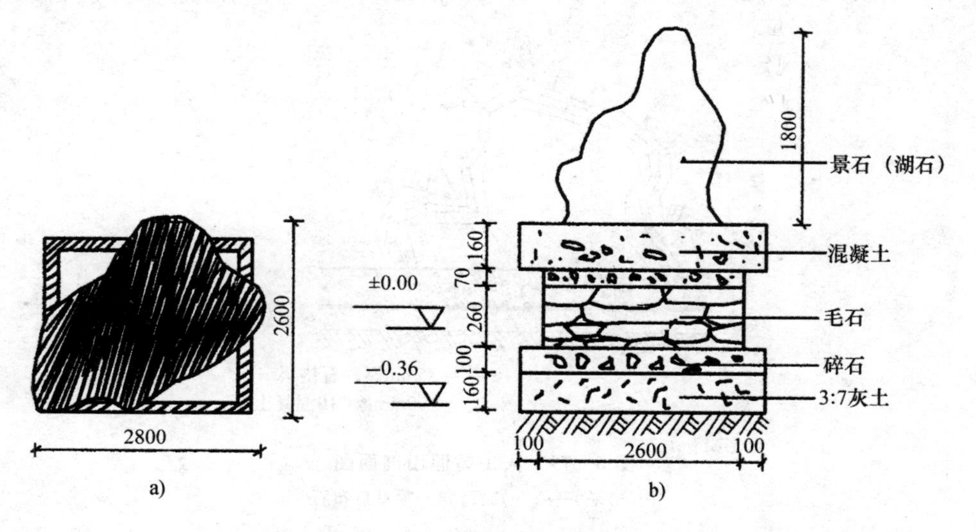

图 5-78　点风景石示意图（单位：mm）

a）平面示意图；b）断面示意图

【解】

（1）清单工程量

点风景石：1 块

（2）定额工程量

1）平整场地：$S=2.8\times2.6\times2=14.56$（$m^2$）

套用定额 1-1。

2）挖土方：$V=2.8\times2.6\times0.36=2.62$（$m^3$）

3）素土夯实：$V=2.8\times2.6\times0.15=1.09$（$m^3$）

4）3∶7 灰土层：$V=2.8\times2.6\times0.16=1.16$（$m^3$）

5）碎石层：$V=2.8\times2.6\times0.1=0.73$（$m^3$）

6）毛石：$V=2.8\times2.6\times0.26=1.89$（$m^3$）

7）景石（湖石）单位：10t

$$W_{单}=L\cdot B\cdot H\cdot R=2.6\times2.4\times1.6\times2.2$$
$$=21.96\text{（t）}=2.196\text{（10t）}$$

【例 5-13】 有一人工塑假山（图 5-79），采用钢骨架，山高 9m 占地 28m²，假山地基为混凝土基础，35mm 厚砂石垫层，C10 混凝土厚 100mm，素土夯实。假山上有人工安置白果笋 1 支，高 2m，景石 3 块，平均长 2m，宽 1m，高 1.5m，零星点布石 5 块，平均长 1m，宽 0.6m，高 0.7m，风景石和零星点布石为黄石。假山山皮料为小块英德石，每块高 2m，宽 1.5m 共 60 块，需要人工运送 60m 远，试求其清单工程量。

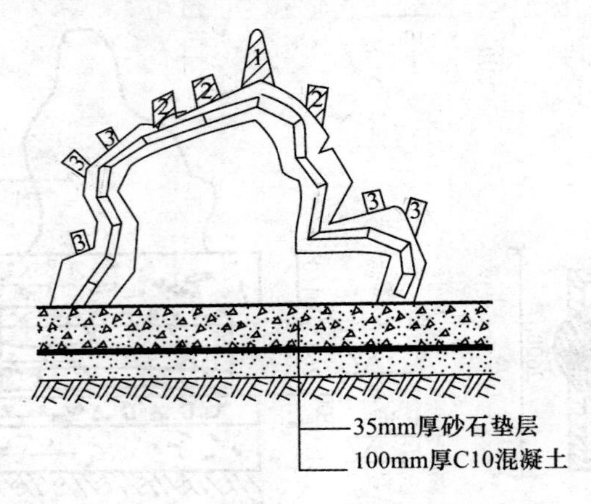

图 5-79 人工塑假山剖面图

1—白果笋；2—景石；3—零星点布石

【解】

（1）塑假山

假山面积：28m²

（2）石笋

白果笋：1 支

（3）点风景石

景石：3 块

清单工程量计算见表 5-48。

表 5-48　清单工程量计算表

序号	项目编码	项目名称	项目特征描述	工程量合计	计量单位
1	050301003001	塑假山	人工塑假山，钢骨架，山高 9m，假山地基为混凝土基础，山皮料为小块英德石	28	m^2
2	050301004001	石笋	高 2m	1	支
3	050301005001	点风景石	平均长 2m，宽 1m，高 1.5m	3	块

【例 5-14】　如图 5-80 所示，为一园林景墙局部，求挖地槽工程量、平整场地、C10 混凝土基础、砌景墙的定额工程量。

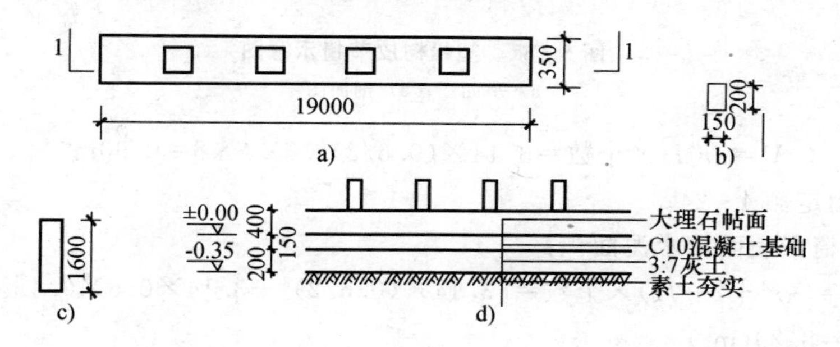

图 5-80　景墙局部示意图

a）平面图；b）景墙石柱平面图；c）景墙石柱立面图；d）景墙 1-1 剖面图

【解】

（1）挖地槽

V＝长×宽×开挖高＝19×0.35×0.35＝2.33（m^3）

（2）平整场地（每边各加 2m 计算）

S＝(长＋4)×(宽＋4)＝(19＋4)×(0.35＋4)＝100.05(m^2)

（3）C10 混凝土基础垫层

V＝长×垫层断面＝19×0.15×0.35＝1.00(m^3)

（4）砌景墙：

$V=V_{底部}+V_{石柱}=19\times0.4\times0.35+0.15\times0.2\times1.6\times4=2.85(m^3)$

【例 5-15】　某公园花坛旁边放有塑松树皮节椅（图 5-81）供游人休息，椅子高 0.4m，直径为 0.6m，椅子内用砖石砌筑，砌筑后先用水泥砂浆找平，再在外表用水泥砂浆粉饰出松树皮节外形。椅子下为 60mm 厚混凝土，150mm 厚 3∶7 灰土垫层，素土夯实，请计算其定额工程量。

【解】

1）砖砌塑松树皮节椅体积：

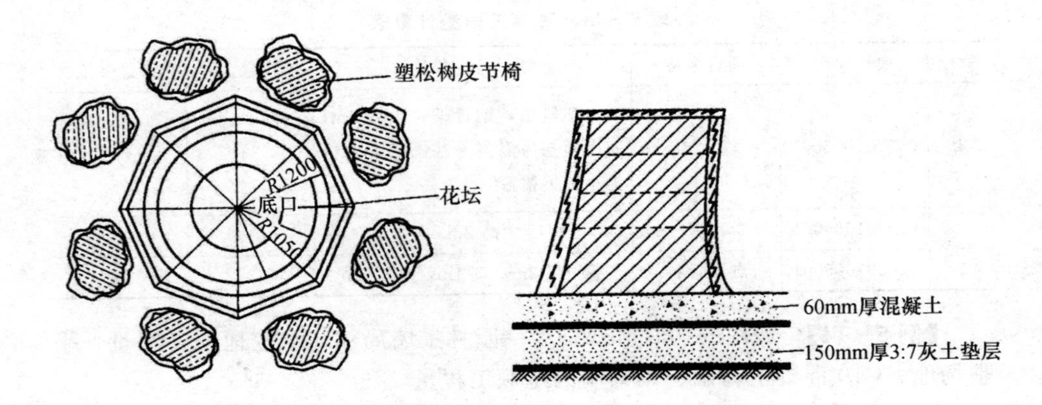

图 5-81 塑松树皮节椅示意图

a）平面图；b）剖面图

$$V=\pi r^2 H\times 个数=3.14\times(0.6/2)^2\times0.4\times8=0.90\text{m}^3$$

套用定额 4-24。

2）椅子表面抹水泥面积：

$$S=(\pi r^2+2\pi rH)\times 个数=[3.14\times(0.6/2)^2+3.14\times0.6\times0.4]\times8$$
$$=8.29(\text{m}^2)$$

套用定额 8-6。

3）水泥砂浆找平层面积：

$$S=\pi r^2\times 个数=3.14\times(0.6/2)^2\times8=2.26(\text{m}^2)$$

套用定额 8-38。

4）椅子表面塑松树皮面积：

$$S=\pi r^2\times 个数=3.14\times(0.6/2)^2\times8=2.26(\text{m}^2)$$

套用定额 8-16。

5）60mm 厚混凝土体积：

$$V=\pi r^2 H\times 个数=3.14\times(0.6/2)^2\times0.06\times8=0.14(\text{m}^2)$$

套用定额 2-5。

6）150mm 厚 3∶7 灰土体积：

$$V=\pi r^2 H\times 个数=3.14\times(0.6/2)^2\times0.15\times8=0.34(\text{m}^2)$$

套用定额 2-1。

【例 5-16】 园林小品——标志牌，如图 5-82 所示，数量为 8 个，求其工程量。

【解】

（1）清单工程量

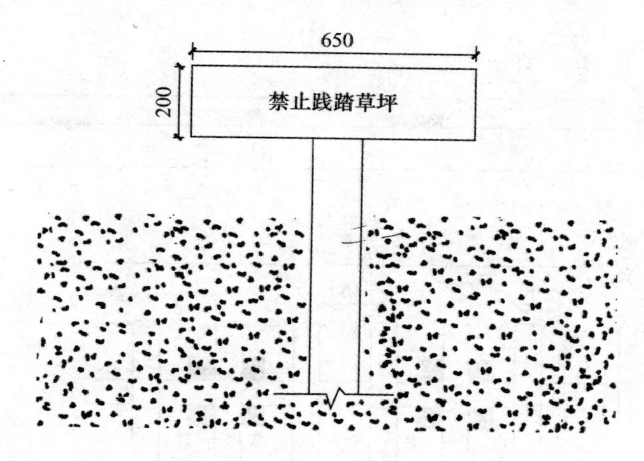

图 5－82　标志牌（单位：mm）

标志牌：8 个（按设计图示数量计算）。

（2）定额工程量

标志牌：S＝长×宽×数量＝0.65×0.2×8＝1.04（m^2）

【例 5－17】 如图 5－83 所示，求预制混凝土花架柱、梁的工程量。

【解】

（1）清单工程量

1）混凝土柱架（按设计图示尺寸以体积计算）

V＝长×宽×厚×数量

＝[(2.7＋0.08)×0.2×0.2＋0.72×(0.2＋0.1)×(0.2＋0.1)]×4m^3

＝0.70（m^3）

2）混凝土梁（按设计图示尺寸以体积计算）

V＝长×宽×厚×数量

＝3.5×0.15×0.08×2m^3

＝0.08（m^3）

清单工程量计算见表 5－49。

表 5－49　清单工程量计算表

序号	项目编码	项目名称	项目特征描述	工程量合计	计量单位
1	050304002001	预制混凝土架柱	柱截面 200mm×200mm，柱高 2.7m，共 4 根	0.70	m^3
2	050304002002	预制混凝土梁	梁截面 150mm×80mm，梁长 3.5m，共 2 根	0.08	m^3

（2）定额工程量同清单工程量

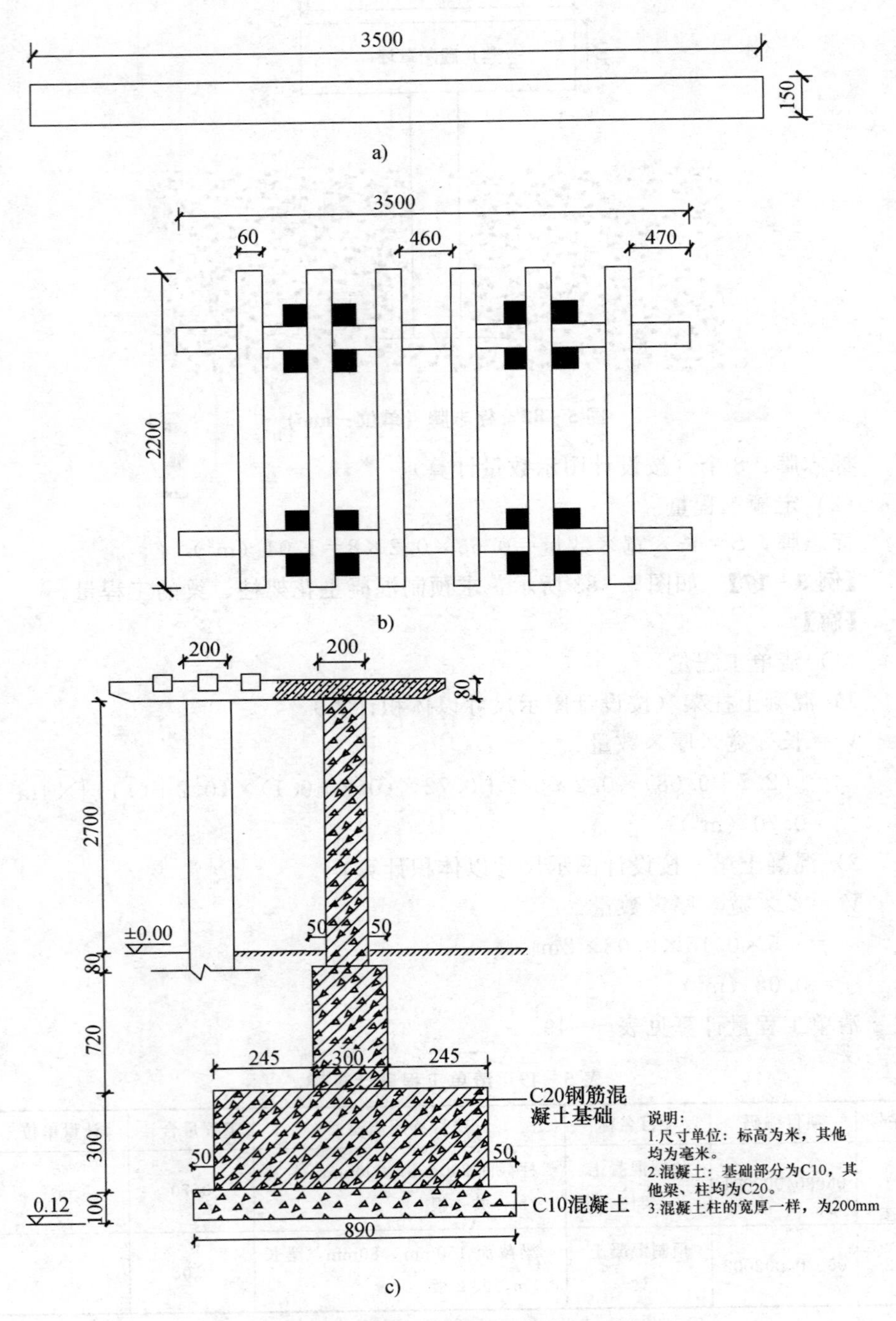

图 5－83　花架示意图（单位：mm）

a）梁平面图；b）花架平面图；c）花架立面、剖面图

【例 5-18】 某庭园内有一长方形花架供人们休息观赏，花架柱、梁全为长方形，柱、梁为砖砌，外面用水泥抹面，再用水泥砂浆找平，最后用水泥砂浆粉饰出树皮外形，水泥厚为 0.05m，水泥抹面厚 0.03m，水泥砂浆找平层厚 0.01m。花架柱高 2.5m，截面长 0.6m，宽 0.4m，花架横梁每根长 1.8m，截面长 0.3m，宽 0.3m，纵梁长 15m，截面长 0.3m，宽 0.3m，花架柱埋入地下 0.5m，所挖坑的长、宽都比柱的截面的长、宽各多出 0.1m，柱下为 25mm 厚 1∶3 白灰砂浆，150mm 厚 3∶7 灰土，200mm 厚砂垫层，素土夯实。试求其清单工程量（图 5-84）。

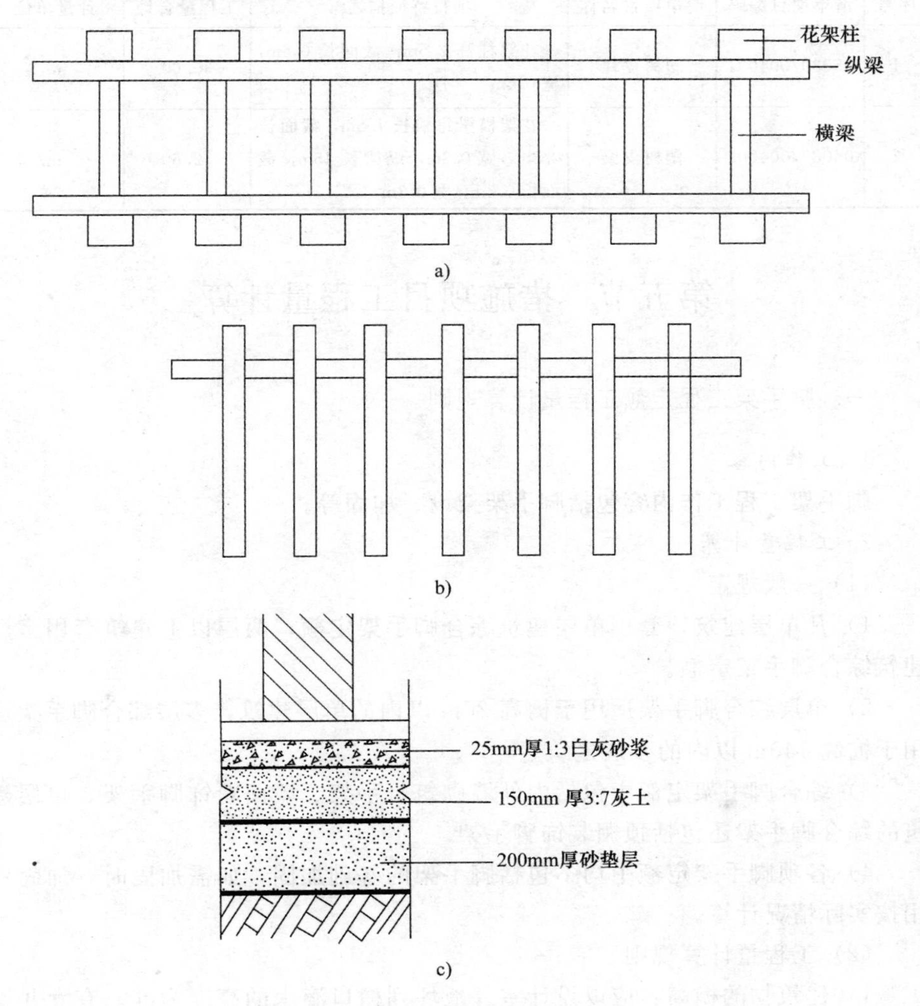

图 5-84　花架示意图

a）平面图；b）立面图；c）垫层剖面图

【解】

1）塑树皮柱

$$L=2.5\times14=35.00\ (\mathrm{m})$$

2）塑树皮梁

$$L=L_{横梁}+L_{纵梁}=1.8\times7+15\times2=42.60\ (\mathrm{m})$$

清单工程量计算表见表5-50。

表5-50　清单工程量计算表

序号	清单项目编码	清单项目名称	项目特征描述	工程量合计	计量单位
1	050307004001	塑树皮柱	花架柱高2.5m，截面长0.6m，宽0.4m	35.00	m
2	050307004002	塑树皮梁	花架横梁每根长1.8m，截面长0.3m，宽0.3m，纵梁长15m，截面长0.3m，宽0.3m	42.60	m

第五节　措施项目工程量计算

一、脚手架工程定额工程量计算规则

1. 工作内容

脚手架工程工作内容包括脚手架架设、加固等。

2. 工程量计算

（1）一般规定

1）凡单层建筑，套用单层建筑综合脚手架定额；两层以上建筑套用多层建筑综合脚手架定额。

2）单层综合脚手架适用于檐高20m以内的单层建筑，多层综合脚手架适用于檐高140m以内的多层建筑。

3）综合脚手架定额中包括内外墙砌筑脚手架、墙面粉饰脚手架，单层建筑的综合脚手架还包括顶棚装饰脚手架。

4）各项脚手架定额中均不包括脚手架的基础加固，如需加固时，加固费用按实际情况计算。

（2）工程量计算规则

1）建筑物的檐高：应以设计室外地坪到檐口滴水的高度为准。有女儿墙者，其高度算到女儿墙顶面；带挑檐者，其高度算到挑檐下皮。多跨建筑物如高度不同，应分别按不同高度计算。同一建筑物有不同结构时，以建筑面积比重较大者为准。前后檐高度不同时，以较高的檐高为准。

2）综合脚手架：按建筑面积以“m^2”计算。

3）围墙脚手架：按内墙脚手架定额执行，其高度由自然地坪算至围墙顶面，长度按围墙中心线计算，不扣除大门面积，也不另行增加独立门柱的脚手架。

4）独立砖石柱的脚手架：按单排外墙脚手架定额执行，其工程量按柱截面的周长另加 3.6m，再乘柱高以“m^2”计算。

5）凡不适宜使用综合脚手架定额的建筑物，均可按以下规定计算，执行单项脚手架定额：

① 砌墙脚手架按墙面垂直投影面积计算。外墙脚手架长度按外墙外边线计算，内墙脚手架长度按内墙净长计算，高度按自然地坪到墙顶的总高计算。

② 檐高 15m 以上的建筑物的外墙砌筑脚手架，一律按双排脚手架计算。

③ 檐高 15m 以内的建筑物，室内净高 4.5m 以内者，内外墙砌筑，均应按内墙脚手架计算。

二、措施项目清单工程量计算规则

1. 脚手架工程

脚手架工程工程量清单项目设置、项目特征描述的内容、计量单位、工程量计算规则应按表 5－51 的规定执行。

表 5－51　脚手架工程（编码：050401）

项目编码	项目名称	项目特征	计量单位	工程量计算规则	工作内容
050401001	砌筑脚手架	1. 搭设方式 2. 墙体高度	m^2	按墙的长度乘墙的高度以面积计算（硬山建筑山墙高算至山尖）。独立砖石柱高度在 3.6m 以内时，以柱结构周长乘以柱高计算，独立砖石柱高度在 3.6m 以上时，以柱结构周长加 3.6m 乘以柱高计算 凡砌筑高度在 1.5m 及以上的砌体，应计算脚手架	1. 场内、场外材料搬运 2. 搭、拆脚手架、斜道、上料平台 3. 铺设安全网 4. 拆除脚手架后材料分类堆放
050401002	抹灰脚手架	1. 搭设方式 2. 墙体高度		按抹灰墙面的长度乘高度以面积计算（硬山建筑山墙高算至山尖）。独立砖石柱高度在 3.6m 以内时，以柱结构周长乘以柱高计算，独立砖石柱高度在 3.6m 以上时，以柱结构周长加 3.6m 乘以柱高计算	

续表

项目编码	项目名称	项目特征	计量单位	工程量计算规则	工作内容
050401003	亭脚手架	1. 搭设方式 2. 檐口高度	1. 座 2. m^2	1. 以座计量，按设计图示数量计算 2. 以平方米计量，按建筑面积计算	1. 场内、场外材料搬运 2. 搭、拆脚手架、斜道、上料平台 3. 铺设安全网 4. 拆除脚手架后材料分类堆放
050401004	满堂脚手架	1. 搭设方式 2. 施工面高度	m^2	按搭设的地面主墙间尺寸以面积计算	
050401005	堆砌（塑）假山脚手架	1. 搭设方式 2. 假山高度		按外围水平投影最大矩形面积计算	
050401006	桥身脚手架	1. 搭设方式 2. 桥身高度		按桥基础底面至桥面平均高度乘以河道两侧宽度以面积计算	
050401007	斜道	斜道高度	座	按搭设数量计算	

2. 模板工程

模板工程工程量清单项目设置、项目特征描述的内容、计量单位、工程量计算规则应按表 5－52 的规定执行。

表 5－52 模板工程（编码：050402）

项目编码	项目名称	项目特征	计量单位	工程量计算规则	工作内容
050402001	现浇混凝土垫层	厚度	m^2	按混凝土与模板的接触面积计算	1. 制作 2. 安装 3. 拆除 4. 清理 5. 刷隔离剂 6. 材料运输
050402002	现浇混凝土路面				
050402003	现浇混凝土路牙、树池围牙	高度			
050402004	现浇混凝土花架柱	断面尺寸			
050402005	现浇混凝土花架梁	1. 断面尺寸 2. 梁底高度			
050402006	现浇混凝土花池	池壁断面尺寸			

续表

项目编码	项目名称	项目特征	计量单位	工程量计算规则	工作内容
050402007	现浇混凝土桌凳	1. 桌凳形状 2. 基础尺寸、埋设深度 3. 桌面尺寸、支墩高度 4. 凳面尺寸、支墩高度	1. m^3 2. 个	1. 以立方米计量，按设计图示混凝土体积计算 2. 以个计量，按设计图示数量计算	1. 制作 2. 安装 3. 拆除 4. 清理 5. 刷隔离剂 6. 材料运输
050402008	石桥拱券石、石券脸胎架	1. 胎架面高度 2. 矢高、弦长	m^2	按拱券石、石券脸弧形底面展开尺寸以面积计算	

3. 树木支撑架、草绳绕树干、搭设遮阴（防寒）棚工程

树木支撑架、草绳绕树干、搭设遮阴（防寒）棚工程工程量清单项目设置、项目特征描述的内容、计量单位、工程量计算规则应按表5－53的规定执行。

表5－53　树木支撑架、草绳绕树干、搭设遮阴（防寒）棚工程（编码：050403）

项目编码	项目名称	项目特征	计量单位	工程量计算规则	工作内容
050403001	树木支撑架	1. 支撑类型、材质 2. 支撑材料规格 3. 单株支撑材料数量	株	按设计图示数量计算	1. 制作 2. 运输 3. 安装 4. 维护
050403002	草绳绕树干	1. 胸径（干径） 2. 草绳所绕树干高度			1. 搬运 2. 绕杆 3. 余料清理 4. 养护期后清除
050403003	搭设遮阴（防寒）棚	1. 搭设高度 2. 搭设材料种类、规格	1. m^2 2. 株	1. 以平方米计量，按遮阴（防寒）棚外围覆盖层的展开尺寸以面积计算 2. 以株计量，按设计图示数量计算	1. 制作 2. 运输 3. 搭设、维护 4. 养护期后清除

4. 围堰、排水工程

围堰、排水工程工程量清单项目设置、项目特征描述的内容、计量单位、工程量计算规则应按表 5－54 的规定执行。

表 5－54　围堰、排水工程（编码：050404）

项目编码	项目名称	项目特征	计量单位	工程量计算规则	工作内容
050404001	围堰	1. 围堰断面尺寸 2. 围堰长度 3. 围堰材料及灌装袋材料品种、规格	1. m^3 2. m	1. 以立方米计量，按围堰断面面积乘以堤顶中心线长度以体积计算 2. 以米计量，按围堰堤顶中心线长度以延长米计算	1. 取土、装土 2. 堆筑围堰 3. 拆除、清理围堰 4. 材料运输
050404002	排水	1. 种类及管径 2. 数量 3. 排水长度	1. m^3 2. 天 3. 台班	1. 以立方米计量，按需要排水量以体积计算，围堰排水按堰内水面面积乘以平均水深计算 2. 以天计量，按需要排水日历天计算 3. 以台班计算，按水泵排水工作台班计算	1. 安装 2. 使用、维护 3. 拆除水泵 4. 清理

5. 安全文明施工及其他措施项目

安全文明施工及其他措施项目工程量清单项目设置、计量单位、工作内容及包含范围应按表 5－55 的规定执行。

表 5-55　安全文明施工及其他措施项目（编码：050405）

项目编码	项目名称	工作内容及包含范围
050405001	安全文明施工	1. 环境保护：现场施工机械设备降低噪声、防扰民措施；水泥、种植土和其他易飞扬细颗粒建筑材料密闭存放或采取覆盖措施等；工程防扬尘洒水；土石方、杂草、种植遗弃物及建渣外运车辆防护措施等；现场污染源的控制、生活垃圾清理外运、场地排水排污措施；其他环境保护措施。 2. 文明施工："五牌一图"；现场围挡的墙面美化（包括内外粉刷、刷白、标语等）、压顶装饰；现场厕所便槽刷白、贴面砖，水泥砂浆地面或地砖，建筑物内临时便溺设施；其他施工现场临时设施的装饰装修、美化措施；现场生活卫生设施；符合卫生要求的饮水设备、淋浴、消毒等设施；生活用洁净燃料；防煤气中毒、防蚊虫叮咬等措施；施工现场操作场地的硬化；现场绿化、治安综合治理；现场配备医药保健器材、物品和急救人员培训；用于现场工人的防暑降温、电风扇、空调等设备及用电；其他文明施工措施。 3. 安全施工：安全资料、特殊作业专项方案的编制，安全施工标志的购置及安全宣传；"三宝"（安全帽、安全带、安全网）、"四门"（楼梯口、管井口、通道口、预留洞口）、"五临边"（园桥围边、驳岸围边、跌水围边、槽坑围边、卸料平台两侧），水平防护架、垂直防护架、外架封闭等防护；施工安全用电，包括配电箱三级配电、两级保护装置要求、外电防护措施；起重设备（含起重机、井架、门架）的安全防护措施（含警示标志）及卸料平台的临边防护、层间安全门、防护棚等设施；园林工地起重机械的检验检测；施工机具防护棚及其围栏的安全保护设施；施工安全防护通道；工人的安全防护用品、用具购置；消防设施与消防器材的配置；电气保护、安全照明设施；其他安全防护措施。 4. 临时设施：施工现场采用彩色、定型钢板，砖、混凝土砌块等围挡的安砌、维修、拆除；施工现场临时建筑物、构筑物的搭设、维修、拆除，如临时宿舍、办公室、食堂、厨房、厕所、诊疗所、临时文化福利用房、临时仓库、加工场、搅拌台、临时简易水塔、水池等；施工现场临时设施的搭设、维修、拆除，如临时供水管道、临时供电管线、小型临时设施等；施工现场规定范围内临时简易道路铺设，临时排水沟、排水设施安砌、维修、拆除；其他临时设施搭设、维修、拆除
050405002	夜间施工	1. 夜间固定照明灯具和临时可移动照明灯具的设置、拆除。 2. 夜间施工时施工现场交通标志、安全标牌、警示灯等的设置、移动、拆除。 3. 夜间照明设备及照明用电、施工人员夜班补助、夜间施工劳动效率降低等
050405003	非夜间施工照明	为保证工程施工正常进行，在如假山石洞等特殊施工部位施工时所采用的照明设备的安拆、维护及照明用电等

续表

项目编码	项目名称	工作内容及包含范围
050405004	二次搬运	由于施工场地条件限制而发生的材料、植物、成品、半成品等一次运输不能到达堆放地点，必须进行的二次或多次搬运
050405005	冬雨季施工	1. 冬雨（风）季施工时增加的临时设施（防寒保温、防雨、防风设施）的搭设、拆除。 2. 冬雨（风）季施工时对植物、砌体、混凝土等采用的特殊加温、保温和养护措施。 3. 冬雨（风）季施工时施工现场的防滑处理，对影响施工的雨雪的清除。 4. 冬雨（风）季施工时增加的临时设施、施工人员的劳动保护用品、冬雨（风）季施工劳动效率降低等
050405006	反季节栽植影响措施	因反季节栽植在增加材料、人工、防护、养护、管理等方面采取的种植措施及保证成活率措施
050405007	地上、地下设施的临时保护设施	在工程施工过程中，对已建成的地上、地下设施和植物进行的遮盖、封闭、隔离等必要保护措施
050405008	已完工程及设备保护	对已完工程及设备采取的覆盖、包裹、封闭、隔离等必要的保护措施

注：本表所列项目应根据工程实际情况计算措施项目费用，需分摊的应合理计算摊销费用。

第六章　园林工程造价计价编制与审核

第一节　园林工程施工图预算的编制与审核

施工图预算是施工图设计预算的简称，又称设计预算。它是由设计单位在施工图设计完成后，根据施工图纸、现行定额以及地区设备、材料、人工、施工机械台班等价格编制和确定园林绿化工程程造价的文件。严格地讲，标底、投标报价都不属于施工图预算，它们仅在编制方法上相似，但使用的定额、编制依据和结果都不一样。

一、施工图预算的编制依据

1）国家有关园林绿化工程造价管理的法律、法规和方针政策。

2）经审定的施工图纸、说明书和标准图集，完整地反映了工程的具体内容、各部分的具体做法、结构尺寸、技术特征以及施工方法，是编制施工图预算的重要依据。

3）当地和主管部门颁布的现行建筑工程和园林绿化工程预算定额（基础定额）、单位估价表、地区资料、构配件预算价格（或市场价格）、间接费用定额和有关费用规定等文件。

4）现行的有关设备原价及运杂费率。

5）现行的其他费用定额、指标和价格。

6）建设场地中的自然条件和施工条件，并据以确定的施工方案或施工组织设计。

二、施工图预算编制方法

1.单价法

单价法是指用事先编制好的分项工程单位估价表来编制施工图预算的方法。按施工图计算各分项工程的工程量，并乘以相应单价，汇总相加，得到单位工程人工费、材料费、机械使用费的和；再加上按规定程序计算出来的措施费、间接费、利润和税金，便得出了工程的施工图预算造价。

(1) 搜集各种资料　搜集各种资料包括施工图纸、施工组织设计或施工方案、现行园林绿化工程预算定额和费用定额、统一的工程量计算规则、预算工作手册和工程所在地区的人工、材料、机械台班预算价格与调价规定等。

(2) 熟悉施工图纸和定额　对施工图和预算定额作全面详细的了解，从而全面准确地确定工程量，进而合理地编制出施工图预算造价。

(3) 计算工程量　工程量的计算在整个预算过程中是最重要、最繁杂的一个环节，不仅影响预算的及时性，还影响预算造价的准确性。计算工程量的步骤为：

1) 根据施工图纸所示工程内容和定额项目，列出计算工程量的分部分项工程。

2) 根据施工顺序和计算规则，列出计算式。

3) 根据施工图示尺寸及有关数据，代入计算式进行数学计算。

4) 按照定额中分部分项工程的计算单位，对相应计算结果的计量单位进行调整，使之一致。

(4) 套用预算定额单价　工程量计算完毕并核对无误后，用所得到的分部分项工程量套用相应的定额基价，相乘后相加汇总，便可求出单位工程的直接费用。套用单价时需注意如下几点：

1) 分项工程量的名称、规格、计量单位必须与预算定额或单位估价表所列内容相对应，否则重套、错套、漏套预算基价都会引起直接工程费的偏差，导致施工图预算造价偏高或偏低。

2) 当施工图纸的某些设计要求与定额单价的特征不完全符合时，必须根据定额使用说明对定额基价进行调整或换算。

3) 当施工图纸的某些设计要求与定额单价的特征相差甚远，既不能直接套用又不能换算、调整时，必须编制补充单位估价表或补充定额。

(5) 编制工料分析表　根据各分部分项工程的实物工程量和相应定额中项目所列的用工工日及材料数量，计算出各分部分项工程所需的人工、材料、机械台班数量，汇总计算得出该单位工程所需要的人工、材料和机械的数量。

(6) 计算其他各项应取费用和汇总造价　按照园林绿化工程单位工程造价构成的规定费用项目、费率及计费基础，分别计算出措施费、间接费、利润和税金，并汇总单位工程造价。

单位工程造价＝直接费（直接工程费＋措施费）＋间接费＋利润＋税金　(6－1)

(7) 编制说明、填写封面　编制说明是编制者向审核者交代编制方面有关情况，包括编制依据、工程性质、内容范围，设计图纸号、所用预算定额编制年份（即价格水平年份），有关部门的调价文件号，套用单价或补充单位估价表方面的情况及其他需要说明的问题。封面填写应写明工程名称、工程编号、工程量（建筑面积）、预算总造价及单方造价、编制单位名称及负责人和编制日期、审查单位名称及负责人和审核日期等。

（8）复核　单位工程预算编制后，有关人员对单位工程预算进行复核，以便及时发现差错，提高预算质量。复核时，应对工程量计算公式和结果、套用定额基价、各项费用的取费费率及计算基础和计算结果、材料和人工预算价格及其价格调整等方面是否正确进行全面复核。

单价法具有计算简单、工作量较小和编制速度较快，便于工程造价管理部门集中统一管理等优点，因而在我国应用较普遍。但由于是采用事先编制好的统一的单位估价表，其价格水平只能反映定额编制年份的价格水平。在市场经济价格波动较大的情况下，单价法的计算结果会偏离实际价格水平，虽然可采用调价的方式，但调价系数和指数从测定到颁布会滞后且计算也较烦琐。

2. 实物法

实物法首先根据施工图纸分别计算出分项工程量，然后套用相应预算人工、材料、机械台班的定额用量，分别乘以工程所在地当时的人工、材料、机械台班的实际单价，求出单位工程的人工费、材料费和施工机械使用费，并汇总求和，进而求得直接工程费，再按规定计取其他各项费用，最后汇总出单位工程施工图预算造价。

（1）套用人、材、机预算定额用量　工程量计算完毕后，要套用相应预算人工、材料、机械台班定额用量。

现行全国统一安装定额、专业统一和地区统一的计价定额的实物消耗量，是完全符合国家技术规范、质量标准的，并反映一定时期施工工艺水平的分项工程计价所需的人工、材料、施工机械消耗量的标准。此消耗量标准，在建材产品、标准、设计、施工技术及其相关规范和工艺水平等没有大的变化之前，是相对稳定的，是合理确定和有效控制造价的重要依据；一般由工程造价主管部门按照定额管理分工进行统一制订，并根据技术发展要求，随时补充修改。

（2）计算人、材、机消耗数量　先求出各分项工程人工、材料、机械台班消耗数量并汇总单位工程所需各类人工、材料和机械台班的消耗量。各分项工程人工、材料、机械台班消耗数量由分项工程的工程量分别乘以预算人工定额用量、材料定额用量和机械台班定额用量得出，然后汇总得到单位工程各类人工、材料和机械台班的消耗量。

（3）计算人、材、机总费用　用当时当地各类人工、材料和机械台班的实际单价分别乘以相应的人工、材料和机械台班的消耗量，汇总后得出单位工程的人工费、材料费和机械使用费。

在市场经济条件下，人工、材料和机械台班的单价是随市场单价的波动而变化的，而且它们是影响工程造价最活跃、最主要的因素。用实物法编制施工图预算，采用工程所在地当时人工、材料、机械台班的价格，能较好地反映出实际价格水平，提高工程造价的准确性。虽然计算过程较单价法烦琐，但用计算机来计算也算快捷。因而，实物法是与市场经济体制相适应的预算编制方法。

三、施工图预算的审核内容

施工图预算审核的重点是：工程量计算是否准确；分部、分项单价套用是否正确；各项取费标准是否符合现行规定等。

1. 审核定额或单价的套用

1）预算中所列各分项工程单价是否与预算定额的预算单价相符；其名称、规格、计量单位和所包括的工程内容是否与预算定额一致。

2）有单价换算时应审核换算的分项工程是否符合定额规定及换算是否正确。

3）对补充定额和单位计价表的使用应审核补充定额是否符合编制原则、单位计价表计算是否正确。

2. 审核其他有关费用

其他有关费用包括的内容各地不同，具体审核时应注意是否符合当地规定和定额的要求。

1）是否按本项目的工程性质计取费用、有无高套取费标准。

2）间接费的计取基础是否符合规定。

3）预算外调增的材料差价是否计取间接费；直接费或人工费增减后，有关费用是否做了相应调整。

4）有无将不需安装的设备计取在安装工程的间接费中。

5）有无巧立名目、乱摊费用的情况。

利润和税金的审核，重点应放在计取基础和费率是否符合当地有关部门的现行规定、有无多算或重算方面。

四、施工图预算的审核方法

1. 逐项审核法

逐项审核法（又称全面审核法）即按定额顺序或施工顺序，对各分项工程中的工程细目逐项全面详细审核的一种方法。

逐项审核法的优点是：全面、细致，审核质量高、效果好。然而其同样具有工作量大、时间长的缺点。该方法适合一些工程量较小、工艺比较简单的工程。

2. 标准预算审核法

标准预算审核法就是对利用标准图纸或通用图纸施工的工程，先集中力量编制标准预算，以此为准来审核工程预算的一种方法。按标准设计图纸或通用图纸施工的工程，通常上部结构和做法相同，只是根据现场施工条件或地质情况不同，仅对基础部分做局部改变。凡这样的工程，以标准预算为准，对局部修改部分单独审核即可，不需逐一详细审核。该方法的优点是时间短、效果好、易定案。其缺点是适用范围小，仅适用于采用标准图纸或通用图纸的工程。

3. 分组计算审核法

分组计算审核法就是把预算中有关项目按类别划分若干组，利用同组中的一组数据审核分项工程量的一种方法。该方法首先将若干分部分项工程按相邻且有一定内在联系的项目进行编组，利用同组分项工程间具有相同或相近计算基数的关系，审核一个分项工程数量，由此判断同组中其他几个分项工程的准确程度。该方法特点是审核速度快、工作量小。

4. 对比审核法

对比审核法是当工程条件相同时，用已完工程的预算或未完但已经过审核修正的工程预算对比审核拟建工程中同类工程预算的一种方法。

5. “筛选”审核法

“筛选法”是能较快发现问题的一种方法。建筑工程虽面积和高度不同，但其各分部分项工程的单位建筑面积指标变化却不大。将这样的分部分项工程加以汇集、优选，找出其单位建筑面积工程量、单价、用工的基本数值，归纳为工程量、价格、用工三个单方基本指标，并注明基本指标的适用范围。这些基本指标用来筛分各分部分项工程，对不符合条件的应进行详细审核，若审核对象的预算标准与基本指标的标准不符，就应对其进行调整。“筛选法”的优点是简单易懂，便于掌握，审核速度快，便于发现问题。但问题出现的具体原因尚需继续审核。因此，该方法适用于审核住宅工程或不具备全面审核条件的工程。

6. 重点审核法

重点审核法就是抓住工程预算中的重点进行审核的方法。审核的重点一般是工程量大或者造价较高的各种工程、补充定额、计取的各项费用（计取基础、取费标准）等。重点审核法的优点是重点突出、审核时间短、效果好。

四、施工图预算的审核方法和步骤

1）做好审核前的准备工作：

① 熟悉施工图纸。施工图纸是编制预算分项工程数量的重要依据，必须全面熟悉了解。一是核对所有的图纸，清点无误后，依次识读；二是参加技术交底，解决图纸中的疑难问题，直至完全掌握图纸。

② 了解预算包括的范围。根据预算编制说明，了解预算包括的工程内容，例如配套设施、室外管线、道路以及会审图纸后的设计变更等。

③ 弄清编制预算采用的单位工程估价表。任何单位估价表或预算定额都有一定的适用范围。根据工程性质，搜集熟悉相应的单价、定额资料。特别是市场材料单价和取费标准等。

2）选择合适的审核方法，按相应内容审核。由于工程规模、繁简程度不同，施工企业情况也不同，所编工程预算繁简和质量也不同，因此需针对具体情况选择相应的审核方法进行审核。

3）综合整理审核资料，编制调整预算。经过审核，如发现有差错，需要进行增加或核减的，经与编制单位逐项核实，统一意见后，修正原施工图预算，汇总核减量。

第二节　园林工程竣工结算的编制与审核

工程竣工结算是指一个单位工程或分项工程完工，通过建设及有关部门的验收，竣工报告批准后，承包方按国家有关规定和协议条款约定的时间、方式向发包方代表提出结算报告，办理竣工结算。

园林绿化工程竣工结算也可指单项工程完成并达到验收标准，取得竣工验收合格签证后，园林施工企业与建设单位之间办理的工程财务结算。

一、竣工结算的编制依据

1）工程竣工报告及工程竣工验收单。

2）经审批的原施工图预算、工程施工合同、招标投标工程的合同标价以及甲、乙双方的施工协议书。

3）本地区现行预算定额、费用定额、材料预算价格及各种收费标准、双方有关工程计价协定。

4）设计变更通知单、施工现场工程变更记录和经建设单位签证认可的施工技术措施、技术核定单等。

5）预算外的各种施工签证或施工记录。

二、竣工结算的编制内容

工程竣工结算编制的内容和方法与施工图预算基本相同，不同处是增加了施工过程中变动签证等资料为依据的变化部分，应以原施工图预算为基础，进行部分增减和调整。主要包括以下几个方面。

1. 工程量量差

工程量量差是指按施工图计算的工程量与实际完成的工程量不符而产生的量差。造成量差的主要原因有：

（1）施工内容的变更　工程开工后，建设单位提出要求改变某些施工做法，如钢筋混凝土构件预制和现浇，树木种类的变更，假山、置石外形、体量及质地的变更，种植绿篱长度的变更，增减某些具体项目等。施工单位在施工过程中要求改变某些设计做法，如某种建材的缺乏，需要更改或代换材料的规格型号。

施工单位在施工过程中遇到一些设计过程中不可预见的情况，如挖基础时遇到古墓、洞穴、阴河等。这部分应在单位和施工企业双方签证的现场记录中按合同的规定进行调整。

（2）设计变更　建设单位因某种原因，在开工后要求改变某些施工做法，增减某些具体工程项目。改变某些工程项目具体设计，需增、减的工程量应根据设计修改通知单或现场签证单确定。

（3）施工图预算错误　因预算人员的疏忽大意造成的工程量差错。当发现与施工图预算所列分项工程量不符时，不符部分应在工程验收点交时核对实际工程量并予以纠正。

2. 材料价差调整

材料价差是指合同规定的工程从开工至竣工期内，因材料价格增减变化而产生的价差。

有关价差的调整以指导价、指定价、结算价方式等进行。

1）指导价是指定额项目中指导价的材料，利用各省、地区造价管理处发布的“工程造价信息”上的有关价格和合同规定的材料预算价格或预算定额规定的材料预算价格进行竣工结算的调整。

2）指定价是指导价以外的材料价格，将这部分价格的调整范围和其他价格的调整范围应考虑的因素综合起来，由工程造价管理处公布综合调价系数。

3）实行指导价的材料、构配件办理竣工结算时，其指导价与市场价发生正负差时不计取任何费用，仅计取税金列入工程造价。

材料价差的调整是调整结算的重要内容，应严格按照当地主管部门的有关规定进行调整。调整的价差必须根据合同规定的材料预算价格或材料预算价格的确定方法或按照有权机关发布的材料差价系数文件进行调整。材料代用发生的价差，应以材料代用核定通知单为依据，在规定范围内调整。

3. 费用调整

由于工程量的增减会影响直接费（各种人工、材料、机械价格）的变化，其间接费、利润和税金也应作相应的调整。费用差价产生的原因如下：

1）直接费的调整，费用应作相应调整。

2）因直接费的调整，间接费、利润和税金也应作相应调整。

3）在施工期间国家、地方有新的费用政策出台，费用需要调整。如国家对工人工资的政策性调整或劳务市场工资单价的变化等。

4. 其他费用

因建设单位的原因发生的点工费、窝工费、土方运费、机械进出场费用等，应一次结清，分摊到结算的工程项目之中。施工单位在施工现场使用建设单位的水电费用，应在竣工结算时按有关规定付给建设单位，做到工完账清。

三、竣工结算的编制方法

1. 固定合同总价结算法

固定价合同主要是对物价上涨因素进行控制，风险由施工单位承担，价款不因物价变动而变化。发生了由业主承担的风险损失，承包企业应当按照索赔程序对增加的费用和损失向业主提出索赔。

2. 预算签证法

按双方审定的施工图预算签订合同，凡在施工过程中经双方签字同意的凭证都作为结算的依据，结算时以预算数为基础按所签凭证内容调整。

3. 投标合同价加签证结算方法

园林工程实行招标承包制是园林行业适应社会主义市场经济的一项重大改革，它本身不但具有包干的性质，还极具有竞争力的特点。通过招标方式的中标方（施工单位）和招标单位按照中标报价、承包方式、范围、工期、质量、双方责任、付款及结算方法、奖惩规定等内容签订承包合同。合同规定的工程造价就是结算造价。合同范围外增加的项目除应另行经建设单位签证计算费用外，原合同确定的工程造价不变。

4. 每平方米造价包干法

双方根据一定的工程资料，事先协商好每平方米造价指标，结算时以每平方米造价指标乘以建筑面积确定应付的工程价款。

$$\text{结算工程造价}=\text{建筑面积}\times\text{每平方米造价指标} \tag{6-2}$$

四、竣工结算审核的原则和内容

1. 审核的原则

审核竣工结算，须坚持“公正、合理、协商”的原则。竣工结算直接关系业主和承包商的经济利益，因而在审核中务必做到公正、合理，正确维护业主和承包商双方的合法利益。

在审核中，不仅要对高估冒算的部分进行审减，也应对少算和漏算的工程量，实事求是地给予增补；同时依据业主与承包商签订的施工合同条款以及相关的约定，按照各省市工程造价管理部门编制的“工程预算基价”、调价文件等有关规定，对一些双方有争议的问题，要反复协商解决。

2. 审核的内容

1）核实工程量。审核工程量是全面审核竣工结算工作的重点和难点。监理人员通过计算、逐项核实，审减那些重复计算的工程量、高估冒算而虚增的工程量、因工程变更该减而未减的工程量、因承包方施工不当而增加的工程量、因承包方原因造成的返工返修工程量等。从审核的结果来看，这部分虽然审核工作量大，但审降额也大，通常会占全部审降额的50%以上。

2）审核各子项套用的定额子目编号是否准确，有无重复套用，以小套大、以低套高等问题。

3）审核材料的计价是否合理和业主供应的材料是否扣除。重点是审核材料单价的取定是否合理、有据，计算是否准确，业主供料部分的材料费是否如实扣除等。

4）审核各项取费是否合法，各项取费的费率是否符合有关规定，业主和承包商事前有否其他书面约定等。

不同的施工承包方式，竣工结算的内容和方法也有所不同，审核工作的重点也有所侧重。

负责竣工结算审核的监理人员，要根据工程的特点，业主和承包商约定的竣工结算方式，确定审核的具体内容和工作重点。如：

① 对于按建筑平方米造价承包的工程，重点是审核工程量和超出承包范围的增项和增量等，结算审核的内容较为简单。

② 对于采用工程量清单计价模式的工程项目，竣工结算审核的主要内容是施工中设计变更和现场签证所形成的增减项，工程量清单未列项目的单价；合同约定的价格调整等。

③ 对于一些工业、公共建筑工程，目前大多仍采取“工程预算＋施工中增减项”的竣工结算方式，由于诸多方面的原因，现在很多这类项目，事前对工程预算未能进行审定。

对此，审核其竣工结算时，就必须对工程的预、结算同时进行全面审核。虽然这样审核的工作量很大，但审降率也很高，控制工程造价的效果尤为显著。

五、竣工结算审核的控制

1. 搜集、整理好竣工资料

竣工资料主要包括：工程竣工图、设计变更通知、各种签证，主材的合格证、单价等。

竣工图是指工程交付使用时的实样图。对于工程变化不大的，可在施工图上的变更处分别标明，不用重新绘制。然而对于工程变化较大的一定要重新绘制竣工图，对结构件和门窗进行重新编号。竣工图绘制后要请建设单位建筑监理人员在图签栏内签字，并且加盖竣工图章。竣工图是其他竣工资料在施工的同时计算实际金额，交建设单位签证的依据，这样能有效避免事后纠纷。

主要建筑材料规格、质量与价格签证。由于设计图纸对一些装饰材料只指定规格与品种，而不能指定生产厂家。且目前市场上的伪劣产品较多，同一种合格或优先产品，不同的厂家和型号，价格差异也比较大，特别是一些高级装饰材料，进货前必须征得建设单位同意，其价格必须要建设单位签证。并且对于一些涉及培养工程较多而工期又较长的工程，价格涨跌幅度较大，必须分期多批对主要建材与建设单位进行价格签证。

2. 深入工地，全面掌握工程实况

由于从事预决算工程的预算员对某单位工程不十分了解，而一些体形较为复杂或装潢复杂的工程，竣工图又不能面面俱到，逐一标明，因此在工程量计算阶段必须要深入工地现场核对、丈量、记录，方能做到准确无误。有经验的预算人员在编制结算时，通常是先查阅所有资料，再粗略地计算工程量，从而发现问题。当出现疑问时，要逐一到工地核实。一个优秀的预算员不仅要深入工程实地掌握实际，还要深入市场了解建筑材料的品种及价格，做到胸中有数，避免因造成大的计算误差而处于被动。

3. 熟悉掌握专业知识，讲究职业道德

预算人员不仅要全面熟悉定额计算，掌握上级下达的各种费用文件，还要全面了解工程预算定额的组成，以便进行定额的换算和增补。预算员还要掌握一定的施工规范以及建筑构造方面的知识。

竣工结算是工程造价控制的最后一关，若不能严格把关的话将会造成不可挽回的损失。这是一项细致具体的工作，计算时要认真、细致、不少算、不漏算。同时要尊重实际，不多算，不高估冒算，不存侥幸心理。编制竣工结算时，不因编制对象与自己亲、熟、好、坏而因人而异。要服从道理，不固执己见，保持良好的职业道德与自身信誉。与此同时，还应在以上的基础上保证“量”与“价”的准确合同，做好工程结算去虚存实，促使竣工结算的良性循环。

附录A 工程量清单计价常用表格格式及填制说明

【表样】 招标工程量清单封面：封-1

【要点说明】 封面应填写招标工程项目的具体名称，招标人应盖单位公章，如委托工程造价咨询人编制，还应由其加盖相同单位公章。

______________________工程

招 标 工 程 量 清 单

招　标　人：______________
（单位盖章）

造价咨询人：______________
（单位盖章）

年　月　日

封-1

【表样】　招标控制价封面：封-2

【要点说明】　封面应填写招标工程项目的具体名称，招标人应盖单位公章，如委托工程造价咨询人编制，还应由其加盖相同单位公章。

________________工程

招 标 控 制 价

招　标　人：________________

（单位盖章）

造价咨询人：________________

（单位盖章）

年　月　日

封-2

【表样】 投标总价封面：封-3

【要点说明】 应填写投标工程的具体名称，投标人应盖单位公章。

____________________工程

投 标 总 价

投 标 人：____________________

（单位盖章）

年 月 日

封-3

【表样】 竣工结算书封面：封-4

【要点说明】 应填写竣工工程的具体名称，发承包双方应盖其单位公章，如委托工程造价咨询人办理的，还应加盖其单位公章。

________________工程

竣 工 结 算 书

发 包 人：________________

（单位盖章）

承 包 人：________________

（单位盖章）

造价咨询人：________________

（单位盖章）

年 月 日

封-4

【表样】 工程造价鉴定意见书封面：封-5

【要点说明】 应填写鉴定工程项目的具体名称，填写意见书文号，工程造价咨询人盖单位公章。

________________工程

编号：×××［2×××］××号

工 程 造 价 鉴 定 意 见 书

造价咨询人：________________

（单位盖章）

年 月 日

封-5

【表样】　招标工程量清单扉页：扉-1

【要点说明】

1. 招标人自行编制工程量清单时，由招标人单位注册的造价人员编制，招标人盖单位公章，法定代表人或其授权人签字或盖章。编制人是造价工程师的，由其签字盖执业专用章；编制人是造价员的。在编制人栏签字盖专用章，应由造价工程师复核，并在复核人栏签字盖执业专用章。

2. 招标人委托工程造价咨询人编制工程量清单时，由工程造价咨询人单位注册的造价人员编制，工程造价咨询人盖单位资质专用章，法定代表人或其授权人签字或盖章。编制人是造价工程师的，由其签字盖执业专用章；编制人是造价员的，在编制人栏签字盖专用章，应由造价工程师复核，并在复核人栏签字盖执业专用章。

____________________工程

招 标 工 程 量 清 单

招标人：__________　　造价咨询人：__________
（单位盖章）　　（单位资质专用章）

法定代表人
或其授权人：__________　　法定代表人
或其授权人：__________
（签字或盖章）　　（签字或盖章）

编　制　人：__________　　复　核　人：__________
（造价人员签字盖专用章）　　（造价工程师签字盖专用章）

编制时间：　年　月　日　　复核时间：　年　月　日

扉-1

【表样】 招标控制价扉页：扉-2

【要点说明】

1. 招标人自行编制招标控制价时，由招标人单位注册的造价人员编制，招标人盖单位公章，法定代表人或其授权人签字或盖章。编制人是造价工程师的，由其签字盖执业专用章；编制人是造价员的，由其在编制人栏签字盖专用章，应由造价工程师复核，并在复核人栏签字盖执业专用章。

2. 招标人委托工程造价咨询人编制招标控制价时，由工程造价咨询人单位注册的造价人员编制，工程造价咨询人盖单位资质专用章，法定代表人或其授权人签字或盖章。编制人是造价工程师的，由其签字盖执业专用章；编制人是造价员的，在编制人栏签字盖专用章，应由造价工程师复核。并在复核人栏签字盖执业专用章。

____________________工程

招 标 控 制 价

招标控制价（小写）：________________

（大写）：________________

招标人：________ 造价咨询人：________

（单位盖章） （单位资质专用章）

法定代表人
或其授权人：________ 法定代表人
或其授权人：________

（签字或盖章） （签字或盖章）

编 制 人：________ 复 核 人：________

（造价人员签字盖专用章） （造价工程师签字盖专用章）

编制时间： 年 月 日 复核时间： 年 月 日

扉-2

【表样】 投标总价扉页：扉-3

【要点说明】 投标人编制投标报价时，由投标人单位注册的造价人员编制，投标人盖单位公章，法定代表人或其授权人签字或盖章，编制的造价人员（造价工程师或造价员）签字盖执业专用章。

投 标 总 价

招 标 人：________________

工 程 名 称：________________

投标总价(小写)：________________

(大写)：________________

投 标 人：________________

(单位盖章)

法定代表人
或其授权人：________________

(签字或盖章)

编 制 人：________________

(造价人员签字盖专用章)

编制时间： 年 月 日

扉-3

【表样】 竣工结算总价扉页：扉-4

【要点说明】

1. 承包人自行编制竣工结算总价，由承包人单位注册的造价人员编制，承包人盖单位公章，法定代表人或其授权人签字或盖章，编制的造价人员（造价工程师或造价员）在编制人栏签字盖执业专用章。

发包人自行核对竣工结算时，由发包人单位注册的造价工程师核对，发包人盖单位公章，法定代表人或其授权人签字或盖章，造价工程师在核对人栏签字盖执业专用章。

2. 发包人委托工程造价咨询人核对竣工结算时，由工程造价咨询人单位注册的造价工程师核对，发包人盖单位公章，法定代表人或其授权人签字或盖章；工程造价咨询人盖单位资质专用章，法定代表人或其授权人签字或盖章，造价工程师在核对人栏签字盖执业专用章。

除非出现发包人拒绝或不答复承包人竣工结算书的特殊情况，竣工结算办理完毕后，竣工结算总价封面发承包双方的签字、盖章应当齐全。

____________________工程

竣 工 结 算 总 价

签约合同价（小写）：__________ （大写）：__________

竣工结算价（小写）：__________ （大写）：__________

发包人：________ 承包人：________ 造价咨询人：________

（单位盖章） （单位盖章） （单位资质专用章）

法定代表人 法定代表人 法定代表人

或其授权人：______ 或其授权人：______ 或其授权人：______

（签字或盖章） （签字或盖章） （签字或盖章）

编 制 人：__________ 核 对 人：__________

（造价人员签字盖专用章） （造价工程师签字盖专用章）

编制时间： 年 月 日 核对时间： 年 月 日

扉-4

【表样】 工程造价鉴定意见书扉页：扉-5

【要点说明】 工程造价咨询人应盖单位资质专用章，法定代表人或其授权人签字或盖章，造价工程师签字盖章执业专用章。

________________工程

工程造价鉴定意见书

鉴定结论：

造价咨询人：________________
（盖单位章及资质专用章）

法定代表人：________________
（签字或盖章）

造价工程师：________________
（签字盖专用章）

年　月　日

扉-5

【表样】 总说明：表-01

【要点说明】

1. 工程量清单，总说明的内容应包括：

(1) 工程概况：如建设地址、建设规模、工程特征、交通状况、环保要求等。

(2) 工程发包、分包范围。

(3) 工程量清单编制依据：如采用的标准、施工图纸、标准图集等。

(4) 使用材料设备、施工的特殊要求等。

(5) 其他需要说明的问题。

2. 招标控制价，总说明的内容应包括：

(1) 采用的计价依据。

(2) 采用的施工组织设计。

(3) 采用的材料价格来源。

(4) 综合单价中风险因素、风险范围（幅度）。

(5) 其他。

3. 投标报价，总说明的内容应包括：

(1) 采用的计价依据。

(2) 采用的施工组织设计。

(3) 综合单价中风险因素、风险范围（幅度）。

(4) 措施项目的依据。

(5) 其他有关内容的说明等。

4. 竣工结算，总说明的内容应包括：

(1) 工程概况。

(2) 编制依据。

(3) 工程变更。

(4) 工程价款调整。

(5) 索赔。

(6) 其他等。

总说明

工程名称： 第 页 共 页

表-01

【表样】　招标控制价使用表-02、表-03、表-04。

【要点说明】

1. 由于编制招标控制价和投标控制价包含的内容相同，只是对价格的处理不同，因此，对招标控制价和投标报价汇总表的设计使用同一表格。实践中，招标控制价或投标报价可分别印制该表格。

2. 与招标控制价的表样一致，此处需要说明的是，投标报价汇总表与投标函中投标报价金额应当一致。就投标文件的各个组成部分而言，投标函是最重要的文件，其他组成部分都是投标函的支持性文件，投标函是必须经过投标人签字盖章，并且在开标会上必须当众宣读的文件。如果投标报价汇总表的投标总价与投标函填报的投标总价不一致，应当以投标函中填写的大写金额为准。实践中，对该原则一直缺少一个明确的依据，为了避免出现争议，可以在“投标人须知”中给予明确，用招标文件中预先给予明示约定的方式来弥补法律法规依据的不足。

建设项目招标控制价/投标报价汇总表

工程名称：　　　　　　　　　　　　　　　　　　第　页　共　页

序号	单项工程名称	金额（元）	其中：（元）		
			暂估价	安全文明施工费	规费
合计					

注：本表适用于建设项目招标控制价或投标报价的汇总。

表-02

单项工程招标控制价/投标报价汇总表

工程名称：　　　　　　　　　　　　　　　　　　第　页　共　页

序号	单项工程名称	金额（元）	其中：（元）		
			暂估价	安全文明施工费	规费
合计					

注：本表适用于单项工程招标控制价或投标报价的汇总。暂估价包括分部分项工程中的暂估价和专业工程暂估价。

表-03

单位工程招标控制价/投标报价汇总表

工程名称：　　　　标段：　　　　第　页共　页

序号	汇总内容	金额（元）	其中：暂估价（元）
1	分部分项工程		
1.1			
1.2			
1.3			
1.4			
1.5			
2	措施项目		—
2.1	其中：安全文明施工费		—
3	其他项目		—
3.1	其中：暂列金额		—
3.2	其中：专业工程暂估价		—
3.3	其中：计日工		—
3.4	其中：总承包服务费		—
4	规费		—
5	税金		—
	招标控制价合计＝1＋2＋3＋4＋5		

注：本表适用于单位工程招标控制价或投标报价的汇总，单项工程也使用本表汇总。

表-04

【表样】　竣工结算汇总使用表-05、表-06、表-07。

建设项目竣工结算汇总表

工程名称：　　　　第　页共　页

序号	单项工程名称	金额（元）	其中：（元）	
			安全文明施工费	规费
	合计			

表-05

单项工程竣工结算汇总表

工程名称：

序号	单项工程名称	金额（元）	其中：（元）	
			安全文明施工费	规费
	合计			

表-06

单位工程竣工结算汇总表

工程名称： 标段： 第 页 共 页

序号	汇总内容	金额（元）
1	分部分项工程	
1.1		
1.2		
1.3		
1.4		
1.5		
2	措施项目	
2.1	其中：安全文明施工费	
3	其他项目	
3.1	其中：专业工程结算价	
3.2	其中：计日工	
3.3	其中：总承包服务费	
3.4	其中：索赔与现场签证	
4	规费	
5	税金	
	竣工结算总价合计＝1＋2＋3＋4＋5	

注：如无单位工程划分，单项工程也使用本表汇总。

表-07

【表样】 分部分项工程和单价措施项目清单与计价表：表-08

【要点说明】

1．编制工程量清单时，“工程名称”栏应填写具体的工程称谓。“项目编码”栏应按相关工程国家计量规范项目编码栏内规定的9位数字另加3位顺序码填写。“项目名称”栏应按相关工程国家计量规范根据拟建工程实际确定填写。“项目描述”栏应按相关工程国家计量规范根据拟建工程实际予以描述。

2．编制招标控制价时，其项目编码、项目名称、项目特征、计量单位、工程量栏不变，对“综合单价”、“合价”以及“其中：暂估价”按相关规定填写。

3．编制投标报价时，招标人对表中的“项目编码”、“项目名称”、“项目特征”“计量单位”“工程量”均不应作改动。“综合单价”“合价”自主决定填写，对其中的“暂估价”栏，投标人应将招标文件中提供的暂估材料单价的暂估价计入综合单价，并应计算出暂估单价的材料栏“综合单价”其中的“暂估价”。

4. 编制竣工结算时，可取消“暂估价”。

分部分项工程和单价措施项目清单与计价表

工程名称：　　　　　　　　标段：　　　　　　　　　　　　　　第　页　共　页

<table>
<tr><th rowspan="3">序号</th><th rowspan="3">项目编号</th><th rowspan="3">项目名称</th><th rowspan="3">项目特征描述</th><th rowspan="3">计算单位</th><th rowspan="3">工程量</th><th colspan="3">金额/元</th></tr>
<tr><th rowspan="2">综合单价</th><th rowspan="2">合价</th><th>其中</th></tr>
<tr><th>暂估价</th></tr>
<tr><td></td><td></td><td></td><td></td><td></td><td></td><td></td><td></td><td></td></tr>
<tr><td></td><td></td><td></td><td></td><td></td><td></td><td></td><td></td><td></td></tr>
<tr><td></td><td></td><td></td><td></td><td></td><td></td><td></td><td></td><td></td></tr>
<tr><td colspan="7">本页小计</td><td></td><td></td></tr>
<tr><td colspan="7">合计</td><td></td><td></td></tr>
</table>

注：为计取规费等的使用，可在表中增设其中：“定额人工费”。

表-08

【表样】　综合单价分析表：表-09

【要点说明】　工程量清单综合单价分析表是评标委员会评审和判别综合单价组成以及其价格完整性、合理性的主要基础，对因工程变更、工程量偏差等原因调整综合单价也是必不可少的基础价格数据来源。采用经评审的最低投标价法评标时，该分析表的重要性更加突出。

综合单价分析表集中反映了构成每一个清单项目综合单价的各个价格要素的价格及主要的“工、料、机”消耗量。投标人在投标报价时，需要对每一个清单项目进行组价，为了使组价工作具有可追溯性（回复评标质疑时尤其需要），需要表明每一个数据的来源。该分析表实际上是投标人投标组价工作的一个阶段性成果文件，借助计算机辅助报价系统，可以由计算机自动生成，并不需要投标人付出太多额外劳动。

综合单价分析表一般随投标文件一同提交，作为已标价工程量清单的组成部分，以便中标后，作为合同文件的附属文件。投标人须知中需要就该分析表提交的方式作出规定，该规定需要考虑是否有必要对该分析表的合同地位给予定义。一般而言，该分析表所载明的价格数据对投标人是有约束力的，但是投标人能否以此作为投标报价中的错报和漏报等失误的依据而寻求招标人的补偿是实践中值得注意的问题。比较恰当的做法似乎是，通过评标过程中的清标、质疑、澄清、说明和补正机制，不但解决工程量清单综合单价的合理性问题，而且将合理化的综合单价反馈到综合单价分析表中，形成相互衔接、相互呼应的最终成果，在这种情况下，即便是将综合单价分析表定义为有合同约束力的文件，上述顾虑也就没有必要了。

编制综合单价分析表对辅助性材料不必细列，可归并到其他材料费中以金额表示。

综合单价分析表

工程名称：　　　　　　　　标段：　　　　　　　　　　　　　　第　页　共　页

<table>
<tr><td>项目编码</td><td colspan="2"></td><td colspan="2">项目名称</td><td colspan="2"></td><td colspan="2">计量单位</td><td></td><td>工程量</td><td></td></tr>
<tr><td colspan="12">清单综合单价组成明细</td></tr>
<tr><td rowspan="2">定额编号</td><td rowspan="2">定额项目名称</td><td rowspan="2">定额单位</td><td rowspan="2">数量</td><td colspan="4">单价/元</td><td colspan="4">合价/元</td></tr>
<tr><td>人工费</td><td>材料费</td><td>机械费</td><td>管理费和利润</td><td>人工费</td><td>材料费</td><td>机械费</td><td>管理费和利润</td></tr>
<tr><td></td><td></td><td></td><td></td><td></td><td></td><td></td><td></td><td></td><td></td><td></td><td></td></tr>
<tr><td></td><td></td><td></td><td></td><td></td><td></td><td></td><td></td><td></td><td></td><td></td><td></td></tr>
<tr><td colspan="2">人工单价</td><td colspan="7">小计</td><td></td><td></td><td></td></tr>
<tr><td colspan="2">元/工日</td><td colspan="6">未计价材料费</td><td colspan="4"></td></tr>
<tr><td colspan="8">清单项目综合单价</td><td colspan="4"></td></tr>
<tr><td rowspan="5">材料费明细</td><td colspan="5">主要材料名称、规格、型号</td><td>单位</td><td>数量</td><td>单价（元）</td><td>合价（元）</td><td>暂估单价（元）</td><td>暂估合价（元）</td></tr>
<tr><td colspan="5"></td><td></td><td></td><td></td><td></td><td></td><td></td></tr>
<tr><td colspan="5"></td><td></td><td></td><td></td><td></td><td></td><td></td></tr>
<tr><td colspan="7">其他材料费</td><td>—</td><td></td><td>—</td><td></td></tr>
<tr><td colspan="7">材料费小计</td><td>—</td><td></td><td>—</td><td></td></tr>
</table>

注：1. 如不使用省级或行业建设主管部门发布的计价依据，可不填定额编号、名称等。
2. 招标文件提供了暂估单价的材料，按暂估的单价填入表内“暂估单价”栏及“暂估合价”栏。

表-09

【表样】 综合单价调整表：表-10

【要点说明】综合单价调整表用于由于各种合同约定调整因素出现时调整综合单价，此表实际上是一个汇总性质的表，各种调整依据应附表后，并且注意，项目编码、项目名称必须与已标价工程量清单保持一致，不得发生错漏，以免发生争议。

综合单价调整表

工程名称：　　　　　　　　标段：　　　　　　　　　　　　　　　　第　页　共　页

<table>
<tr><td rowspan="3">序号</td><td rowspan="3">项目编码</td><td rowspan="3">项目名称</td><td colspan="5">已标价清单综合单价（元）</td><td colspan="5">调整后综合单价（元）</td></tr>
<tr><td rowspan="2">综合单价</td><td colspan="4">其中</td><td rowspan="2">综合单价</td><td colspan="4">其中</td></tr>
<tr><td>人工费</td><td>材料费</td><td>机械费</td><td>管理费和利润</td><td>人工费</td><td>材料费</td><td>机械费</td><td>管理费和利润</td></tr>
<tr><td></td><td></td><td></td><td></td><td></td><td></td><td></td><td></td><td></td><td></td><td></td><td></td><td></td></tr>
<tr><td></td><td></td><td></td><td></td><td></td><td></td><td></td><td></td><td></td><td></td><td></td><td></td><td></td></tr>
<tr><td></td><td></td><td></td><td></td><td></td><td></td><td></td><td></td><td></td><td></td><td></td><td></td><td></td></tr>
<tr><td></td><td></td><td></td><td></td><td></td><td></td><td></td><td></td><td></td><td></td><td></td><td></td><td></td></tr>
<tr><td></td><td></td><td></td><td></td><td></td><td></td><td></td><td></td><td></td><td></td><td></td><td></td><td></td></tr>
<tr><td></td><td></td><td></td><td></td><td></td><td></td><td></td><td></td><td></td><td></td><td></td><td></td><td></td></tr>
<tr><td></td><td></td><td></td><td></td><td></td><td></td><td></td><td></td><td></td><td></td><td></td><td></td><td></td></tr>
<tr><td colspan="7">造价工程师（签章）：发包人代表（签章）：

日期：</td><td colspan="6">造价人员（签章）：发包人代表（签章）：

日期：</td></tr>
</table>

注：综合单价调整应附调整依据。

表-10

【表样】　总价措施项目清单与计价表：表-11。

【要点说明】

1. 编制工程量清单时，表中的项目可根据工程实际情况进行增减。

2. 编制招标控制价时，计费基础、费率应按省级或行业建设主管部门的规定记取。

3. 编制投标报价时，除“安全文明施工费”必须按《建设工程工程量清单计价规范》GB 50500—2013 的强制性规定，按省级或行业建设主管部门的规定记取外，其他措施项目均可根据投标施工组织设计自主报价。

4. 编制工程结算时，如省级或行业建设主管部门调整了安全文明施工费，应按调整后的标准计算此费用，其他总价措施项目经发承包双方协商进行调整的，按调整后的标准计算。

总价措施项目清单与计价表

工程名称：　　　　　　　　标段：　　　　　　　　　　　　　　第　页　共　页

序号	项目编码	项目名称	计算基础	费率（%）	金额（元）	调整费率（%）	调整后金额（元）	备注
		安全文明施工费						
		夜间施工增加费						
		二次搬运费						
		冬雨季施工增加费						
		已完工程及设备保护费						
合计								

编制人（造价人员）：　　　　　　　　　　　　　　　　复核人（造价工程师）：

注：1.“计算基础”中安全文明施工费可为“定额基价”、“定额人工费”或“定额人工费＋定额机械费”，其他项目可为“定额人工费”或“定额人工费＋定额机械费”。

2. 按施工方案计算的措施费，若无“计算基础”和“费率”的数值，也可只填“金额”数值，但应在备注栏说明施工方案出处或计算方法。

表-11

【表样】　其他项目清单与计价汇总表：表-12

【要点说明】

使用本表时，由于计价阶段的差异，应注意：

1. 编制招标工程量清单时，应汇总“暂列金额”和“专业工程暂估价”，以提供给投标报价。

2. 编制招标控制价时，应按有关计价规定估算“计日工”和“总承包服务费”。入招标工程量清单中未列“暂列金额”，应按有关规定编列。

3. 编制投标报价时，应按招标工程量清单提供的“暂估金额”和“专业工程暂估价”填写金额，不得变动。“计日工”“总承包服务费”自主确定报价。

4. 编制或核对工程结算，“专业工程暂估价”按实际分包结算价填写，“计日工”“总承包服务费”按双方认可的费用填写，如发生“索赔”或“现场签证”费用，按双方认可的金额计入该表。

其他项目清单与计价汇总表

工程名称：　　　　　　标段：　　　　　　　　　　　　第　页共　页

序号	项目名称	金额（元）	结算金额（元）	备注
1	暂列金额			明细详见表-12-1
2	暂估价			
2.1	材料（工程设备）暂估价/结算价	—		明细详见表-12-2
2.2	专业工程暂估价/结算价			明细详见表-12-3
3	计日工			明细详见表-12-4
4	总承包服务费			明细详见表-12-5
5	索赔与现场签证	—		明细详见表-12-6
合计				—

注：材料（工程设备）暂估价进入清单项目综合单价，此处不汇总。

表-12

【表样】　暂列金额明细表：表-12-1

【要点说明】要求招标人能将暂列金额与所用项目列出明细，但如确实不能详列也可只列暂定金额总额，投标人应将上述暂列金额计入投标总价中。

暂列金额明细表

工程名称：　　　　　　标段：　　　　　　　　　　　　第　页共　页

序号	项目名称	计量单位	暂定金额（元）	备注
1				
2				
3				
4				
5				
6				
合计				—

注：此表由招标人填写，如不能详列，也可只列暂定金额总额，投标人应将上述暂列金额计入投标总价中。

表-12-1

【表样】　材料（工程设备）暂估单价及调整表：表-12-2

【要点说明】　暂估价是在招标阶段预见肯定要发生，只是因为标准不明确或者需要由专业承包人完成，暂时无法确定材料、工程设备的具体价格而采用的一种临时性计价方式。暂估价的材料、工程设备数量应在表内填写，拟用项目应在本表备注栏给予补充说明。

要求招标人针对每一类暂估价给出相应的拟用项目，即按照材料、工程设备的名称分别给出，这样的材料、工程设备暂估价能够纳入到清单项目的综合单价中。

还有一种是给一个原则性的说明，原则性说明对招标人编制工程量清单而言比较简单，能降低招标人出错的概率。但是，对投标人而言，则很难准确把握招标人的意图和目的，很难保证投标报价的质量，轻则影响合同的可执行力，极端的情况下，可能导致招标失败，最终受损失的也包括招标人自己，因此，这种处理方式是不可取的方式。

一般而言，招标工程量清单中列明的材料、工程设备的暂估价仅指此类材料、工程设备本身运至施工现场内工地地面价，不包括这些材料、工程设备的安装以及安装所必需的辅助材料以及发生在现场内的验收、存储、保管、开箱、二次搬运、从存放地点运至安装地点以及其他任何必要的辅助工作（以下简称“暂估价项目的安装及辅助工作”）所发生的费用。暂估价项目的安装及辅助工作所发生的费用应该包括在投标报价中的相应清单项目的综合单价中并且固定包死。

材料（工程设备）暂估单价及调整表

工程名称：　　　　　　　　　标段：　　　　　　　　　　　　第　页　共　页

序号	材料（工程设备）名称、规格、型号	计量单位	数量		暂估（元）		确认（元）		差额±（元）		备注
			暂估	确认	单价	合价	单价	合价	单价	合价	
合计											

注：此表由招标人填写“暂估单价”，并在备注栏说明暂估价的材料、工程设备拟用在哪些清单项目上，投标人应将上述材料暂估单价计入工程量清单综合单价报价中。

表-12-2

【表样】 专业工程暂估价及结算价表：表-12-3

【要点说明】 专业工程暂估价应在表内填写工程名称、工程内容、暂估金额，投标人应将上述金额计入投标总价中。

专业工程暂估价项目及其表中列明的专业工程暂估价，是指分包人实施专业工程的含税拿后的完整价（即包含了该专业工程中所有供应、安装、完工、调试、修复缺陷等全部工作），除了合同约定的发包人应承担的总包管理、协调、配合和服务责任所对应的总承包服务费用以外，承包人为履行其总包管理、配合、协调和服务等所需发生的费用应该包括在投标报价中。

专业工程暂估价及结算价表

工程名称： 标段： 第 页 共 页

序号	工程名称	工程内容	暂估金额（元）	结算金额（元）	差额±（元）	备注
	合计					

注：此表“暂估金额”由招标人填写，投标人应将“暂估金额”计入投标总价中，结算时按合同约定结算金额填写。

表-12-3

【表样】　计日工表：表-12-4

【要点说明】

1. 编制工程量清单时，“项目名称”“计量单位”“暂估数量”由招标人填写。

2. 编制招标控制价时，人工、材料、机械台班单价由招标人按有关计价规定填写并计算合价。

3. 编制投标报价时，人工、材料、机械台班单价由招标人自主确定，按已给暂估数量计算合价计入投标总价中。

4. 结算时，实际数量按发承包双方确认的填写。

计日工表

工程名称：　　　　标段：　　　　第　页　共　页

编号	项目名称	单位	暂定数量	实际数量	综合单价（元）	合价（元）	
						暂定	实际
一	人工						
1							
2							
人工小计							
二	材料						
1							
2							
材料小计							
三	施工机械						
1							
2							
施工机械小计							
四、企业管理费和利润							
总计							

注：此表项目名称、暂定数量由招标人填写，编制招标控制价时，单价由招标人按有关计价规定确定；投标时，单价由投标人自主报价，按暂定数量计算合价计入投标总价中。结算时，按发承包双方确认的实际数量计算合价。

表-12-4

【表样】总承包服务费计价表：表-12-5

【要点说明】

1. 编制招标工程量清单时，招标人应将拟定进行专业发包的专业工程，自行采购的材料设备等编排清楚，填写项目名称、服务内容，以便投标人决定报价。

2. 编制招标控制价时，招标人按有关计价规定计价。

3. 编制投标报价时，由投标人根据工程量清单中的总承包服务内容，自主决定报价。

4. 办理工程结算时，发承包双双应按承包人已标价工程量清单中的报价计算，入发承包双发确定调整的，按调整后的金额计算。

总承包服务费计价表

工程名称：　　　　　　　　　　标段：　　　　　　　　　　第　页　共　页

序号	项目名称	项目价值（元）	服务内容	计算基础	费率（%）	金额（元）
1	发包人发包专业工程					
2	发包人供应材料					
	合计	—	—		—	

注：此表项目名称、服务内容有招标人填写，编制招标控制价时，费率及金额由招标人按有关计价规定确定；投标时，费率及金额由投标人自主报价，计入投标总价中。

表-12-5

【表样】　索赔与现场签证计价汇总表：表-12-6

【要点说明】本表是对发承包双方签证认可的“费用索赔申请（核准）

表”和“现场签证表”的汇总。

索赔与现场签证计价汇总表

工程名称：　　　　　　　　　　标段：　　　　　　　　　　　　　　　　　　　　　　第　页　共　页

序号	签证及索赔项目名称	计量单位	数量	单价（元）	合价（元）	索赔及签证依据
—	本页小计	—	—	—		—
—	合 计	—	—	—		—

注：签证及索赔依据是指经双方认可的签证单和索赔依据的编号。

表-12-6

【表样】　费用索赔申请（核准）表：表-12-7

【要点说明】　本表将费用索赔申请与核准设置于一个表，非常直观。使用本表时，承包人代表应按合同条款的约定阐述原因，附上索赔证据、费用计算报发包人，经监理工程师复核（按照发包人的授权不论是监理工程师或发包人现场代表均可），经造价工程师（此处造价工程师可以是承包人现场管理人员，也可以是发包人委托的工程造价咨询企业的人员）复核具体费用，经发包人审核后生效，该表以在选择栏中“□”内作标识“√”表示。

费用索赔申请（核准）表

工程名称：　　　　标段：　　　　　　　　　　　　　　　　　　　编号：

<table>
<tr><td colspan="2">致：________________________________（发包人全称）
根据施工合同条款第____条的约定，由于______原因，我方要求索赔金额（大写）______________
（小写________），请予核准。
附：1. 费用索赔的详细理由和依据：
2. 索赔金额的计算：
3. 证明材料：
承包人（章）
造价人员__________　承包人代表__________　日　期__________</td></tr>
<tr><td>复核意见：
根据施工合同条款第________条的约定，你方提出的费用索赔申请经复核：
□不同意此项索赔，具体意见见附件。
□同意此项索赔，索赔金额的计算，由造价工程师复核。
监理工程师________
日　　期________</td><td>复核意见：
根据施工合同条款第________条的约定，你方提出的费用索赔申请经复核，索赔金额为（大写）________________
（小写________）。
造价工程师________
日　　期________</td></tr>
<tr><td colspan="2">审核意见：
□不同意此项索赔。
□同意此项索赔，与本期进度款同期支付。
发包人（章）
发包人代表________
日　　期________</td></tr>
</table>

注：1. 在选择栏中的“□”内作标识“√”。
2. 本表一式四份，由承包人填报，发包人、监理人、造价咨询人、承包人各存一份。

表-12-7

【表样】 现场签证表：表-12-8

【要点说明】 现场签证种类繁多，发承包双方在工程实施过程中来往信函就责任事件的证明均可称为现场签证，但并不是所有的签证均可马上算出价款，有的需要经过索赔程序，这时的签证仅是索赔的依据，有的签证可能根本不涉及价款。本表仅是针对现场签证需要价款结算支付的一种，其他内容的签证也可适用。考虑到招标时招标人对计日工项目的预估难免会有遗漏，造成实际施工发生后，无相应的计日工单价，现场签证只能包括单价一并处理。因此，在汇总时，有计日工单价的，可归并于计日工，如无计日工单价的，归并于现场签证，以示区别。当然，现场签证全部汇总于计日工也是一种可行的处理方式。

现场签证表

工程名称：　　　　　　　　标段：　　　　　　　　　　　　　　　　编号：

施工单位		日期	

致：＿＿＿＿＿＿＿＿＿＿＿＿＿＿＿＿＿＿＿＿（发包人全称）

根据＿＿＿＿＿（指令人姓名）　年　月　日的口头指令或你方＿＿＿＿＿（或监理人）＿＿＿＿＿年＿＿＿月＿＿＿日的书面通知，我方要求完成此项工作应支付价款金额为（大写）＿＿＿＿＿＿＿＿（小写＿＿＿＿＿），请予核准。

附：1. 签证事由及原因：

2. 附图及计算式：

承包人（章）

造价人员＿＿＿＿＿＿＿　　承包人代表＿＿＿＿＿＿＿　　日　期＿＿＿＿＿＿＿

复核意见： 你方提出的此项签证申请经复核： □不同意此项签证，具体意见见附件。 □同意此项签证，签证金额的计算，由造价工程师复核。 监理工程师＿＿＿＿＿ 日　　期＿＿＿＿＿	复核意见： □此项签证按承包人中标的计日工单价计算，金额为（大写）＿＿＿元，（小写）＿＿＿元。 □此项签证因无计日工单价，金额为（大写）＿＿＿＿＿＿元，（小写）＿＿＿＿＿。 造价工程师＿＿＿＿＿ 日　　期＿＿＿＿＿

审核意见：

□不同意此项签证。

□同意此项签证，价款与本期进度款同期支付。

承包人（章）

承包人代表＿＿＿＿＿＿

日　　期＿＿＿＿＿＿

注：1. 在选择栏中的"□"内作标识"√"。

2. 本表一式四份，由承包人在收到发包人（监理人）的口头或书面通知后填写，发包人、监理人、造价咨询人、承包人各存一份。

表-12-8

【表样】　规费、税金项目计价表：表-13

【要点说明】　在施工实践中，有的规费项目，如工程排污费，并非每个工程所在地都要征收，实践中可作为按实计算的费用处理。

规费、税金项目计价表

工程名称：　　　　　　　　　标段：　　　　　　　　　　第　页　共　页

序号	项目名称	计算基础	计算基数	计算费率（%）	金额（元）
1	规费	定额人工费			
1.1	社会保险费	定额人工费			
(1)	养老保险费	定额人工费			
(2)	失业保险费	定额人工费			
(3)	医疗保险费	定额人工费			
(4)	工伤保险费	定额人工费			
(5)	生育保险费	定额人工费			
1.2	住房公积金	定额人工费			
1.3	工程排污费	按工程所在地环境保护部门收取标准，按实计入			
2	税金	分部分项工程费＋措施项目费＋其他项目费＋规费－按规定不计税的工程设备金额			
合计					

编制人（造价人员）：　　　　　　　　　　　　　　复核人（造价工程师）：

表-13

【表样】工程计量申请（核准）表：表-14

【要点说明】本表填写的“项目编码”、“项目名称”、“计量单位”应与已标价工程量清单表中的一致，承包人应在合同约定的计量周期结束时，将申报数量填写在申报数量栏，发包人核对后如与承包人不一致，填在核实数量栏，经发承包双双共同核对确认的计量填在确认数量栏。

工程计量申请（核准）表

工程名称：　　　　　　　　　　标段：　　　　　　　　　　第　页　共　页

序号	项目编码	项目名称	计量单位	承包人 申报数量	发包人 核实数量	发承包人 确认数量	备注

承包人代表： 日期：	监理工程师： 日期：	造价工程师： 日期：	发包人代表： 日期：

表-14

【表样】预付款支付申请（核准）表：表-15

预付款支付申请（核准）表

工程名称：　　　　　　标段：　　　　　　　　　　　　　编号：

致：＿＿＿＿＿＿＿＿＿＿＿＿＿＿＿（发包人全称）

我方根据施工合同的约定，先申请支付工程预付款额为（大写）＿＿＿＿＿＿＿＿（小写＿＿＿＿＿＿），请予核准。

序号	名称	申请金额（元）	复核金额（元）	备注
1	已签约合同价款金额			
2	其中：安全文明施工费			
3	应支付的预付款			
4	应支付的安全文明施工费			
5	合计应支付的预付款			

承包人（章）

造价人员＿＿＿＿＿＿　　承包人代表＿＿＿＿＿＿　　日　期＿＿＿＿＿＿

复核意见：

□与合同约定不相符，修改意见见附件。

□与合约约定相符，具体金额由造价工程师复核。

监理工程师＿＿＿＿＿＿

日　　期＿＿＿＿＿＿

复核意见：

你方提出的支付申请经复核，应支付预付款金额为（大写）＿＿＿＿＿＿＿＿（小写＿＿＿＿＿＿）。

造价工程师＿＿＿＿＿＿

日　　期＿＿＿＿＿＿

审核意见：

□不同意。

□同意，支付时间为本表签发后的15日内。

发包人（章）

发包人代表＿＿＿＿＿＿

日　　期＿＿＿＿＿＿

注：1. 在选择栏中的“□”内作标识“√”。

2. 本表一式四份，由承包人填报，发包人、监理人、造价咨询人、承包人各存一份。

表-15

【表样】　总价项目进度款支付分解表：表-16

总价项目进度款支付分解表

工程名称：　　　　　　　　　　　标段：　　　　　　　　　　　　　　　　　　　　单位：元

序号	项目名称	总价金额	首次支付	二次支付	三次支付	四次支付	五次支付	
	安全文明施工费							
	夜间施工增加费							
	二次搬运费							
	社会保险费							
	住房公积金							
合计								

编制人（造价人员）：　　　　　　　　　　　　　　　　　　　　复核人（造价工程师）：

注：1. 本表应由承包人在投标报价时根据发包人在招标文件明确的进度款支付周期与报价填写，签订合同时，发承包双方可就支付分期协商调整后作为合同附件。

2. 单价合同使用本表，“支付”栏时间应与单价项目进度款支付周期相同。

3. 总价合同使用本表，“支付”栏时间应与约定的工程计量周期相同。

表-16

【表样】进度款支付申请（核准）表：表-17

进度款支付申请（核准）表

工程名称：　　　　　　　　标段：　　　　　　　　　　　　　　　　　　　　编号：

致：＿＿＿＿＿＿＿＿＿＿＿＿＿＿＿＿＿＿＿＿＿＿＿＿（发包人全称）

我方于＿＿＿＿＿至＿＿＿＿＿期间已完成了＿＿＿＿＿＿＿＿＿工作，根据施工合同的约定，现申请支付本期的工程款额为（大写）＿＿＿＿＿＿＿＿＿（小写＿＿＿＿＿），请予核准。

序号	名称	实际金额（元）	申请金额（元）	复核金额（元）	备注
1	累计已完成的合同价款				
2	累计已实际支付的合同价款				
3	本周期合计完成的合同价款				
3.1	本周期已完成单价项目的金额				
3.2	本周期应支付的总价项目的金额				
3.3	本周期已完成的计日工价款				
3.4	本周期应支付的安全文明施工费				
3.5	本周期应增加的合同价款				
4	本周期合计应扣减的金额				
4.1	本周期应抵扣的预付款				
4.2	本周期应扣减的金额				
5	本周期应支付的合同价款				

附：上述3、4详见附件清单。

承包人（章）

造价人员＿＿＿＿＿＿　　承包人代表＿＿＿＿＿＿　　日　期＿＿＿＿＿＿

复核意见：

□与实际施工情况不相符，修改意见见附件。

□与实际施工情况相符，具体金额由造价工程师复核。

监理工程师＿＿＿＿＿＿

日　　期＿＿＿＿＿＿

复核意见：

你方提供的支付申请经复核，本期间已完成工程款额为（大写）＿＿＿＿＿＿＿＿（小写＿＿＿＿＿），本期间应支付金额为（大写）＿＿＿＿＿＿＿＿（小写＿＿＿＿＿）。

造价工程师＿＿＿＿＿＿

日　　期＿＿＿＿＿＿

审核意见：

□不同意。

□同意，支付时间为本表签发后的15日内。

发包人（章）

发包人代表＿＿＿＿＿＿

日　　期＿＿＿＿＿＿

注：1. 在选择栏中的“□”内作标识“√”。

2. 本表一式四份，由承包人填报，发包人、监理人、造价咨询人、承包人各存一份。

表-17

【表样】　竣工结算款支付申请（核准）表：表-18

竣工结算款支付申请（核准）表

工程名称：　　　　　　　　　　标段：　　　　　　　　　　　　　　编号：

致：____（发包人全称）

我方于________至________期间已完成合同约定的工作，工程已经完工，根据施工合同的约定，现申请支付竣工结算合同款额为（大写）____________（小写________），请予核准。

序号	名称	申请金额（元）	复核金额（元）	备注
1	竣工结算合同价款总额			
2	累计已实际支付的合同价款			
3	应预留的质量保证金			
4	应支付的竣工结算款金额			

承包人（章）

造价人员____________　承包人代表____________　日　期____________

复核意见：

□与实际施工情况不相符，修改意见见附件。

□与实际施工情况相符，具体金额由造价工程师复核。

监理工程师________

日　期________

复核意见：

你方提出的竣工结算款支付申请经复核，竣工结算款总额为（大写）________（小写________），扣除前期支付以及质量保证金后应支付金额为（大写）____________（小写________）。

造价工程师________

日　期________

审核意见：

□不同意。

□同意，支付时间为本表签发后的15日内。

发包人（章）

发包人代表________

日　期________

注：1. 在选择栏中的“□”内作标识“√”。

2. 本表一式四份，由承包人填报，发包人、监理人、造价咨询人、承包人各存一份。

表-18

【表样】 最终结清支付申请（核准）表：表-19

最终结清支付申请（核准）表

工程名称： 标段： 编号：

致：______________________________（发包人全称）

我方于________至________期间已完成了缺陷修复工作，根据施工合同的约定，现申请支付最终结清合同款额为（大写）________________（小写________），请予核准。

序号	名称	申请金额（元）	复核金额（元）	备注
1	已预留的质量保证金			
2	应增加因发包人原因造成缺陷的修复金额			
3	应扣减承包人不修复缺陷、发包人组织修复的金额			
4	最终应支付的合同价款			

承包人（章）

造价人员____________ 承包人代表____________ 日 期____________

复核意见：

□与实际施工情况不相符，修改意见见附件。

□与实际施工情况相符，具体金额由造价工程师复核。

监理工程师__________

日 期__________

复核意见：

你方提出的支付申请经复核，最终应支付金额为（大写）________________（小写________）。

造价工程师__________

日 期__________

审核意见：

□不同意。

□同意，支付时间为本表签发后的15日内。

发包人（章）

发包人代表__________

日 期__________

注：1. 在选择栏中的“□”内作标识“√”。

2. 本表一式四份，由承包人填报，发包人、监理人、造价咨询人、承包人各存一份。

表-19

【表样】 发包人提供材料和工程设备一览表：表-20

发包人提供材料和工程设备一览表

工程名称：　　　　　　　　　　标段：　　　　　　　　　　　　　　第　页　共　页

序号	材料（工程设备）名称、规格、型号	单位	数量	单价（元）	交货方式	送达地点	备注

注：此表由招标人填写，供投标人在投标报价、确定总承包服务费时参考。

表-20

【表样】　承包人提供主要材料和工程设备一览表（适用于造价信息差额调整法）：表-21

【要点说明】　本表“风险系数”应由发包人在招标文件中按照《建设工程工程量清单计价规范》GB 50500—2013 的要求合理确定。本表将风险系数、基准单价、投标单价、发承包人确认单价在一个表内全部表示，可以大大减少发承包双方不必要的争议。

承包人提供主要材料和工程设备一览表

（适用于造价信息差额调整法）

工程名称：　　　　　　　　　　标段：　　　　　　　　　　　　　　第　页　共　页

序号	名称、规格、型号	单位	数量	风险系数（%）	基准单价（元）	投标单价（元）	发承包人确认单价（元）	备注

注：1. 此表由招标人填写除“投标单价”栏的内容，投标人在投标时自主确定投标单价。

2. 投标人应优先采用工程造价管理机构发布的单价作为基准单价，未发布的，通过市场调查确定其基准单价。

表-21

【表样】　承包人提供主要材料和工程设备一览表（适用于价格指数差额调整法）：表-22

承包人提供主要材料和工程设备一览表

（适用于价格指数差额调整法）

工程名称：　　　　　　　　　　　标段：　　　　　　　　　　　　　　　第　页　共　页

序号	名称、规格、型号	变值权重 B	基本价格指数 F_0	现行价格指数 F_t	备注
	定值权重 A		—	—	
	合 计	1	—	—	

注：1.“名称、规格、型号”、“基本价格指数”栏由招标人填写，基本价格指数应首先采用工程造价管理机构发布的工程价格指数，没有时，可采用发布的价格代替。如人工、机械费也采用本法调整由招标人在“名称”栏填写。

2.“变值权重”栏由投标人根据该项人工、机械费和材料、工程设备值在投标总报价中所占的比例填写，1减去其比例为定值权重。

3.“现行价格指数”按约定的付款证书相关周期最后一天的前42d的各项价格指数填写，该指数应首先采用工程造价管理机构发布的价格指数，没有时，可采用发布的价格代替。

表-22

参考文献

［1］ 中华人民共和国住房和城乡建设部．GB 50500—2013 建设工程工程量清单计价规范［S］．北京：中国计划出版社，2013.

［2］ 中华人民共和国住房和城乡建设部．GB 50858—2013 园林绿化工程工程量计算规范［S］．北京：中国计划出版社，2013.

［3］ 中华人民共和国住房和城乡建设部．GB 50103—2010 总图制图标准［S］．北京：中国建筑工业出版社，2011.

［4］ 中华人民共和国住房和城乡建设部．GB 50104—2010 建筑制图标准［S］．北京：中国建筑工业出版社，2011.

［5］ 中华人民共和国住房和城乡建设部．《2013 建设工程计价计量规范辅导》［M］．北京：中国计划出版社，2013.

［6］ 中华人民共和国住房和城乡建设部、财政部．建标［2013］44 号 建筑安装工程费用项目组成［Z］．北京：中国计划出版社，2013.

［7］ 谷康，付喜娥．园林制图与识图［M］．2 版．南京：东南大学出版社，2010.

［8］ 园林工程读图识图与造价编委会．园林工程预算细节应用入门图解［M］．长沙：湖南科技出版社，2010.